대칭:
갈루아 유언

대칭:
갈루아 유언

신현용 지음 | 김영관 · 신실라 그림

승산

군론에 의하면 띠 문양에는 일곱 개의 타입, 벽지 문양에는 열일곱 개의 타입이 있다.
표지 이미지를 보면 한국의 전통 띠 문양 일곱 개가 오방색으로 동심원을 이루고 있다.
아래 QR코드를 인식하면 띠 문양 일곱 개를 거문고와 가야금으로 연주하는 음악을 들을 수 있다.

군론이 이를 가능하게 한다. 대칭이 문양을 듣게 하는 것이다.
군론은 대칭의 이론이며 갈루아 유언의 내용이다.

Après celà, il se trouvera, j'espère, des gens qui trouveront leur profit à déchiffrer tout ce gâchis.

Later there will be, I hope, some people who will find it to their advantage to understand the deep meaning of all this mess.

훗날, 이러한 깊은 내용을 이해하여
큰 유익을 얻는 사람이 있기를 바라네.

차 례

2부 　다항식의 풀이: 추상대수학_161

갈루아
(Évariste Galois, 1811년 10월 25일–1832년 5월 31일)

1789년 바스티유 감옥 습격은 '프랑스 대혁명'으로 이어졌고, 계속되는 정치적 소용돌이 속에 나폴레옹은 황제에 즉위, 퇴위, 유배 등의 과정을 겪으며 1821년에 사망한다. 그 후에도 프랑스에는 혼란이 계속되어 1830년 '7월 혁명'이 발발한다.

수학자 갈루아는 이 혼란한 시기에 파리 근교 부르라렌Bourg-la-Reine에서 아버지 Nicolas Gabriel Galois와 어머니 Adélaïde Marie Demante 사이에서 1811년 10월 25일에 태어난다. 그는 12살까지 학교에 가지 않고 어머니에게 교육을 받다가 1823년 루이 르 그랑Louis Le Grand에 있는 기숙학교에 들어가고, 1827년에 수학을 접한 후 수학에 심취한다. 갈루아는 수학에 탁월한 재능을 보였지만 자신의 생각을 표현하는 데에는 조급하고 서툴렀으며, 이로 인해 교사와의 불화가 잦았다.

그는 1828년 가고 싶었던 에콜 폴리테크니크École Polytechnique에 응시하였으나 실패한다. 1829년에는 존경하는 아버지의 자살로 인해 큰 충격을 받는다. 아버지가 사망하고 일주일 후, 갈루아는 École Polytechnique에 다시 응시하지만 또 실패한다. 이런 일련의 사건들은 갈루아의 정신과 행동을 더욱 거칠게 하였다. 갈루아

에바리스트 갈루아

는 아버지 죽음의 원인이 당시 정치 권력과 종교 권력에 있다고 생각하고 정치적으로 과격한 행동을 하게 된다.

갈루아는 학교에서 가르치는 수학에는 관심이 없었고 르장드르와 라그랑주의 책을 읽었다. 당시 최고의 수학을 독학으로 이해하고 있었던 것이다. 1829년부터 논문을 발표하기 시작한 그는 코시, 푸리에 등 수학자들에게 알려지기 시작하였다. 그러나 아버지의 죽음, 투고한 논문의 분실, 다니던 학교École Normale에서의 퇴학 등이 그의 삶을 더욱 어렵게 하였다. 갈루아를 지켜본 수학자 제르맹S. Germain은 '그가 완전히 미쳐간다'며 걱정하기도 하였다.

1831년에 갈루아는 정치적인 이유로 해체된 군대의 복장을 착용하고 불법으로 무기를 소지한 까닭으로 구금되었다. 감옥에 있는 그에게, 그의 논문에 대한 푸아송의 심사평은 다음과 같이 전해졌다.

우리는 갈루아 씨의 증명을 이해하려 많은 노력을 기울였으나 그의 논증은 분명하지도 않고 잘 다듬어지지도 않았다. 우리는 그 증명의 엄밀성을 판단하기 어려울 뿐만 아니라 그의 아이디어를 이해하는 것조차 가능하지 않았다.

삶의 출구를 찾지 못한 갈루아는 감옥에서 '나는 아버지를 잃었다. 누구도 아버지를 대신할 수 없다'며 아버지를 매우 그리워하였다. 결국 그는 자살을 시도하였으나 미수에 그친다. 그런 중에도 그는 2,000년 이상 된 난제를 풀고 있었다. 바로 오차다항식의 가해성을 묻는 문제였다.

1832년 5월 30일, 갈루아는 정확한 이유를 알 수 없는 권총 결투를 하고 총에 맞아 쓰러졌다. 그는 오랜 시간 방치되었다가 한 농부가 발견해 병원으로 옮겼으나, 끝내 1832년 5월 31일에 숨을 거뒀다. 20년 7개월의 짧은 생이었다.

그는 죽음을 예감하고 1832년 5월 29일 밤에 유서를 남긴다. 그의 유언을 이해함이 이 책의 주제이다.

갈루아의 기념비

서 문

갈루아는 마음이 급하다. 오늘이 삶의 마지막임을 안다.

그는 유언을 쓴다. 꼭 남기고 싶은 재산이 있다.

수학적 재산이다.

20년 7개월의 짧은 삶이었으나 그는 2,000년 이상 묵은 난제를 풀었다.

그 심오하고 아름다운 풀이를 남기고 싶었다.

Tu prieras publiquement Jacobi ou Gauss de donner leur avis, non sur la

vérité, mais sur l'importance des théorèmes.

Après celà, il se trouvera, j'espère, des gens qui trouveront leur profit à

déchiffrer tout ce gâchis.

Je t'embrasse avec effusion. É. Galois, le 29 Mai 1832

야코비나 가우스에게 의견을 부탁해 봐. 내 정리들의 옳고 그름이 아닌 가

치를.

훗날, 이러한 깊은 내용을 이해하여 큰 유익을 얻는 사람이 있기를 바라네.

안녕, 1832년 5월 29일 갈루아

방정식의 풀이는 긴 수학 역사의 한 축이다. '피타고라스 정리', '디오판토스 방정식', '펠 방정식', '페르마의 마지막 정리'는 모두 방정식의 풀이에 관한 것이다.

특히 유리수 계수 다항식 $a_n x^n + a_{n-1} x^{n-1} + \cdots + a_1 x + a_0$의 근을 구하는 방정식 $a_n x^n + a_{n-1} x^{n-1} + \cdots + a_1 x + a_0 = 0$의 풀이 가능성은 특별한 화두였다. 일차다항식 $ax + b(a \neq 0)$의 근은 $-\dfrac{b}{a}$이다. 다항식의 계수 a와 b에 덧셈, 뺄셈, 곱셈, 또는 나눗셈을 적절히 적용하여 근을 나타낼 수 있다. 이차다항식 $ax^2 + bx + c(a \neq 0)$의 근은 $\dfrac{-b \pm \sqrt{b^2 - 4ac}}{2a}$이다. 다항식의 계수 a, b, c에 덧셈, 뺄셈, 곱셈, 나눗셈, 또는 제곱근을 적절히 적용하여 근을 나타낼 수 있다. 여기까지는 기원전 20세기에 이미 알려졌다.

삼차다항식의 경우에도 다항식의 계수에 덧셈, 뺄셈, 곱셈, 나눗셈, 또는 거듭제곱근제곱근, 세제곱근 등을 적절히 적용하여 근을 나타낼 수 있을까? 사차다항식의 경우에는 어떨까? 이 질문에 대한 답은 16세기에 들어 주어졌다. 수천 년에 걸친 문제였다.

오차와 그 이상 차수의 다항식의 경우에도 동일한 질문이 가능하다. 이 책은 이 질문에 관한 것으로서 얼마 전 저자가 출간한 『대칭: 갈루아 이론』(매디자인, 2017)에 기초한 여정기旅程記이다. 스무 살 청년 갈루아가 유언으로 남긴 깊고 아름다운 생각을 알아가는 여행이다.

이 책은 두 개의 장章을 제외하고는 『대칭: 갈루아 이론』의 큰 줄기를 따라가지만 깊은 수학 이야기는 하지 않는다. 이 책은 오랜 세월에 걸친 또 다른 문제인 '작도 가능성'도 방정식의 풀이에 관한 것으로 이해한다.

갈루아가 이 땅에서 마지막으로 남긴 말은 큰 수학이 되었고 깊은 예술이 되었다. 그 유언의 핵심은 '대칭'이다.

다항식의 가해성에 대칭이 관계함을 처음으로 인지한 사람은 갈루아가 아니다. 그 이전 라그랑주는 삼차다항식과 사차다항식이 풀리는 이유를 대칭으로 설명할 수 있었다. 그러나 라그랑주는 오차다항식의 경우는 왜 일차, 이차, 삼차, 사차다항식의 경우와 다른지를 설명할 수 없었다.

오차다항식의 경우는 일차, 이차, 삼차, 사차다항식의 경우와 달리 풀리지 않을 수 있다는 것을 처음으로 설명한 사람은 아벨이다. 그러나 아벨은 어떤 다항식이 풀리고 어떤 다항식이 풀리지 않는지 구별할 수는 없었다.

갈루아는 그의 유언으로 이에 관한 멋진 이론을 남겼다. 다항식이 주어지면 그 다항식의 특징인 '갈루아 군'을 계산한다. 이 군의 구조를 살피면 원래 주어진 다항식이 풀리는지 풀리지 않는지를 판단할 수 있다. 이 이론을 후대에 '갈루아 이론'이라고 부르게 되었다.

길지 않았지만 불 같은 삶을 살다가 그렇게 '무모하게' 삶을 마친 그 청년은 어떻게 깊은 대칭을 보았을까? 대칭의 언어로 남겨진 갈루아의 유언을 읽으며 그의 생각을 따라가 본다.

'시간이 없다. Je n'ai pas le temps.'

그 깊고 많은 생각을 남겨야 하는데 여유가 없다. 그러나 갈루아는 어떻게 해서라도 이 유산은 남겨야 했다. 오랜 세월에도 드러나지 않았던 신비이기 때문이다. 그가 유서를 쓴 것은 1832년 5월 29일 저녁이었다.

이 책으로 큰 유익을 얻는 사람이 있기를 소망한다.

2017년 가을 신현용, 김영관, 신실라

제1부

다항식의 풀이: 대수학

다항식의 풀이는 긴 역사를 가진 문제이다.

오래된 수학

    수학은 긴 역사를 가진 학문이다. 약 4,000년 전 사람들도 피타고라스 정리를 이용할 줄 알았으며, 이차다항식을 풀 수 있었다고 유추할 수 있는 바빌로니아의 점토판이나 이집트의 파피루스 조각들이 남아 있다. 수학은 왜 이렇게 긴 역사를 가질까? 세상이 많이 변했는데, 오래전 수학은 왜 오늘도 생생하게 살아 있는 것일까?

    세월이 흐르면 많은 것이 변한다. 플라톤의 철학이 오늘날 주류가 될 수 없고, 아리스토텔레스의 생각이 현대 물리학의 바탕이 될 수 없다. 그러나 세월이 흘러도 변하지 않고 그 흐른 세월로 인해 오히려 더 새로워지는 것이 있다. 바로 수학이다.

    파편으로 남아 있는 4,000여 년 전 수학이라도 오늘날 여전히 유효하고, 그 수학은 오늘의 수학으로 새롭게 조명되어 여전히 빛을 발한다. 현대의 수학은 과거의 수학 위에 흐른 세월의 두께만큼 깊어지고 넓어진 결과이다. 오래된 수학이 어느 하나 버려지지 않고 오롯이 축적되고 연계되어 오늘에 이른 것이다.

    수학의 긴 역사에서 '다항식의 풀이'는 중요한 화두 중 하나였다. 대수학代數學, algebra은 이에 관한 것이다. 따라서 다항식의 풀이에 관한 이야기는 수천 년에 걸친다. 본격적인 이야기를 하기에 앞서, 혼란을 피하기 위해 몇 개의 용어 사용을 먼저 합의하도록 하겠다.

'일차다항식 $3x+2$를 푼다'는 말은 '일차방정식 $3x+2=0$을 푼다'는 뜻이다. 즉, $x=-\dfrac{2}{3}$를 구하는 것이다. 앞으로 '다항식을 푼다'와 '방정식을 푼다'는 같은 뜻으로 자유롭게 사용한다. 또, '다항식의 해'와 '방정식의 근'이라고 말해도 되지만, 이 책에서는 '다항식의 근'과 '방정식의 해'라고 통일하여 사용할 것이다. 따라서 이 책에서 다음은 같은 뜻이다.

- 다항식 $f(x)$의 근^根을 구한다.
- 방정식 $f(x)=0$의 해^解를 구한다.

1. 오래된 문제

일차다항식 $ax+b(a\neq0)$를 푸는 것은 일차방정식 $ax+b=0(a\neq0)$을 풀어 해 $x=-\dfrac{b}{a}$를 구하는 것이다. 이차다항식 $ax^2+bx+c(a\neq0)$의 풀이는 어떨까? 이는 중학교 수학에서 배우는데, $x=\dfrac{-b\pm\sqrt{b^2-4ac}}{2a}$가 그 공식이다. 지금으로부터 약 4,000년 전 사람들도 이차다항식을 풀 수 있었다. 삼차다항식 ax^3+bx^2+cx+d $(a\neq0)$는 풀 수 있을까? 물론 풀 수 있다. 삼차다항식의 풀잇법이 알려진 때는 지금부터 약 500년 전이다. 유클리드가 기원전 3세기경에 저술한 그의 책 『원론 _{Elements}』에서 침묵으로 문제를 제기한 이후 약 1,800년이 흐른 후이다. 공식이 복잡하여 외우는 사람은 많지 않다. 사차다항식 $ax^4+bx^3+cx^2+dx+e(a\neq0)$는 풀 수 있을까? 당연히 풀 수 있다. 삼차다항식과 거의 동시에 풀렸는데 공식이 삼차다항식보다 더 복잡하여 외우는 사람은 거의 없다. 이 책에서 사차다항식을 꼼꼼하게 풀지 않지만 이야기는 많이 할 것이다. 예를 들어, 사차다항식 $x^4+2x+\dfrac{3}{4}$의 근네 개가 어떤 꼴인지 자세하게 살펴볼 것이다. 근의 모습은 갈루아 이론을 이해하는 데에 큰 도움이 되기 때문이다. 삼차다항식의 근의 모습도 흔히 볼 수 있는 것은 아니지만 사차다항식의 근은 더욱 그렇다. 그래서인지 사차다항식을 자세하게 풀어 그 근 네 개를 분명하게 제시하는 책은 많지 않다.

다음은 오차다항식이다. 이야기는 극적으로 반전된다. 일차, 이차, 삼차, 사차다항식은 모두 풀리지만 오차다항식은 그렇지 않다. 오차다항식 중에는 풀리지 않는 것이 있다는 이야기이다. 이 사실이 알려진 것은 19세기 중반이다. 유클리드 『원론』 이후 2,100년 이상이 흐른 후이다. 풀리지 않는 오차다항식이 있으면 풀리지 않는 육차다항식, 칠차다항식, …도 있다는 것은 쉽게 알 수 있다. 따라서 다항식의 풀이를 다루는 대수학에서 '오차다항식은 일반적으로 풀리지 않는다'는 사실은 매우 중요한 의미를 갖는다. 이 사실을 설명하는 것이 '갈루아 이론 Galois theory'이다. 갈루아 이론은 '대수학'을 '추상대수학abstract algebra' 또는 '현대대수학 modern algebra'으로 전환하는 분기점이다.

이 책은 이러한 긴 역사를 이야기한다. 일차, 이차, 삼차, 사차다항식은 모두 풀리는데 왜 오차다항식부터는 풀리지 않는가? 갈루아는 그 이유를 알았다. 그는 이 사실에 대한 수학자의 관심을 유언으로 부탁하였다. 갈루아의 유언은 강력한 수학이 되었다. 현대 수학과 과학은 그의 이론과 무관하기 어렵다. 갈루아의 유언은 예술이 되었다.

2. 4,000년 전

앞에서 이야기했듯이, 이차다항식의 풀이는 아주 오래된 수학 중 하나이다. 고대 바빌로니아 시대의 이차다항식 풀이가 남아 있는데, 그것을 당시의 수 표현법인 60진법을 10진법으로 바꾸고 현대의 기호를 사용하여 나타내면 이차방정식 $x^2 + \frac{2}{3}x = \frac{35}{60}$의 풀이임을 알 수 있다.

이 방정식은 $x^2+ax=b\,(a>0,\ b>0)$ 꼴이다. 이와 함께 $x^2=ax+b\,(a>0,$ $b>0)$ 꼴의 풀이도 있다. 당시엔 음수 개념이 없었기 때문에 다양한 경우를 생각한 것으로 보면 된다. 임의의 이차방정식은 a, b가 양수인 $x^2=ax+b$, $x^2+ax=b$ 또는 $x^2+b=ax$ 꼴 중의 하나로 변형이 가능하므로 고대 바빌로니아 시대에 이미 모든 이차방정식을 풀 수 있었을 것으로 본다.

3. 부정방정식

디오판토스Diophantos, 250년경는 그의 저서 『산술Arithmetica』에서 정수 계수 방정식의 정수근을 구하는 문제를 다뤘다. 이러한 방정식을 '디오판토스 방정식Diophantine equation'이라고 한다. 당시에도 여전히 음수의 개념이 잘 정립되지 않았으므로 디오판토스가 논의한 것은 자연수 계수 방정식의 자연수 해를 구하는 문제라고 보아야 할 것이다.

디오판토스 방정식은 해를 여러 개 가질 수 있으므로 '부정방정식不定方程式'이다. '피타고라스 정리Pythagorean theorem'를 만족시키는 세 수, 즉 $x^2+y^2=z^2$을 만족시키는 세 수 x, y, z를 구하는 문제도 이차 디오판토스 방정식을 푸는 것으로 이해할 수 있다.

수학자들이 관심을 가지는 특별한 이차 디오판토스 방정식이 또 있다. 바로 '펠 방정식$^{\text{Pell equation}}$'이다. 제곱수가 아닌 자연수 n에 대하여 $x^2=ny^2+1$과 같은 꼴의 방정식을 펠 방정식이라고 한다. 이 방정식은 수학자 펠$^{\text{J. Pell, 1611~1685}}$의 업적이며, 펠 방정식에서 고려하는 해도 정수해이다. 1995년 앤드루 와일스$^{\text{A. Wiles, 1953~}}$가 증명한 '페르마 마지막 정리'도 디오판토스 방정식에 관한 것이라고 하여도 된다.

4. 수 체계

수학자의 호기심과 상상은 거침이 없다. 그래서 수학은 자유다. 수학자에게 경험, 현실, 실험, 관찰, 상식은 오히려 장애가 된다. 이 자유로운 영혼들은 수의 세계를 그들이 필요한 만큼 넓혀 왔다.

1, 2, 3, …은 우리가 실생활에서 자주 사용하는 매우 '자연스러운^{natural}' 수이다. 수학에서 이들을 '자연수$^{\text{natural number}}$'라고 부르는데 자연수만 고집한다면 다항식 $x+1$, 즉 방정식 $x+1=0$을 풀 수 없다. 이 방정식을 풀기 위해서는 다음 두 가지 중 하나를 선택하여야 한다.

- 다항식 $x+1$을 생각하지 않는다. 따라서 다항식 $x+1$을 버린다.
- 다항식 $x+1$을 풀 수 있도록 수 세계를 넓힌다.

수학은 어느 쪽을 택할까? 수학은 호기심이고 상상이며 자유라고 앞서 말했다. 이러한 수학은 피할 수 없는 성향을 갖는다. 바로 '적극성' 또는 '공격성'이다. 그 덕분에 수학은 소극적이지 않다. 그래서 수학은 다항식 $x+1$을 풀 수 있도록 수 세계를 넓혔다.

$$\cdots, -3, -2, -1, 0, 1, 2, 3, \cdots$$

앞의 수는 자연수에 0과 음의 정수를 추가한 것이다. 수학에서 이들을 '정수 integer'라고 부른다. 이제 수학자들의 상상의 세계가 넓어졌으며, 자연수는 정수의 일부가 되었다. 수학적 관례에 따라 자연수 전체의 집합을 '$\mathbb{N}$'으로 표기하고 정수 전체의 집합은 '$\mathbb{Z}$'로 표기하면, 다음과 같은 '벤 다이어그램 Venn diagram'을 그릴 수 있다.

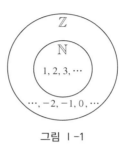

그림 Ⅰ-1

위 그림은 수학자 벤 J. Venn, 1834-1923이 창안한 그림이다. 중학교 수학 교과서에서 여러 번 보았을 것이다. '$\mathbb{N}$'은 '자연수 natural number'에서 왔고, '$\mathbb{Z}$'는 '정수 Zahl(독일어)'에서 왔다.

수학에서 $\frac{1}{2}$과 같은 분수는 절대적으로 필요하다. $\frac{1}{2}$과 같은 $\frac{(자연수)}{(자연수)}$ 꼴의 수를 '유리수 rational number'라고 하며 유리수 전체의 집합은 보통 '$\mathbb{Q}$'로 표기한다. 유리수는 분수 꼴이고, 분수를 영어로 'quotient'라고 하기 때문이다. 양의 유리수는 $\frac{(자연수)}{(자연수)}$ 꼴이고, 0은 $\frac{0}{(자연수)}$ 꼴이며, 음의 유리수는 $\frac{(음의 정수)}{(자연수)}$ 꼴이다.

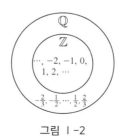

그림 Ⅰ-2

지금으로부터 약 2,500년 전, 피타고라스는 임의로 주어지는 두 길이의 비율은 항상 $\frac{(자연수)}{(자연수)}$ 꼴로 표현된다고 생각했다. 모든 수는 유리수라고 생각한 것이다.

피타고라스의 생각을 따라가 보겠다. 직각을 낀 두 변의 길이가 모두 1인 직각이등변삼각형의 빗변의 길이를 a라고 하면 $a^2=2$가 성립한다. 피타고라스 정리의 결과이다.

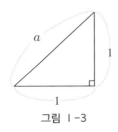

그림 Ⅰ-3

피타고라스의 관념에 의하면, 빗변의 길이 a와 직각을 낀 변의 길이 1의 비는 기약분수인 $\frac{(자연수)}{(자연수)}$ 꼴이어야 한다. 그러나 그렇지 않다는 것을 피타고라스는 알았다. 피타고라스는 몹시 당황했다. $\sqrt{2}$는 피타고라스가 생각할 수 있는 수가 아니었던 것이다. 이 사실은 피타고라스에게 엄청난 충격이었다. 그에게 수는 거의 종교적 수준의 대상이었고, 유리수가 아닌 수를 그는 상상한 적이 없었기 때문이다. 즉, 그의 종교적 신념에 큰 혼란이 발생한 것이다.

그러나 그는 '$\sqrt{2}$는 유리수가 아니다'라는 사실을 무시할 수가 없었다. 단순한

신념의 문제라면 어떠한 논리를 동원해서라도 무시하고 싶었을 것이다. 그러나 그럴 수가 없었다. 명징한 논리의 결과이자, 엄연한 수학적 사실이기 때문이다.

$\sqrt{2}$와 같이 $\frac{(정수)}{(자연수)}$ 꼴이 아닌 수를 '무리수irrational number'라고 한다. 그리고 유리수와 무리수 전체를 통틀어 '실수real number'라고 한다. 실수 전체의 집합은 $\mathbb{R}$로 나타내는데, 영어 'real'의 첫 글자에서 따왔다.

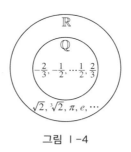

그림 Ⅰ-4

이제 수의 세계가 많이 넓어졌다. 그러나 수학자는 여전히 만족할 수 없다. 다음 이차방정식을 생각하여 보자.

$$x^2+1=0$$

이 방정식의 두 개의 해 중 하나인 i는 실수가 아니다. 실수를 제곱하면 0보다 크거나 같아야 하는데 $i^2=-1<0$이기 때문이다. 즉, 이차방정식의 해는 유리수가 아닌 무리수일 수 있고, 실수가 아닌 허수일 수도 있다는 말이다.

일반적으로 $a+bi\,(a,b\in\mathbb{R})$ 꼴의 수를 '복소수complex number'라고 한다. 모든 실수

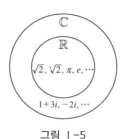

그림 Ⅰ-5

도 복소수라고 할 수 있다. 복소수 전체의 집합을 'ℂ'로 나타내는데, 이는 복소수를 뜻하는 영어 'complex'의 첫 글자에서 따온 것이다.

여광汝匡: 수 체계가 확장되면서 자연수는 특별한 정수가 되고, 정수는 특별한 유리수가 되며, 유리수는 특별한 실수가 되고, 실수는 특별한 복소수가 되었습니다.

여휴汝休: 수학자들은 그렇게 수의 세계를 넓혀 왔습니다.

여광: 이 글을 읽는 독자는 선생님의 존함 '여휴'와 저의 이름 '여광'에 궁금증을 가질 것 같아요.

여휴: 이미 알고 있지 않을까요?

여광: 그렇지 않은 것 같습니다. 인터넷에서 '여휴' 또는 '여광'을 검색하여도 의미 있는 정보를 얻지 못한다고 하더군요.

여휴: 존경하는 선배 수학자의 존함을 허락 없이 감히 차용하고 있는데 어쩌죠?

조선의 산학자算學者 경선징慶善徵은 산학서算學書 『묵사집嘿思集』을 저술하였다. 그는 수학자 데카르트와 동시대를 살았으며, 자字는 '여휴汝休'였다.
홍정하洪正夏는 산학서 『구일집九一集』의 저자이다. 그와 중국 산학자인 하국주와의 만남은 잘 알려져 있다. 그는 수학자 오일러와 동시대를 살았으며, 자字는 '여광汝匡'이었다.
경선징과 홍정하도 이차다항식과 삼차다항식의 풀이를 논하였다. 16세기 중반, 삼차다항식과 사차다항식의 풀잇법이 알려진 직후 유럽은 오차다항식의 풀이에 관심이 높았으나 조선 산학자에게는 그러한 동향이 알려지지 않았다.

복소수까지 넓힌 수의 세계를 수학자는 만족할까? 어떤 의미에서는 만족할 수 없다. 지금까지는 다항식의 풀이 관점에서 수의 세계를 넓혀 왔지만 다른 측면에서 수의 확장을 생각한다면 수학자는 여전히 배고플 수 있다. 그러나 다항식의 풀이 관점에서라면 만족할 수 있다. 지금부터 그 이유를 알아보자.

'대수학의 기본정리fundamental theorem of algebra'라는 것이 있다. 이 정리는 다항식의 근의 존재성에 관한 것이다. '기본정리'라는 이름을 통해 다항식의 풀이가 대수학에서 얼마나 중요한지를 가늠할 수 있다. 대수학의 기본정리는 방정식의 해의 존재성에 관한 한 복소수 전체의 집합 $\mathbb{C}$로 충분하다는 것으로서 그 내용을 다음과 같이 기술할 수 있다.

임의의 복소수 계수 다항식은 $\mathbb{C}$ 안에 근을 가진다.

오차의 복소수 계수 다항식 $f_1(x)$를 생각하자. 대수학의 기본정리에 의하여 이 다항식은 복소수 근 c_1을 가진다. 따라서 $f_1(x)=(x-c_1)f_2(x)$이고 $f_2(x)$는 사차의 복소수 계수 다항식이다. 다시 대수학의 기본정리에 의하여 다항식 $f_2(x)$는 복소수 근 c_2를 가진다. 따라서 $f_2(x)=(x-c_2)f_3(x)$이고 $f_3(x)$는 삼차의 복소수 계수 다항식이다. 앞의 과정을 계속하면, 오차의 복소수 계수 다항식 $f_1(x)$의 모든 근은 $\mathbb{C}$ 안에 있음을 알 수 있다. 이는 임의의 복소수 계수를 가지는 다항식의 근은 모두 $\mathbb{C}$ 안에 있음을 뜻한다. 이 책에서 주로 등장하는 유리수 계수 다항식의 모든 근도 $\mathbb{C}$ 안에 있게 된다. 이런 의미에서 복소수 전체의 집합 $\mathbb{C}$는 '대수적으로 닫혀 있다algebraically closed'고 하고, 같은 의미로 복소수 전체의 집합 $\mathbb{C}$를 '대수적 폐체algebraic closure'라고도 한다.

여광: 실생활에서 발생하는 상황을 방정식으로 표현하면 방정식의 계수는 대부분 자연수입니다. 또 그들이 찾는 해도 자연수였을 겁니다.
여휴: 디오판토스 방정식이 그러한 예라고 할 수 있습니다. 수학이 발달하면서 자연수 해만을 고집하지 않았습니다. 수학이 실생활에만 집착하지 않게 된 겁니다. 수학자들은 어떠한 틀이나 관례에 매이지 못하기 때문에 이러한 발달이 있었던 겁니다.
여광: 여러 다항식을 풀면서 수의 세계가 넓어졌는데 복소수에 와서 멈추게 되었군요.
여휴: 그런 면에서 복소수 전체의 집합 $\mathbb{C}$는 대수적으로 중요한 의의를 가집니다.

5. 연산

수 체계$^{number\ system}$는 수의 범위만을 넓히지 않는다. 수 사이에 정의되는 연산의 성질을 잘 살펴야 한다. 필요에 따라 넓혀 온 수의 세계에서 연산의 성질이 수 체계의 특징을 결정하기 때문이다. 수 체계에서 주로 생각하는 연산은 덧셈과 곱셈이다.

여광: 대수학의 출발은 수 집합과 거기에 정의된 연산이라고 할 수 있겠습니다.

여휴: 동의합니다. 이 책에서 주로 논의하는 집합은 수 집합이고 연산은 덧셈과 곱셈입니다.

여광: 수학의 발전에 따라 수의 집합 외에 다양한 집합 그리고 거기에 정의된 여러 가지 연산에 대하여 논의하겠군요.

여휴: 그렇습니다. 수의 덧셈, 곱셈이 중요한 것이 아니라 집합의 연산에 관한 구조가 관건입니다. 따라서 이 책의 전반부에서는 대수학을 논의하지만 후반부에서는 추상대수학을 논의할 것입니다.

여광: 대수학에서는 수의 집합, 덧셈, 곱셈이 주된 역할을 하겠지만 추상대수학에서는 대수적 구조가 그 역할을 하겠군요.

여휴: 풀이가 가능한 사차다항식까지는 전통적인 대수학의 영역으로 보고, 일반적인 풀이가 가능하지 않은 오차다항식은 추상대수학의 영역으로 보면 되겠습니다.

6. 삼차/사차다항식

긴 세월이 흘렀지만 삼차다항식의 근의 공식은 발견되지 않았다. 다음과 같은 작업은 이미 해 놓았을 것이다.

일반적인 삼차다항식은 $ax^3+bx^2+cx+d(a\neq0)$ 꼴이지만 금방 최고차항의 계수가 1인 x^3+ax^2+bx+c를 풀면 충분하다는 것을 알 수 있다. 왜냐하면 '삼차방정식 $ax^3+bx^2+cx+d=0(a\neq0)$을 풀어라'라고 했을 때 방정식의 양변을 a로 나누어 $x^3+\dfrac{b}{a}x^2+\dfrac{c}{a}x+\dfrac{d}{a}=0$을 풀면 되기 때문이다.

조금 더 수고하면 이차항도 소거할 수 있다. 사실, 주어진 방정식 $x^3+ax^2+bx+c=0$에서 x 대신에 $X-\dfrac{a}{3}$를 대입하여 $X^3+qX+r=0$ 꼴의 방정식을 얻을 수 있다. 이처럼 이차항이 없는 간단한 형태의 삼차방정식을 풀어서 일반적인 삼차방정식을 풀 수 있게 되는 것이다. 이는 특별한 생각이 아니다. 이차방정식 $x^2+ax+b=0$에 x 대신에 $X-\dfrac{a}{2}$를 대입하면 일차항이 소거되어 $X^2=A$ 꼴을 얻어 이차방정식을 풀 수 있다는 사실을 이미 알고 있기 때문이다.

사차방정식의 경우에도 최고차항의 계수가 1인 $x^4+ax^3+bx^2+cx+d=0$을 생각하고, $x=X-\dfrac{a}{4}$를 대입하여 삼차항이 없는 사차방정식 $X^4+qX^2+rX+s=0$의 꼴을 얻고 이를 풀면 된다.

그러나 X^3+qX+r 꼴의 삼차다항식은 풀 수가 없었다. 이 꼴의 삼차다항식을 풀면 X^4+qX^2+rX+s 꼴의 사차다항식도 풀 수 있을 것 같은데 말이다. 이렇게 이차다항식의 근의 공식이 알려진 이후 수천 년의 세월이 흘렀다. 하지만 그 사이에 삼차다항식의 풀이와 관련한 기록은 없다. 실패의 기록은 역사에 남지 않는다. 삼차다항식을 풀기 위해 수많은 수학자가 시도하였을 게 분명하지만 모두 실패하였던 것이다.

여광: 수 체계의 확장은 대수학에서 중요한 의의를 가지는 것 같습니다.

여휴: 수 체계의 확장이 다항식의 풀이와 맞물려 있기 때문입니다.

여광: 수 체계에 관한 이야기가 『대칭: 갈루아 이론』(매디자인)에 많이 있더군요.

여휴: 그렇습니다만, 이 책에 있는 설명만으로도 수 체계를 전체적으로 이해하는 데에는 어려움이 없을 것입니다.

수학은 오래된 학문이다.
긴 수학 역사의 근간은 다항식의 풀이이다.
족히 4,000년의 세월에 걸친 이야기이다.

옛날에는 자연수 계수를 가지는 다항식의 근에 관심을 가졌다.
실생활에서 얻는 다항식은 자연수 계수를 가졌고,
그들이 찾는 근도 자연수였기 때문이다.

그러나 수학은 점점 실생활에 매이지 않게 되었다.
수의 세계가 많이 넓어졌다.
특히 다항식의 근을 더 넓은 수의 세계에서 찾게 되었다.

일차와 이차다항식의 근은 쉽게 찾을 수 있는데
삼차 또는 그 이상 차수의 다항식 경우는 그렇지 않았다.

오랜 침묵이 흘렀다.

지금부터 약 500년 전에 큰 변화가 일어났다.

깨진 침묵

초등학교에서는 방정식 $x-2=3$을 풀고, 중학교에서는 $x^2-6x+3=0$을 푼다. 삼차방정식과 그 이상 차수의 방정식은 인수분해를 통하여 차수를 줄일 수 없으면 고등학교에서도 풀지 않는다.

기원전 3세기 무렵, 유클리드는 이차다항식의 근을 눈금 없는 자와 컴퍼스를 사용하여 작도할 수 있었다. 요즘에는 이차다항식을 식, 즉 근의 공식으로 풀지만 유클리드는 이차다항식을 작도로 푼 것이다.

그러나 유클리드는 그의 책 『원론The Elements』에서 삼차다항식의 풀이에 관해서는 입을 닫았다. 그가 삼차다항식의 문제를 생각하지 않았기 때문이 아니다. 그도 무척 풀고 싶었을 것이다. 그러나 유클리드는 침묵할 수밖에 없었다. 참 이상한 일이었다. 삼차다항식을 도저히 풀 수 없었다. 매우 특별한 형태의 삼차다항식인 x^3-2는 풀 수 있었지만, 그 근 $\sqrt[3]{2}$를 작도할 수 없었다. $\sqrt[3]{2}$가 작도 가능한지 그렇지 않은지조차 알 수 없었다.

수학자는 몰라도 모른다고 말하지 않는다. 그냥 침묵한다. 그가 침묵한 이 문제를 후대의 수학자들이 해결한 것은 유클리드 이후 약 1,800년의 세월이 흐른 뒤였다.

여광: 유클리드의 『원론』은 주목할 만한 책이라고 생각합니다.

여휴: 기원전 3세기, 즉 지금부터 약 2,300년 전 저술인데 그 완성도가 놀랍습니다.

여광: 현대 수학의 대표적인 형식이라고 할 수 있는 '정의-공리-정리-증명' 체계를 확립한 기여는 특히 기억하여야 합니다.

여휴: 『원론』의 그러한 논리 체계는 비단 수학에만 국한되지 않습니다. 홉스, 데카르트, 스피노자 등 여러 철학자들은 『원론』의 체계를 그들의 논리 전개에 적극 적용하였습니다.

여광: 작도 가능성 문제는 유클리드의 『원론』이 제기한 중요한 화두였겠네요. 소위 '삼대 작도 불가능 문제'도 『원론』에서 제기되었다고 할 수 있겠습니다.

여휴: 그렇게 보아야 하겠죠? 주어진 원과 동일한 넓이를 가지는 정사각형의 한 변의 길이 작도, 주어진 정육면체 부피의 두 배의 부피를 갖는 정육면체의 한 변의 길이 작도, 60°의 삼등분 작도가 그들이죠. 삼대 작도 불가능 문제는 세 개의 무리수 $\sqrt{\pi}$, $\sqrt[3]{2}$, $\cos 20°$의 작도 불가능 문제라고 할 수 있겠습니다. 훗날, 모두가 작도 불가능하다고 증명되었죠.

여광: 이 세 문제 외에 정다각형의 작도 문제도 중요하지 않을까요?

1. 삼차다항식

오랜 세월에 걸친 둔중한 침묵을 깬 주인공은 타르탈리아[N. Tartaglia, 1499-1557]와 카르다노[H. Cardano, 1501-1576] 등이다.

그림 Ⅱ-1 타르탈리아

> **카르다노**: 타르탈리아 선생, 축하해. 삼차다항식을 풀었다고 들었어.
>
> **타르탈리아**: 카르다노 선생, 고마워. 매우 뿌듯하다네. 삼차다항식의 풀이는 오래된 미해결 문제였잖아.
>
> **카르다노**: 그러게 말이야. 나도 그렇게 풀고 싶었는데 성공하지 못했어. 발견했다는 그 풀이가 무척 궁금한데 내게 알려 줄 수 있겠나?
>
> **타르탈리아**: 나도 그 풀잇법을 많은 사람들에게 알려 주고 싶은데 조금만 기다려 주게. 솔직히 말해서 내 풀잇법에 대해서 공식적으로 인정받고 싶어.
>
> **카르다노**: 당연하지. 그 공로는 수학사에 길이 남을 업적이네. 그런데 그 풀잇법이 무엇인지 정말로 궁금해. 타르탈리아 선생도 그 마음을 이해할 수 있잖아?
>
> **타르탈리아**: 물론 그 마음을 충분히 이해해. 그렇지만 조금만 기다려.
>
> **카르다노**: 내가 정말로 약속할게. 절대 남에게 말하지 않을 것을. 내가 성경에 손을 얹고 하나님께 맹세할 수 있어.
>
> **타르탈리아**: 하나님께 맹세까지 하면서 알고 싶은 마음을 이해해. 나라도 그럴 것 같아.

타르탈리아는 카르다노에게 그의 풀잇법을 알려 줬다. 카르다노는 머지않아 『Ars Magna^{위대한 술법, The Great Art}』라는 책을 출간했고 그 안에 타르탈리아의 해법을 소개했다. 카르다노는 책에 타르탈리아가 그 해법을 발견했다고 명시했지만, 타르탈리아는 대단히 화가 났다.

> **타르탈리아**: 카르다노 선생, 그럴 수 있나? 하나님 앞에 맹세까지 하고도 그럴 수 있느냐고?
>
> **카르다노**: 일단 진정하게. 미안해. 그렇게 화내지 마.
>
> **타르탈리아**: 선생의 그 행동에 어찌 화가 나지 않을 수 있겠어.
>
> **카르다노**: 내가 타르탈리아 선생과의 약속을 어긴 것은 인정해.

타르탈리아: 나와의 약속 정도가 아니잖아. 선생은 하나님 앞에 맹세했어. 그 정도의 간절한 마음을 나는 이해했고 그 맹세를 지킬 것으로 알았지.

카르다노: 나도 많이 망설였어. 그러나 나 외에도 많은 사람이 궁금해 할 것이라 생각했고, 모든 공로를 타르탈리아 선생에게 돌렸잖아.

타르탈리아: 공로를 내게 돌리고 안 돌리고 보다 더 중요한 것은 분명히 약속했고 맹세했잖아. 카르다노 선생은 그걸 어긴 거라고.

카르다노: '수학에 관심을 갖고 있는 여러 사람을 위한 일이다'라고 생각하고 이해해 주기 바라네. 사실, 타르탈리아 선생의 방법을 알고 나서 내 제자 페라리하고 자세히 살펴보니 타르탈리아 선생보다 오래전에 델 페로 선생님께서 기본적인 핵심 아이디어를 남기셨다는 것을 알았어.

타르탈리아: 델 페로 선생님께서 그런 연구를 하셨다는 것을 나는 몰랐어. 그렇다 해도 카르다노 선생이 맹세까지 한 약속을 어긴 것은 도저히 이해할 수가 없어.

카르다노: 타르탈리아 선생, 이해해 줘. 선생의 성과는 전 세계 수학계의 성과이고 이러한 쾌거는 잘 정리하여 후세에 남겨야 한다고 생각했어. 계속 비밀로 간직해서는 안 된다는 거지. 후대 사람들은 선생의 업적을 인정할 것이고, 나의 행동도 이해할 것이라고 믿어.

앞의 대화에 나온 삼차다항식 풀잇법은 대략 다음과 같다.

- 삼차방정식 $X^3+qX+r=0$에서 X를 $Y+Z$로 치환한다.
- 치환 후 전개하여 다음을 만족시키는 Y와 Z를 구한다.

$$\begin{cases} Y^3+Z^3=-r \\ 3YZ=-q \end{cases}$$

이를 다음과 같이 표현할 수 있다.

$$\begin{cases} Y^3+Z^3=-r \\ Y^3Z^3=-\dfrac{q^3}{27} \end{cases}$$

$Y^3=U$, $Z^3=V$라고 생각하면 U와 V에 관한 이차방정식이 나온다. 이렇게 얻은 이차방정식을 풀어 U와 V를 구한다.

- $Y^3=U$를 만족시키는 Y가 세 개 있고, $Z^3=V$를 만족시키는 Z도 세 개 있다. 아홉 가지 경우 중에서 $3YZ=-q$를 만족시키는 Y, Z는 세 개가 있다. 즉, $X=Y+Z$를 세 개 구할 수 있다.

예를 들어, 삼차방정식 $x^3-3x-4=0$의 세 개의 해는 다음과 같다.

$$\sqrt[3]{2-\sqrt{3}}+\sqrt[3]{2+\sqrt{3}}$$
$$\sqrt[3]{2-\sqrt{3}}\,\omega+\sqrt[3]{2+\sqrt{3}}\,\omega^2$$
$$\sqrt[3]{2-\sqrt{3}}\,\omega^2+\sqrt[3]{2+\sqrt{3}}\,\omega$$

여기서 $\omega=\dfrac{-1+\sqrt{3}\,i}{2}$이다.

여광: 삼차방정식 $x^3-3x-4=0$에서 $x=Y+Z$라고 놓고 앞에서 설명한 절차에 따라 계산하면 Y는 $\sqrt[3]{2-\sqrt{3}}$, $\sqrt[3]{2-\sqrt{3}}\,\omega$, $\sqrt[3]{2-\sqrt{3}}\,\omega^2$이고 Z는 $\sqrt[3]{2+\sqrt{3}}$, $\sqrt[3]{2+\sqrt{3}}\,\omega$, $\sqrt[3]{2+\sqrt{3}}\,\omega^2$이군요.

여휴: 그렇습니다. 그중에서 $3YZ=3$, 즉 $YZ=1$을 만족시키는 Y, Z 쌍을 찾아 $x^3-3x-4=0$의 세 개의 해를 구하면 $\sqrt[3]{2-\sqrt{3}}+\sqrt[3]{2+\sqrt{3}}$, $\sqrt[3]{2-\sqrt{3}}\,\omega+\sqrt[3]{2+\sqrt{3}}\,\omega^2$, $\sqrt[3]{2-\sqrt{3}}\,\omega^2+\sqrt[3]{2+\sqrt{3}}\,\omega$를 얻게 됩니다.

여광: $\sqrt[3]{2-\sqrt{3}}$ 과 $\sqrt[3]{2+\sqrt{3}}$ 의 곱은 1이군요.

여휴: $\sqrt[3]{2-\sqrt{3}}\,\omega$와 $\sqrt[3]{2+\sqrt{3}}\,\omega^2$의 곱도 1이고 $\sqrt[3]{2-\sqrt{3}}\,\omega^2$과 $\sqrt[3]{2+\sqrt{3}}\,\omega$의 곱도 1 입니다.

삼차방정식의 풀이에 관하여 어떤 느낌이 드는가? 이처럼 해를 구하는 방법을 발견하는 데 인류 최고의 지성들이 그렇게 긴 세월을 필요로 하였다는 것이 이해되지 않는가? 수학을 놀이로 하는 사람이 아니면 얻을 수 없는 결과이다. 과거에는 지금처럼 수학적 표현 기법이나 기호 등이 효율적이지 않았을 텐데도 불구하고 수학자들의 제어하기 어려운 호기심과 자유로운 상상의 기질은 그들로 하여금 '수학함$^{doing\ mathematics}$'의 매력적인 고통을 기꺼이 감내하게 만들었다. 사실, 그들은 그 어려움을 즐기며 놀았을 것이다.

이제 앞의 세 개의 해 중에서 $\sqrt[3]{2-\sqrt{3}}+\sqrt[3]{2+\sqrt{3}}$ 을 보자. 이는 두 수 $\sqrt[3]{2-\sqrt{3}}$ 과 $\sqrt[3]{2+\sqrt{3}}$ 의 합이다. $\sqrt[3]{2-\sqrt{3}}$ 과 $\sqrt[3]{2+\sqrt{3}}$ 은 밀접한 관련이 있다. 다시 말해 하나를 알면 다른 것도 알게 된다는 뜻이다. 이는 관계식 $3YZ=-q$ 때문이다.

따라서 $\sqrt[3]{2+\sqrt{3}}$ 만을 보자. 삼차방정식 $x^3-3x-4=0$의 경우에

$$\begin{cases} Y^3+Z^3=-r \\ Y^3Z^3=-\dfrac{q^3}{27} \end{cases}$$

에 해당하는 연립방정식은 다음과 같다.

$$\begin{cases} Y^3+Z^3=4 \\ Y^3Z^3=1 \end{cases}$$

여기서 $Y^3=\alpha$, $Z^3=\beta$로 놓으면 $\alpha+\beta=4$이고 $\alpha\beta=1$이므로 다음과 같은 이차방정식을 얻는다.

$$\alpha^2-4\alpha+1=0$$

즉, $(\alpha-2)^2=3$이다. 이제 $\alpha-2$를 X로 놓고 $X^2=3$을 풀어 $\alpha=2+\sqrt{3}$을 얻고, $Y^3=2+\sqrt{3}$을 풀어 $Y=\sqrt[3]{2+\sqrt{3}}$을 얻는다. 일반적인 삼차방정식의 풀이 과정을 다음과 같이 요약할 수 있다.

- $x^3+ax^2+bx+c=0$ 꼴의 방정식을 이차항이 없는 $X^3+qX+r=0$ 꼴의 삼차방정식으로 바꾼다.
- $X^2=A$ 꼴의 이차방정식 하나를 푼다.
- $X^3=B$ 꼴의 삼차방정식 하나를 푼다.

'$X^2=A$ 꼴의 이차방정식'에서 '2'에 주목하고 '$X^3=B$ 꼴의 삼차방정식'에서 '3'에 주목한다. 2×3은 6이다. '삼'차방정식의 '3'에 대해 $3!=3\times2\times1$은 얼마인가? 6이다. 대칭군 S_3의 위수가 3!이다.

여광: '대칭군'이나 '위수'라는 용어는 갑작스럽습니다.

여휴: 그러네요. '대칭군'의 개념은 이 책에서 매우 중요하기 때문에 앞으로 반복해서 설명하며 사용할 것입니다. 영어로는 'symmetric group'이라고 합니다. '위수'는 영어로 'order'인데 '원소의 개수'라고 이해하면 됩니다. 이 용어에 대해서도 다시 설명할 것입니다.

"'삼'차방정식 하나와 '이'차방정식 하나"에서 얻게 되는 3×2와 $3!=3\times2\times1$이 같은 것은 우연이 아니다. 갈루아는 이 두 수가 왜 같아야 하는지를 알았다. 그는 유언으로 이 사실을 설명하고 싶었던 것이다.

여광: 삼차다항식의 풀잇법이 꽤 기교적인 것 같습니다.

여휴: 그렇죠? 자연스럽게 생각해 낼 수 있는 방법이 아닌 것 같아요.

여광: 긴 세월이 걸린 이유를 알겠습니다.

여휴: 삼차다항식에 적용된 방법은 사차다항식에도 적용됩니다.

여광: 그래서 삼차다항식이 풀린 직후 사차다항식도 풀렸군요. 그런데 그 방법이 오차방정식에는 적용되지 않았나 봅니다.

여휴: 그러니 수학자들의 애가 얼마나 탔겠어요.

여광: 삼차방정식 $x^3-15x-4=0$을 앞의 과정을 통하여 풀면 $\sqrt[3]{2+11\sqrt{-1}}+\sqrt[3]{2-11\sqrt{-1}}$ 을 구할 수 있습니다. 이 근의 모습을 보아서는 실수$^{real\ number}$일 것 같지 않은데 사실은 실수라는 게 흥미롭습니다. $\sqrt[3]{2+11\sqrt{-1}}$을 α라고 하면 α는 $2+i$이고 $\sqrt[3]{2-11\sqrt{-1}}$을 β라고 하면 β는 $2-i$라고 할 수 있습니다. 따라서 $\sqrt[3]{2+11\sqrt{-1}}+\sqrt[3]{2-11\sqrt{-1}}$은 $\alpha+\beta$, 즉 4로서 실수입니다.

여휴: 이 방정식의 경우에만 그런 게 아닙니다. 예를 들어, $x^3+x-2=0$의 한 근은 1이지만 근의 공식으로 구하면 복잡한 모습으로 나타납니다.

여광: 타르탈리아 등은 삼차다항식의 일반해를 구할 수 있었지만 복소수의 중요성은 인지하지 못했던 것 같습니다.

여휴: 복소수의 중요성을 인식하고 다항식의 풀이를 공식화한 사람은 봄벨리$^{R.}$ Bombelli, 1526-1572입니다. $x^3-15x-4=0$은 그가 허근의 중요성을 설명하며 제시한 유명한 방정식입니다.

2. 사차다항식

삼차다항식의 근의 공식을 찾은 직후, 사차다항식의 풀이를 찾았다. 삼차다항식의 풀이에 적용했던 방법과 동일한 접근이 가능했기 때문이다. 사차방정식 $W^4+qW^2+rW+s=0$ 꼴의 풀이에서도 $W=X+Y+Z$라고 놓고 계산하면 되는 것이다. 계산이 좀 많지만 수학자들은 오래된 난제를 풀 수 있다는 희망에 기꺼이 계산했을 것이다. 약간의 계산을 하면 다음을 얻을 수 있다. 이에 관한 자세한 계산은 아래 QR 코드를 통해 볼 수 있다.

$$X^2+Y^2+Z^2=-\frac{q}{2}$$
$$X^2Y^2+Y^2Z^2+X^2Z^2=\frac{q^2}{16}-\frac{s}{4}$$
$$X^2Y^2Z^2=\frac{r^2}{64}$$

이제, 가야 할 길이 보다 선명하게 보인다. 삼차다항식의 근과 계수의 관계를 통해 X^2, Y^2, Z^2은 다음 삼차방정식의 해임을 알기 때문이다. 근과 계수의 관계는 뒤에서 다시 설명할 것이다.

$$t^3+\frac{q}{2}t^2+\left(\frac{q^2}{16}-\frac{s}{4}\right)t-\frac{r^2}{64}=0$$

여광: 다음 관계식을 이용하는군요.

$$(x-\alpha)(x-\beta)(x-\gamma)$$
$$=x^3-(\alpha+\beta+\gamma)x^2+(\alpha\beta+\beta\gamma+\alpha\gamma)x-\alpha\beta\gamma$$

여휴: 그렇죠. X^2, Y^2, Z^2 각각을 α, β, γ로 생각하는 거죠.

여광: 사차다항식을 풀 때 삼차다항식 $t^3+\frac{q}{2}t^2+\left(\frac{q^2}{16}-\frac{s}{4}\right)t-\frac{r^2}{64}$을 먼저 푸는군요.

여휴: 앞에서 설명하였듯이, 삼차다항식을 푸는 과정은 $X^2=A$ 꼴 하나와 $X^3=B$ 꼴 하나를 푸는 것입니다.

위의 방정식을 풀어 X^2, Y^2, Z^2을 구한 후, $XYZ=-\frac{r}{8}$이 되도록 X, Y, Z를 구한다. 이제

$$XYZ=X(-Y)(-Z)=(-X)Y(-Z)=(-X)(-Y)Z$$

이므로 $W^4+qW^2+rW+s=0$의 네 개의 해는 다음과 같다.

$$X+Y+Z, \quad X-Y-Z, \quad -X+Y-Z, \quad -X-Y+Z$$

여광: X, Y, Z를 구하기 위해 $X^2 = C$, $X^2 = D$, $X^2 = E$를 풀어야 하는군요.

여휴: 잠깐만요. 'X, Y, Z'에서의 'X'와 '$X^2 = C$, $X^2 = D$, $X^2 = E$'에서의 'X'는 다릅니다. 이를 분명히 하기 위해 잠시만 다음과 같이 하면 어떨까요?

X, Y, Z를 구하기 위해 $\Gamma^2 = C$, $\Gamma^2 = D$, $\Gamma^2 = E$를 풀어야 한다.

여광: 그렇군요. 그게 좋겠습니다.

여휴: $XYZ = -\dfrac{r}{8}$이므로 $\Gamma^2 = C$, $\Gamma^2 = D$, $\Gamma^2 = E$ 중에서 두 개만 풀면 됩니다.

여광: 결국 일반적인 사차다항식 하나를 풀기 위해서는 $\Gamma^3 = B$ 꼴의 삼차방정식 하나와 $\Gamma^2 = A$ 꼴의 이차방정식 세 개를 풀어야 하겠습니다.

여휴: 정확한 이해입니다.

이 절차에 따라 사차방정식 $x^4 + 2x + \dfrac{3}{4} = 0$을 실제로 풀면 다음 네 개의 해를 구할 수 있다.

$$-\frac{1}{2}\sqrt{\sqrt[3]{2-\sqrt{3}}+\sqrt[3]{2+\sqrt{3}}}+\frac{1}{2}\sqrt{\sqrt[3]{2-\sqrt{3}}\,\omega+\sqrt[3]{2+\sqrt{3}}\,\omega^2}+\frac{1}{2}\sqrt{\sqrt[3]{2-\sqrt{3}}\,\omega^2+\sqrt[3]{2+\sqrt{3}}\,\omega}$$

$$-\frac{1}{2}\sqrt{\sqrt[3]{2-\sqrt{3}}+\sqrt[3]{2+\sqrt{3}}}-\frac{1}{2}\sqrt{\sqrt[3]{2-\sqrt{3}}\,\omega+\sqrt[3]{2+\sqrt{3}}\,\omega^2}-\frac{1}{2}\sqrt{\sqrt[3]{2-\sqrt{3}}\,\omega^2+\sqrt[3]{2+\sqrt{3}}\,\omega}$$

$$\frac{1}{2}\sqrt{\sqrt[3]{2-\sqrt{3}}+\sqrt[3]{2+\sqrt{3}}}+\frac{1}{2}\sqrt{\sqrt[3]{2-\sqrt{3}}\,\omega+\sqrt[3]{2+\sqrt{3}}\,\omega^2}-\frac{1}{2}\sqrt{\sqrt[3]{2-\sqrt{3}}\,\omega^2+\sqrt[3]{2+\sqrt{3}}\,\omega}$$

$$\frac{1}{2}\sqrt{\sqrt[3]{2-\sqrt{3}}+\sqrt[3]{2+\sqrt{3}}}-\frac{1}{2}\sqrt{\sqrt[3]{2-\sqrt{3}}\,\omega+\sqrt[3]{2+\sqrt{3}}\,\omega^2}+\frac{1}{2}\sqrt{\sqrt[3]{2-\sqrt{3}}\,\omega^2+\sqrt[3]{2+\sqrt{3}}\,\omega}$$

여광: 꽤 복잡하지만 사차방정식 $x^4 + 2x + \dfrac{3}{4} = 0$의 해는 모두 $X + Y + Z$ 꼴이군요.

여휴: 네 개의 해 모두에 대하여 $X^2 Y^2 Z^2 = \dfrac{r^2}{64} = \dfrac{4}{64} = \dfrac{1}{16}$을 만족시킵니다. 예로

$$X = -\frac{1}{2}\sqrt{\sqrt[3]{2-\sqrt{3}}+\sqrt[3]{2+\sqrt{3}}}$$

$$Y = \frac{1}{2}\sqrt{\sqrt[3]{2-\sqrt{3}}\,\omega+\sqrt[3]{2+\sqrt{3}}\,\omega^2}$$

$$Z = \frac{1}{2}\sqrt{\sqrt[3]{2-\sqrt{3}}\,\omega^2+\sqrt[3]{2+\sqrt{3}}\,\omega}$$

인 경우를 알아봅시다. 편의를 위해서 $a = \sqrt[3]{2-\sqrt{3}}$, $b = \sqrt[3]{2+\sqrt{3}}$ 이라고 합시다. $X^2 Y^2 Z^2 = \dfrac{1}{64}(a+b)(a\omega + b\omega^2)(a\omega^2 + b\omega)$입니다. 우변을 전개하고 $ab = 1$과 $1+$

앞에서 본 네 개의 해 중에서

$$-\frac{1}{2}\sqrt{\sqrt[3]{2-\sqrt{3}}+\sqrt[3]{2+\sqrt{3}}}+\frac{1}{2}\sqrt{\sqrt[3]{2-\sqrt{3}}\,\omega+\sqrt[3]{2+\sqrt{3}}\,\omega^2}+\frac{1}{2}\sqrt{\sqrt[3]{2-\sqrt{3}}\,\omega^2+\sqrt[3]{2+\sqrt{3}}\,\omega}$$

를 보자. 이는 세 수

$$-\frac{1}{2}\sqrt{\sqrt[3]{2-\sqrt{3}}+\sqrt[3]{2+\sqrt{3}}}$$

$$\frac{1}{2}\sqrt{\sqrt[3]{2-\sqrt{3}}\,\omega+\sqrt[3]{2+\sqrt{3}}\,\omega^2}$$

$$\frac{1}{2}\sqrt{\sqrt[3]{2-\sqrt{3}}\,\omega^2+\sqrt[3]{2+\sqrt{3}}\,\omega}$$

의 합이다. 위의 세 수는 서로 밀접한 관련이 있다. 이는 관계식 $XYZ=-\dfrac{r}{8}$ 때문이다. 따라서

$$-\frac{1}{2}\sqrt{\sqrt[3]{2-\sqrt{3}}+\sqrt[3]{2+\sqrt{3}}}$$

$$\frac{1}{2}\sqrt{\sqrt[3]{2-\sqrt{3}}\,\omega+\sqrt[3]{2+\sqrt{3}}\,\omega^2}$$

만을 보자. 먼저 $\sqrt{3}$을 구하고 이어서 $\sqrt[3]{2+\sqrt{3}}$을 구하며, 마지막으로

$$\sqrt{\sqrt[3]{2-\sqrt{3}}+\sqrt[3]{2+\sqrt{3}}}$$

$$\sqrt{\sqrt[3]{2-\sqrt{3}}\,\omega+\sqrt[3]{2+\sqrt{3}}\,\omega^2}$$

을 얻는다.

다시 말해, 먼저 $X^2=3$을 풀고 이어서 $X^3=2+\sqrt{3}$을 푼 다음에 마지막으로 $X^2=\sqrt[3]{2-\sqrt{3}}+\sqrt[3]{2+\sqrt{3}}$과 $X^2=\sqrt[3]{2-\sqrt{3}}\,\omega+\sqrt[3]{2+\sqrt{3}}\,\omega^2$을 푼 것이다.

일반적인 사차방정식의 풀이 과정을 다음과 같이 요약할 수 있다.

- $x^4+ax^3+bx^2+cx+d=0$ 꼴의 방정식을 삼차항이 없는 $W^4+qW^2+rW+s=0$ 꼴의 방정식으로 바꾼다.
- $X^2=A$ 꼴의 이차방정식 세 개를 푼다.
- $X^3=B$ 꼴의 삼차방정식 한 개를 푼다.

'$X^2=A$ 꼴의 이차방정식'에서 '2'에 주목하고 '$X^3=B$ 꼴의 삼차방정식'에서 '3'에 주목한다. $2 \times 2 \times 2 \times 3$은 얼마인가? 24다. '사'차방정식의 '4'에 대해 $4!=4 \times 3 \times 2 \times 1$은 얼마인가? 24다.

대칭군 S_4의 위수가 4!이다. "'3'차방정식 한 개와 '2'차방정식 세 개"에서 얻은 $3 \times 2 \times 2 \times 2$와 $4!=4 \times 3 \times 2 \times 1$이 같은 것은 우연이 아니다. 갈루아는 이 두 수가 왜 같아야 하는지를 알았다. 그는 유언으로 이 사실을 설명하고 싶었던 것이다.

- $W^4+qW^2+rW+s=0$ 꼴의 사차방정식을 푸는 문제를 $X^2=A$ 꼴의 이차방정식 세 개와 $X^3=B$ 꼴의 삼차방정식 한 개를 푸는 문제로 바꾼다.

여휴: 훗날 라그랑주는 이 사실을 대칭의 관점에서 다시 봅니다. 그 후, 갈루아는 섬세하게 다듬어진 대칭의 개념과 언어로 이 사실을 설명합니다. 갈루아는 결국 오차방정식의 경우에는 왜 이렇게 될 수 없는지를 설명합니다.

여광: 라그랑주와 갈루아는 모두 대칭에 주목하였습니다. 그런데 라그랑주가 문제를 완벽하게 해결하지 못한 까닭은 무엇인가요?

여휴: 라그랑주의 생각을 뛰어 넘는 갈루아의 생각은 요즈음 용어로 말하면 '정규부분군normal subgroup'과 그로부터 나오는 '상군quotient group'이라고 할 수 있습니다. 갈루아는 정규부분군과 상군을 사용하여 주어진 문제를 두 단계 또는 그 이상의 단계로 나누어 살필 수 있었던 겁니다. 삼차방정식의 경우에는 원래 문제를 두 단계로 나누어 $X^2=A$ 꼴 한 개와 $X^3=B$ 꼴 한 개로 바꿀 수 있었고, 사차방정식의 경우에는 원래 문제를 네 단계로 나누어 $X^2=A$ 꼴 세 개와 $X^3=B$ 꼴 한 개로 바꿀 수 있었던 것입니다. 뒤에서 알게 되겠지만 푸는 순서도 정해집니다. 삼차식의 경우에는 $X^2=A$ 꼴이 먼저, $X^3=B$ 꼴이 다음입니다. 사차식의 경우에는 $X^2=A$ 꼴, $X^3=B$ 꼴, $X^2=A$ 꼴, $X^2=A$ 꼴의 순서로 풀어야 합니다. 갈루아는 왜 이 순서로 풀어야 하는지를 설명할 겁니다.

여광: 오차다항식의 경우에는 그러한 과정이 가능하지 않다는 것이 갈루아 이론의 핵심이군요.

여휴: 그렇습니다. '정규부분군'과 '상군'의 개념은 뒤에서 자세히 소개할 것이며 그 개념들은 갈루아의 생각을 이해하는 데 중요한 역할을 할 것입니다.

여광: 갈루아는 그의 이론을 완성함에 있어서 라그랑주에게 큰 빚을 지었다는 것을 기억하여야 하겠습니다.

여휴: 뉴턴은 많은 업적을 남긴 후 '나는 거인의 어깨 위에 서 있었으므로 더 멀리 볼 수 있었다'고 말했습니다. 갈루아는 라그랑주라는 거인의 어깨 위에 서 있었던 겁니다.

3. 다른 방법

삼차다항식을 풀기 위한 계산은 비교적 수월하지만 사차다항식의 풀이는 상당히 많은 계산을 요구한다. 그래서 사차다항식을 풀기 위한 여러 가지 풀잇법이 있다. 그중 수학자 데카르트[R. Descartes, 1596-1650]의 이름을 가진 '데카르트 방법'이 있는데, 데카르트 방법으로 앞에서 푼 것과 똑같은 사차방정식 $x^4 + 2x + \frac{3}{4} = 0$의 네 개의 해를 구하면 다음과 같다.

$$-\frac{1}{2}\sqrt{\sqrt[3]{2-\sqrt{3}}+\sqrt[3]{2+\sqrt{3}}} + \frac{1}{2}\sqrt{-\sqrt[3]{2-\sqrt{3}}-\sqrt[3]{2+\sqrt{3}}+\frac{4}{\sqrt{\sqrt[3]{2-\sqrt{3}}+\sqrt[3]{2+\sqrt{3}}}}}$$

$$-\frac{1}{2}\sqrt{\sqrt[3]{2-\sqrt{3}}+\sqrt[3]{2+\sqrt{3}}} - \frac{1}{2}\sqrt{-\sqrt[3]{2-\sqrt{3}}-\sqrt[3]{2+\sqrt{3}}+\frac{4}{\sqrt{\sqrt[3]{2-\sqrt{3}}+\sqrt[3]{2+\sqrt{3}}}}}$$

$$\frac{1}{2}\sqrt{\sqrt[3]{2-\sqrt{3}}+\sqrt[3]{2+\sqrt{3}}} + \frac{1}{2}\sqrt{-\sqrt[3]{2-\sqrt{3}}-\sqrt[3]{2+\sqrt{3}}-\frac{4}{\sqrt{\sqrt[3]{2-\sqrt{3}}+\sqrt[3]{2+\sqrt{3}}}}}$$

$$\frac{1}{2}\sqrt{\sqrt[3]{2-\sqrt{3}}+\sqrt[3]{2+\sqrt{3}}} - \frac{1}{2}\sqrt{-\sqrt[3]{2-\sqrt{3}}-\sqrt[3]{2+\sqrt{3}}-\frac{4}{\sqrt{\sqrt[3]{2-\sqrt{3}}+\sqrt[3]{2+\sqrt{3}}}}}$$

여광: 이상하네요. 똑같은 다항식 $x^4 + 2x + \frac{3}{4}$을 데카르트 방법으로 풀면 네 개의 근 각각의 모습이 다릅니다.

여휴: 재미있죠? 사차다항식을 푸는 여러 방법이 있는데 방법에 따라 근이 다른 모습으로 나옵니다.

여광: 답은 똑같은 거죠?

여휴: 그럼요. 겉모습만 다른 겁니다. 복소수의 제곱근 또는 세제곱근으로 나타나는데 그게 무엇을 뜻하는지를 명확히 하면 혼란이 없을 겁니다. 특히, 어떠한 방법을 적용하더라도 사차다항식 한 개를 풀기 위해 $X^3 = B$ 꼴의 삼차방정식 한 개와 $X^2 = A$ 꼴의 이차방정식 세 개를 풀어야 한다는 것을 알 수 있습니다.

여광: 질문이 하나 있습니다. '데카르트 방법'이라고 부르는 방법은 사실 데카르트 이전의 방법이라고 하더군요. 그런데 왜 '데카르트 방법'이라고 부르게 되었을까요?

여휴: 이 방법은 데카르트의 『기하학La géométrie』에 소개되었습니다. 데카르트는 이게 누구의 업적인지를 밝히지 않고 소개하였는데, 그와 그의 책이 워낙 유명하니까 후세 사람들이 데카르트만을 기억하게 된 것 같아요. 하지만 다항식의 풀이가 데카르트의 최고 관심사는 아니었던 것 같습니다.

여광: 데카르트, 뉴턴, 라이프니츠, 오일러, 라그랑주, 가우스 등 수학 역사에 큰 발자취를 남긴 사람은 예외 없이 다항식의 풀이에 관심을 가졌더군요. 예를 들어, 뉴턴은 주어진 다항식의 근을 근사적으로 찾는 대표적인 방법인 '반복법iteration method'을 제시하였잖아요.

여휴: 라이프니츠도 오차다항식의 풀이를 시도하여 삼차나 사차와 같이 오차다항식의 풀이를 오차 이하의 차수 다항식의 풀이로 변환하고자 하였으나 실패하였습니다. 오일러는 특히 기억하여야 합니다. 수학의 모든 문제가 오일러의 관심 대상이었지만 그중에서도 '페르마 마지막 정리'와 '오차다항식의 가해성'은 그에게 남달랐습니다. 오일러는 두 문제 모두 풀지 못했지만 페르마 마지막 정리의 경우에는 '$n=3$'인 경우의 증명을 제시하고 오차다항식의 가해성을 긍정적으로 생각하고 해의 모습을 추측하였습니다. 사실, 그는 일차항이 없는 이차다항식의 근이 $\sqrt{A}$ 꼴로 주어지고, 이차항이 없는 삼차다항식의 근은 $\sqrt[3]{A}+\sqrt[3]{B}$의 꼴로 주어진다는 것에 주목하였습니다. 오일러는 삼차항이 없는 사차다항식의 근도 $\sqrt[4]{A}+\sqrt[4]{B}+\sqrt[4]{C}$의 꼴로 주어질 수 있다고 설명하며, 사차항이 없는 오차다항식의 근은 $\sqrt[5]{A}+\sqrt[5]{B}+\sqrt[5]{C}+\sqrt[5]{D}$의 꼴로 주어질 수 있다고 추측하였습니다. 하지만 이 추측은 옳지 않죠.

여광: 천하의 오일러도 실수를 하였군요.

여휴: 실수죠. 그러나 이차항이 없는 삼차다항식의 근이 $Y+Z$의 꼴로 주어지고, 삼차항이 없는 사차다항식의 근은 $X+Y+Z$의 꼴로 주어지는 상황에서 사차항이 없는 오차다항식의 근이 $W+X+Y+Z$의 꼴로 주어질 것이라는 추측은 매우 수학적이고 자연스럽습니다.

여광: 사실 수학의 발전은 그런 과정을 밟은 것이죠.

여휴: 그렇습니다. 수학은 증명proof과 논박refutation의 지속적인 과정입니다. 오일러의 추측이 옳지 않았던 예는 더 있습니다. 워낙 많은 연구를 하다 보니 추측도 많았습니다. 그 모든 추측이 맞았다면 그게 오히려 이상하죠. 꾸준히 추측하

고 증명하거나 논박하는 오일러의 모습은 수학자의 전형입니다.

여광: 기억나는 것이 하나 있습니다. 처음 다섯 개의 페르마 수는 다음과 같이 모두 소수입니다.

$$F_0 = 2^{2^0} + 1 = 3 \qquad F_1 = 2^{2^1} + 1 = 5$$
$$F_2 = 2^{2^2} + 1 = 17 \qquad F_3 = 2^{2^3} + 1 = 257$$
$$F_4 = 2^{2^4} + 1 = 65537$$

이로부터 페르마 수 $F_5 = 2^{2^5} + 1$도 소수라고 추측하고 싶을 겁니다. 그러나 $F_5 = 2^{2^5} + 1 = 4294967297 = 641 \cdot 6700417$입니다. 이 사실을 처음으로 계산하여 추측이 옳지 않다는 것을 밝힌 사람이 오일러라고 하더군요.

여휴: 조금 계산해서 알 수 있었겠어요? 소수 641까지 계산을 계속하였다는 말이잖아요. 오일러는 계산을 엄청나게 한 수학자로 유명합니다. 오일러가 틀리게 추측한 예를 하나 더 들까요?

여광: 재미있겠습니다. 대수학자가 틀렸다면 제게 위로가 될 것 같아요.

여휴: 앞에서 언급하였듯이 오일러는 페르마 마지막 정리에 대해 관심이 참 많았어요. 페르마의 유명한 '여백의 메모'는 그의 호기심을 매우 자극하였을 겁니다. 오일러는 페르마의 주장을 증명하지는 못했지만 약간 다른 생각을 하였습니다. $n \geq 3$이면 $x^n + y^n = z^n$의 자연수 해가 없죠? 오일러는 $n \geq 4$이면 $w^n + x^n + y^n = z^n$의 자연수 해가 없을 것으로 추측했어요.

여광: 재미있는 추측이군요. 그는 이미 많은 계산을 한 후에 그 추측을 하였겠죠?

여휴: 그랬을 겁니다.

여광: 맞는 추측인가요?

여휴: 제가 틀린 추측이라고 미리 말했잖아요?

여광: 그럼 반례가 뭔가요?

여휴: 그건 여광 선생이 한번 알아보세요. 여러 이야기가 더 있을 겁니다. 오일러는 많은 계산을 통하여 쉬운 예를 살핀 후 일반적인 경우에 대한 추측을 하는 방법을 자주 사용했습니다. 앞에서 소개한 '$\sqrt[4]{A}$, $\sqrt[3]{A} + \sqrt[3]{B}$, $\sqrt[4]{A} + \sqrt[4]{B} + \sqrt[4]{C}$, $\sqrt[5]{A} + \sqrt[5]{B} + \sqrt[5]{C} + \sqrt[5]{D}$'도 그러한 예입니다. 그는 자신의 추측이 맞는 경우에는 증명을 곧 제시할 수 있었습니다. 오일러는 많은 계산과 탁월한 기억력, 게다가 예민한 분석력의 소유자였기 때문입니다.

4. 그 이후

타르탈리아와 카르다노 등이 삼차다항식과 사차다항식의 근의 공식을 발견한 16세기 전후는 수학뿐만이 아니라 여러 면에서 주목할 만하다. 이 시기는 레오나르도 다빈치, 미켈란젤로, 라파엘로 등이 활동하던 시기이며, 마르틴 루터와 장 칼뱅 등이 종교 개혁을 주도한 시기이기도 하다. 사회 전반에 걸친 혁신적인 분위기가 수학계에도 일었던 것이다.

이제는 오차다항식을 보겠다. 오차방정식 $x^5=0$과 $(x-1)^5=0$의 경우에는 근의 공식이 있다. 각각 '$x=0$'과 '$x=1$'이라고 하면 된다. $x^5-32=0$도 $x=2$를 해로 가지기 때문에 사차방정식으로 귀착되므로 근의 공식이 존재한다. 즉, 오차다항식 $x^5-32=0$을 $x-2$로 나누어서 나온 사차다항식을 풀면 된다. $x^5-x^4-x^2+1=0$의 경우도 마찬가지다. $x=1$을 해로 가지기 때문에 사차방정식으로 귀착되어 근의 공식이 존재한다.

혹시 모든 오차다항식에 적용되는 근의 공식이 존재하지는 않을까? 일차, 이차, 삼차, 사차다항식의 경우에는 근의 공식이 존재하므로 그러한 긍정적인 기대를 하는 것은 자연스럽지 않은가? 이런 맥락에서 다음과 같은 추측이 가능하다.

어떤 수학자가 삼차다항식과 사차다항식의 해법에 대해 이해하고, 그와 유사한 방법을 적용하기 위해 먼저 사차항을 제거한 후, $X^5+qX^3+rX^2+sX+t=0$의 해를 $X=Y+Z+W+U$의 형태로 놓고 시도한다. $(Y+Z+W+U)^5$ 등 많은 양의 계산을 인내를 가지고 수행한다. 그러다 어느 순간 지쳐서 포기한다. 어떤 사람은 $(Y+Z+W+U)^5$, $(Y+Z+W+U)^4$, $(Y+Z+W+U)^3$ 등 필요한 계산을 모두 하고 삼차다항식과 사차다항식에 적용했던 절차에 따라 분석을 했다. 그러나 허무하게도 유의미한 결과를 도출하는 데에는 실패한다.

있었을 법한 위의 이야기는 수학사에 기록되지 않았다. 그러나 오늘날 우리에게 전해지는 수학의 역사가 이러한 숱한 실패에 큰 빚을 지고 있음은 부인하기 어렵다. 혼신의 힘을 다한 오차다항식의 풀이는 새로운 생각을 요구하였다. 풀려고 노력하기보다는 다항식의 가해성 문제를 완전히 다른 시각으로 보아야 했다.

여광: 삼차다항식과 사차다항식 풀이에 관한 승전보 이후 또다시 침묵이 흐르는군요. 아무도 이 문제를 시도하지 않은 건 아닐 텐데요.

여휴: 수학자는 속성상 그럴 수 없습니다. 많은 사람이 시도했으나 성공하지 못한 것입니다.

여광: 지금까지 사차다항식까지의 풀이 과정을 살폈습니다. 앞으로 갈루아 유언의 핵심 내용인 오차다항식에 대하여 논의할 텐데 지금까지의 이야기를 제가 정리하여 보겠습니다.

여휴: 좋은 생각입니다. 일차, 이차, 삼차, 사차다항식의 풀이 과정을 자세히

이해하는 것은 갈루아 유언을 이해하는 데 큰 도움이 될 것입니다.

여광: 모든 방정식은 유리수를 계수로 가지며 최고차항의 계수가 1이라고 전제하겠습니다. 다음을 알 수 있습니다.

- 일차방정식 $x+a=0$의 해는 $x=-a$로서 유리수이다. 일차방정식은 수 체계를 확장할 필요조차 없이 쉽게 풀린다.

- 이차방정식 $x^2+ax+b=0$을 풀기 위해 x 대신에 $X-\dfrac{a}{2}$를 대입하면 주어진 방정식은 $X^2=\dfrac{a^2-4b}{4}$가 되어 $x=\dfrac{-a\pm\sqrt{a^2-4b}}{2}$를 얻는다. 이차방정식은 일차항을 소거하면 풀리므로 이차방정식의 풀이는 $X^2=A$ 꼴 하나를 푸는 것이다.

- 삼차방정식 $x^3+ax^2+bx+c=0$에서는 x 대신에 $X-\dfrac{a}{3}$를 대입하여 이차항이 없는 삼차방정식 $X^3+qX+r=0$의 형태를 푼다. 풀이 과정은 $X^2=A$ 꼴 하나를 풀고 이어서 $X^3=B$ 꼴 하나를 푸는 것이다.

- 사차방정식 $x^4+ax^3+bx^2+cx+d=0$에서는 x 대신에 $X-\dfrac{a}{4}$를 대입하여 삼차항이 없는 사차방정식 $X^4+qX^2+rX+s=0$의 형태를 푼다. 풀이 과정은 $X^2=A$ 꼴, $X^3=B$ 꼴, $X^2=A$ 꼴, $X^2=A$ 꼴의 방정식을 차례로 푸는 것이다.

여휴: 요약이 잘 된 듯합니다. 감사합니다.

이탈리아 수학자들은 삼차다항식의 풀이를 흥미로운 놀이로 생각하고,
그 놀이를 통하여 서로 경쟁하곤 하였던 것 같다.
그렇지 않고 삼차방정식의 풀이가 가능했겠는가?

知之者 不如好之者 好之者 不如樂之者
아는 것은 좋아하는 것만 못하고, 좋아하는 것은 즐기는 것만 못하다.

어려운 문제도 놀이로 즐기면 어렵지 않다.
삼차다항식의 풀이를 놀이 삼던 그들은,
어느 날 유레카를 외치며 둔중한 침묵을 깼다.
이제는 오차다항식이다.

차수가 하나 늘어날 때마다 늘어나는 계산은 이제 감당할 수 있다. 그런데 어찌된
일인가? 삼차다항식과 사차다항식에 유효한 방식이 오차다항식에는 무효하다.
왜 그럴까? 4와 5의 차이가 무엇인가? 5는 단순히 4 더하기 1이 아닌 것 같다.
또, 짧지 않은 침묵이 흐를 것 같다.
이번에는 약 300년 정도일 것이다.

수학은 자유로운 영혼의 산물이다.

자유로운 영혼

대수학의 기본정리에 의하면, 방정식의 해의 존재성에 관한 한 복소수 전체의 집합 $\mathbb{C}$로 충분하다. 그럼에도 자유로운 영혼들은 여전히 궁금한 게 많았고, 그들의 상상은 계속됐다. 복소수는 실수 하나와 허수 하나의 합으로 표현된다. 즉, 복소평면은 실수축 하나와 허수축 하나로 구성된다. 그렇다면 실수축 하나와 허수축 두 개로 구성되는 수의 세계는 없을까? 수학자는 궁금했다.

1. 사원수

실수축 하나와 허수축 하나를 직교시켜 복소평면을 만든다면, 실수축 하나에 두 개 또는 그보다 많은 개수의 허수축을 직교시켜서 복소수 체계 $\mathbb{C}$보다 더 큰 수의 체계를 얻을 수 있지 않을까?

여광: 다항식의 풀이와 다소 먼 질문이군요. 수학자의 상상은 어디로 향할지 아무도 모를 것 같습니다.

여휴: 그들은 자신의 상상이 어떠한 의의와 가치가 있는지에는 관심이 없습니다. 오직 호기심을 따라 상상의 나래를 펼칠 뿐입니다.

여광: 수학자에게 수학 자체가 수학의 가치이고 의의인 것 같습니다.

여휴: 그런 것 같아요. 수학자는 자신의 호기심과 질문에 답을 하고 싶을 뿐입니다. 한 가지 분명한 것은, 그들은 그런 과정에서 진한 아름다움을 느낀다는 사실입니다.

실수축 하나와 허수축 하나로 구성되는 복소평면complex plane이 두 개의 실수축으로 구성되는 이차원 평면좌표계와 유사하다면, 실수축 한 개와 허수축 두 개, 총 세 개의 축 각각을 직교시켜 삼차원 공간좌표계와 유사하게 만들 수 있지 않을까? 하지만 여기에 문제가 발생한다. 곱셈이 관건이다. 좌표평면에서는 두 점 (a, b)와 (c, d)를 곱할 수 없지만 복소평면에서 두 점 (a, b)와 (c, d) 각각은 복소수 $a+bi$와 $c+di$를 나타내기 때문에 이 두 수 사이에는 곱셈이 다음과 같이 정의된다.

$$(a+bi)(c+di)=(ac-bd)+(bc+ad)i$$

이제 실수축 한 개와 허수축 두 개, 모두 세 개의 축 각각을 직교시켜 삼차원 공간좌표계와 유사한 수 체계를 만들기 위한 시도를 해 보자. 이 가상의 수 체계에 속하는 점은 $a+bi+cj, i^2=j^2=-1$과 같이 표현될 것이다. 문제의 핵심은 두 개의 허수 단위의 곱, 즉 ij와 ji를 '어떻게 정할까'이다. 이 문제에 관한 해답은 해밀턴 W. Hamilton, 1805-1865이 주었다.

복소수체보다 더 큰 수 체계를 상상하며 i와 j의 곱인 ij의 값을 어떻게 정할까

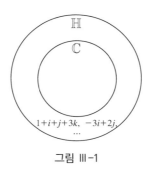

$1+i+j+3k, \ -3i+2j,$
...

그림 III-1

상상하던 해밀턴은 어느 날 불현듯 생각이 떠올랐다. 그의 생각은 $ij=k$이고 $k^2=-1$인 k를 추가로 도입하는 것이었다. 다시 말해 세 개의 실수 a, b, c에 대하여 $a+bi+cj(i^2=j^2=-1)$가 아닌 네 개의 실수 a, b, c, d에 의한 '사원수^{quaternion}' $a+bi+cj+dk(i^2=j^2=k^2=-1)$를 생각해야 한다는 것이다.

해밀턴은 복소수 체계를 확장하려면 새로운 허수축을 한 개만 첨가해서는 안되고, 두 개를 첨가하여야 한다는 사실을 발견하였다. 그는 주어진 사원수의 곱셈에 관한 역원을 계산하는 등 곱셈 연산에 관한 만족스러운 결과를 얻었다. 한 가지 특이한 사실은 사원수의 곱셈은 가환적이지 않다는 것이었다. 예를 들어, $ij=k$이지만 $ji=-k$여서 $ij \neq ji$이다.

당시 이러한 수 체계, 즉 곱셈에 관한 교환법칙이 성립하지 않는 수 체계의 발견은 충격적이었다. 곱셈에 관한 교환법칙은 너무도 자연스러운 성질이었기 때문이다. 따라서 사원수 전체의 집합은 체^{field}의 구조를 가지지 않는다.

여광: 뒤에서 소개하겠지만, '체'에 대하여 미리 짚고 가면 어떨까요?

여휴: 그래야 하겠습니다. 유리수 전체의 집합 $\mathbb{Q}$를 생각하여 봅시다. '$\mathbb{Q}$가 체의 구조를 가진다'라는 말을 수학적으로 자세히 말하면 다음과 같습니다.

- 덧셈에 관하여 닫혀 있고, 덧셈에 관한 결합법칙과 교환법칙이 성립한다.
- 덧셈에 관한 항등원 0이 있다.
- 모든 원소의 덧셈에 관한 역원이 존재한다.
- 곱셈에 관하여 닫혀 있고, 곱셈에 관한 결합법칙과 교환법칙이 성립한다.
- 곱셈에 관한 항등원 1이 있다.
- 원소 x가 0이 아니면 x의 곱셈에 관한 역원이 존재한다.
- 덧셈에 관한 곱셈의 분배법칙이 성립한다.

직관적으로 말하면, $\mathbb{Q}$에서는 덧셈과 곱셈을 편하게 할 수 있다는 말입니다. 좀 더 품위 있게 말하면, $\mathbb{Q}$는 멋진 대수적 구조를 가지고 있습니다.

여광: 실수 전체의 집합 $\mathbb{R}$, 복소수 전체의 집합 $\mathbb{C}$ 등도 체의 구조를 가지고 있습니다. 그러나 사원수 전체의 집합은 다른 모든 성질은 가지지만 곱셈에 관한 교환법칙이 성립하지 않기 때문에 체field의 구조를 가지지 않는군요.

여휴: 어떤 집합이 '체'라는 대수적 구조를 가지고 있으면 대수학적으로 작업하기가 매우 편리합니다. 사원수 전체의 집합은 체의 구조를 가지지 않지만 거의 체에 가까운 구조를 가지므로 사원수에 관하여 많은 이야기를 할 수 있습니다.

사원수 전체의 집합은 발견자 해밀턴을 기리어 보통 $\mathbb{H}$로 표기한다. 그리고 사원수를 '해밀턴 수Hamiltonian number'라고도 한다.

자유로운 영혼들의 상상이 어디에 다다를지는 아무도 알 수 없었지만, 그들이 닿은 곳은 새로운 수학의 세계가 되었다. 사차원의 체계는 시각적 표현이 가능하지 않다. 왜냐하면 사차원은 실수축 한 개와 허수축 세 개로 이루어지지만 인간의 감각은 사차원을 인식하지 못하기 때문이다.

그러나 사원수의 이러한 특징은 수학자들에게는 전혀 문제 되지 않는다. 수학적 상상과 논리는 결코 육적 감각을 요구하지 않기 때문이다. 해밀턴은 그가 상상한 사원수가 단지 상상의 수가 아님을 보였다. 예를 들어, 삼차원 공간에서의 회전^{rotation}은 사원수로 기술하는 것이 매우 효과적이다.

이 책에서는 사원수에 대한 이야기를 깊이 하지 않는다. 갈루아의 유언과 직접적인 관련이 없기 때문이다. 해밀턴이 사원수의 곱셈을 상상하던 1843년은 프랑스 수학자 리우빌^{J. Liouville, 1809~1882}이 과학원에 갈루아의 이론을 처음으로 소개한 해이다. 갈루아의 기막힌 유언의 전말이 세상에 알려진 해가 1843년이었던 것이다.

여광: 수학자의 관심은 참 다양합니다.

여휴: 해밀턴도 오차다항식의 풀이에 관심을 가졌을 테지만 수의 확장에 더 끌렸던 것 같습니다.

여광: 오차다항식의 풀이와 관련하여 해밀턴에 대해 전해지는 이야기는 없나요?

여휴: 없을 수 없죠? 갈루아 이전의 수학자 중에 오차다항식의 풀이에 무관심한 수학자는 없었다고 보아야 하거든요. 뒤에 소개하겠지만 오차다항식의 풀이가 일반적으로는 가능하지 않다고 처음 증명한 사람은 아벨입니다. 아벨의 증명은 쉽게 이해할 수 없습니다. 해밀턴은 아벨의 증명을 꼼꼼하게 읽고 난 후, 아벨의 증명이 완벽하다고 인정하였습니다.

여광: 해밀턴은 술을 무척 즐겼다고 하더군요.

여휴: 이 땅에 존재하지 않는 것을 상상함에 술은 좋은 친구였나 봅니다.

2. 밝은 눈

리우빌J. Liouville, 1809-1882이 아니었으면 갈루아의 유언은 한 조각 유서로 사라졌을 것이다. 갈루아가 코시에게 보낸 논문과 그 후 푸리에게 보낸 논문은 모두 대수롭지 않게 처리되거나 분실되었고, 그 후 다시 푸아송에게 보낸 논문은 빛을 못 보고 반송되었다. 그러나 갈루아의 유언은 분실되지 않고 그의 사후에 빛을 보게 되었다. 이전에 간과되거나 분실되었던 갈루아의 논문들이 이제야 수학자의 눈에 띈 것이다. 눈 밝은 리우빌의 덕이다.

리우빌은 그가 1836년에 창간한 수학논문집『Journal de Mathématiques Pures et Appliquées』 1846년 호에 갈루아의 논문을 게재하였다. 갈루아가 죽은 지 10년이 훌쩍 지난 후였다.

3. 도대체 무슨 일이

천오백 년 이상 풀리지 않던 삼차다항식과 사차다항식이 풀렸으니 오차다항식도 풀릴 것이라고 믿는 것은 자연스러웠다. 삼차다항식과 사차다항식이 풀린 이

후 거의 삼백 년이 흐른 후에도 오차다항식이 풀릴 것이라는 믿음에는 변함이 없었다. 그런데 수학으로 설명할 수 없는 일이 일어났다. 무슨 까닭인지 명확히 전해지지 않으나 수학계 일각에서 오차다항식 중에는 풀릴 수 없는 것이 존재할 수 있다는 생각이 일기 시작한 것이다. 이게 사실이라면 문제에 대한 접근을 완전히 달리 하여야 한다. '풀릴 수 없는 오차다항식이 있다'는 것을 증명해야 하기 때문이다. 일차, 이차, 삼차, 사차다항식을 푼 접근법은 완전히 무력하게 된다. 다만 일차, 이차, 삼차, 사차다항식은 왜 풀리는지를 면밀히 이해하여야 하므로 각각의 풀이 과정을 꼼꼼하게 분석할 필요가 있었다.

당시 이런 분위기에서 도대체 무슨 일이 벌어지고 있었는지 살펴보자. 여기 한 무리의 사람들이 있다고 하자. 이 집단의 특징을 알고자 한다면 어떻게 해야 할까? 우선 구성원 각각을 모두 관찰하는 것이 첫 번째 방법이다. 그렇다면 다음 방법은 어떨까? 이 집단을 일단 성性, gender에 따라 두 무리로 나눈다. 그럼 '여성' 무리와 '남성' 무리가 된다. 일단 두 무리의 일반적인 특성을 살피고, 이어 각 무리에 속한 각각의 특성을 살피는 것이다. 원래의 관찰 규모보다 작은 두 단계에 걸친 방법이다. '분할 후 공략Divide and Conquer' 전략이라고 할 수 있다. 크게 다르지 않지만 다음과 같이 할 수도 있다. 이 집단을 일단 성姓, family name에 따라 무리를 나눈다. 그러면 '김 씨 성의 무리', '황 씨 성의 무리' 등 몇 무리로 나뉜다. 그런 다음 각 '가문'의 일반적인 특성을 살피고, 이어 각 가문 구성원 각각의 특성을 살피는 것이다. 이것 역시 원래의 관찰 규모보다 작은 두 단계에 걸친 분할 후 공략 방법이다.

이러한 방법은 수학에서 자주 사용한다. 주어진 집합에 특별한 관계를 정의하고, 그 관계에 의해 주어진 집합을 몇 개의 부분집합으로 나눠 원래 집합의 성질을 조사하는 것이다. 부분집합으로 나누는 과정을 '분할partition'이라고 한다.

4. 접근 전략

이 책이 앞으로 열심히 설명할 다항식의 풀이 가능성에 관한 접근 방식은 다음과 같이 요약할 수 있다.

> **여광:** 잠깐만요. 앞으로의 내용을 미리 이야기하려면 몇 개의 용어들이 생소하지 않을까요?
>
> **여휴:** 그럴 수밖에 없습니다. 앞에서도 이미 '대칭군', '위수', '체' 등의 용어를 사용했던 것과 마찬가지 상황입니다.
>
> **여광:** 새롭게 등장하는 용어가 정확히 무엇인지 분명하지 않더라도 미리 전체 그림을 보는 것은 좋을 것 같군요.
>
> **여휴:** 저자의 의도가 바로 그것입니다.

- 풀 수 있는지 없는지를 판정하고자 하는 다항식이 있다. 주된 대상은 삼차, 사차, 오차다항식이다. 주어진 다항식 각각의 가해성solvability 여부를 결정짓는 수학적 요소를 얻는다. 다항식의 풀이와 관련하여 핵심적인 수학적 요소는 대칭군 S_n 이다.

다항식의 차수	수학적 요소
1	S_1
2	S_2
3	S_3
4	S_4
5	S_5

위의 표에서 S_1, S_2, S_3, S_4, S_5 각각은 '대칭군symmetric group'이라고 한다. 대

칭군은 앞에서 이미 언급한 바가 있다. 한편, 육차 또는 그 이상 차수의 다항식에 대해서는 논의할 필요가 없음을 나중에 알게 될 것이다. 결국, 갈루아 이론의 핵심 대상은 오차다항식이다.

- 대칭군 $S_n (n = 1, 2, 3, 4, 5)$을 수학적 절차에 따라 몇 개의 부분집합으로 분할partition한다. 분할하여 얻은 작은 부분집합을 '잉여류coset'라고 부를 것이다.

- 앞의 과정에서 대칭군을 분할하는 '수학적 절차'는 부분군subgroup에 의한다.

- 지금까지의 과정에 의하여 다음을 얻는다.

$$S_n (n = 1, 2, 3, 4, 5)$$

$$S_n\text{의 부분군 } H$$

$$S_n\text{의 부분군 } H\text{에 의한 잉여류 몇 개}$$

- 앞에서 얻은 잉여류 전체 집합이 군의 구조를 가지게 한다. 이렇게 얻은 군을 '상군quotient group'이라고 부를 것이다.

- 어떠한 부분군으로든 대칭군을 분할하여 잉여류를 구할 수 있지만 잉여류 전체 집합이 군의 구조를 갖기 위해서는 특별한 성질을 갖는 부분군이 필요하다. 이 특별한 부분군을 '정규부분군normal subgroup'이라고 부를 것이다. 정규부분군은 갈루아가 발견한 매우 깊은 개념이다.

- 지금까지 다음 세 종류의 군을 얻었다.

$$S_n (n = 1, 2, 3, 4, 5)$$

$$S_n\text{의 정규부분군 } N$$

$$S_n\text{의 정규부분군 } N\text{에 의한 상군 } G/N$$

- 다항식의 가해성 여부를 결정하는 대칭군 S_n을 분석해야 하는데, 이는 $G = S_n$의 정규부분군 N과 상군 G/N의 두 단계에 걸친 분석으로 바꾸는 것이다.

- 정규부분군 N과 상군 G/N도 군이다. 만약 N 또는 G/N 중 어느 것이라도 정규부분군을 가지면, N 또는 G/N에 대한 분석을 다시 또 두 단계로 바꿀 수 있다.
- 이 과정을 가능할 때까지 계속한다.
- 계속된 앞의 과정의 결과로 얻은 모든 상군의 위수^{order}가 소수^{prime number}이면 상황이 종결된다. 즉, 그 다항식은 풀리는 것이다. 그러나 모든 상군의 위수가 소수가 되기까지 이를 수 없다면 그 다항식은 풀리지 않는 것이다.

몇 가지 사실을 미리 더 살펴보자.

- 일차다항식과 관련된 대칭군은 S_1이다. S_1의 위수는 $1!=1$이다. 부분군, 상군, 소수 등을 전혀 언급할 필요가 없이 자명하게 풀린다. 바로 이것이 일차다항식을 누구나 풀 수 있는 이유이다.
- 이차다항식과 관련된 대칭군은 S_2이다. S_2의 위수는 $2!=2\times1=2$이다. 2는 소수이다. 더 이상 분석할 필요가 없다. 이것이 이차다항식을 쉽게 풀 수 있는 이유이다.
- 삼차다항식과 관련된 대칭군은 S_3이다. S_3의 위수는 $3!=3\times2\times1=6$이다. 6은 두 소수 2와 3의 곱, 즉 $6=2\times3$이다. 뒤에서 S_3은 위수가 3인 정규부분군 A_3을 볼 것이다. 상군 S_3/A_3의 위수는 2이다. 여기에 등장하는 소수가 2와 3이다. 다시 말해, 아무리 복잡한 삼차다항식이라고 하더라도 $X^2=A$ 꼴인 이차다항식 한 개와 $X^3=B$ 꼴인 삼차다항식 한 개를 푸는 문제로 귀착된다는 뜻이다.
- 모든 삼차다항식과 관련된 대칭군이 S_3일 필요는 없을까? 그렇다. 예를 들어, x^3-1과 관련된 대칭군은 S_3보다 작다. 어떤 삼차다항식과 관

련된 군이 S_3보다 작으면 쉽게 풀린다.

- 사차다항식과 관련된 대칭군은 S_4이다. S_4의 위수는 $4!=4\times3\times2\times1=24$이다. $24=2\times2\times2\times3$이다. 뒤에서 S_4는 위수가 12인 정규부분군 A_4를 볼 것이다. 상군 S_4/A_4의 위수는 2이다. A_4는 위수가 4인 정규부분군 V_4를 가진다. 상군 A_4/V_4의 위수는 3이다. 마지막으로 V_4는 위수가 2인 정규부분군 N을 가진다. 상군 V_4/N의 위수는 2이다. 따라서 다음을 얻었다.

$$S_4/A_4, \quad A_4/V_4, \quad V_4/N, \quad N$$

여기에 등장하는 소수가 2, 3, 2, 2이다. 아무리 복잡한 사차다항식이라고 하더라도 $X^2=A$ 꼴인 이차방정식 세 개와 $X^3=B$ 꼴인 삼차방정식 한 개를 푸는 문제로 귀착된다는 뜻이다. 따라서 모든 사차다항식은 풀린다.

- 모든 사차다항식과 관련된 대칭군은 S_4일 필요는 없을까? 그렇다. 예를 들어, x^4-1과 관련된 대칭군은 S_4보다 작다. 어떤 사차다항식과 관련된 군이 S_4보다 작으면 비교적 쉽게 풀린다.

지금까지의 이야기가 신기하지 않은가? 이것이 갈루아 이론이 말하는 바이다. 인류가 이 사실을 알기까지 수천 년이 걸렸다. 하지만 아직 이야기는 끝이 아니다. 화룡점정의 단계가 남았다.

- 오차다항식과 관련된 대칭군은 S_5이다. S_5의 위수는 $5!=5\times4\times3\times2\times1=120$이다. $120=2\times2\times2\times3\times5$이다. 뒤에서 S_5는 위수가 60인 정규부분군 A_5를 볼 것이다. 상군 S_5/A_5의 위수는 2이다.
- A_5의 위수는 60이고 $60=2\times2\times3\times5$이다. A_5의 어떤 정규부분군 M을 찾아 위수가 2, 3 또는 5인 상군 A_5/M를 만들어야 한다.

- 이것이 문제다. A_5는 그러한 정규부분군을 가지지 않는다. 더 이상 발을 내디딜 수가 없게 된다. 이것이 갈루아 이론의 핵심이다. 여기에 등장하는 수 '5'는 무엇일까? 오차다항식의 '5'이다. '오차다항식은 항상 풀리는 것은 아니다'라는 이야기가 될 것이다.

이 책은 앞으로 지금까지 설명한 모든 단계를 각각 자세하게 설명할 것이다. 그 설명이 이 책의 전체 내용이다.

> **여광:** 쉽지 않은 여정이겠지만 기대가 됩니다.
>
> **여휴:** 기대하셔도 됩니다.
>
> **여광:** 계산을 많이 해야 하지 않을까요?
>
> **여휴:** 그렇지 않습니다. 이론에 대한 깊은 설명이나 관련된 계산은 가급적 하지 않을 것입니다. 이 책은 갈루아에 관심을 갖고 있는 사람은 누구나 갈루아의 깊고 멋진 생각을 전체적으로 이해할 수 있도록 돕고자 하기 때문입니다. 사실, 저자가 출간한 『대칭: 갈루아 이론』(매디자인)에 모든 계산을 해 놓았습니다. 관심 있는 독자는 그 책을 참고하면 되겠지만 갈루아 이론에 대한 전반적인 이해를 원한다면 이 책으로도 충분합니다.

5. 작도 가능성

수학사에서 또 하나 주목할 문제는 작도 가능성 문제다. 기하학적 문제라고 할 수 있는 이 문제도 만만치 않게 긴 역사를 가졌다. 이 문제를 해결하는 데 결정적인 역할을 한 것은 다음 두 가지다.

- 기하학적인 문제를 대수학적인 문제로 바꾸는 이론이 등장하였다.
- 다항식의 풀이 가능성에 관한 갈루아 이론이 등장하였다.

여광: 두 이론의 등장은 수학사에서 중요한 의미를 가지겠습니다.

여휴: 기하학적인 문제를 대수학적인 문제로 바꾸는 이론은 '해석기하학analytic geometry'입니다. 이 이론은 보통 데카르트의 업적으로 봅니다.

여광: 해석학analysis적 방법으로 기하학을 연구한다는 의미인가요?

여휴: 조금 조심할 필요가 있습니다. 해석기하학의 영어 이름 'analytic geometry' 에서 'analytic'은 '해석학적'이라는 의미보다는 '분석적'이라는 의미로 이해하여 야 하기 때문입니다.

여광: 도형의 성질을 연구하는 기하학을 수를 사용하여 분석하는 접근법으로 보 아야 한다는 뜻이군요. 즉, 여기서 '분석적' 방법이라는 것은 '해석학적 분석'이라 기보다는 '대수학적인 분석'이라는 의미이군요.

여휴: 그렇습니다. 자유로운 영혼들은 자신들의 활동 영역을 호기심이 다하는 곳 까지 넓혔고, 그들의 상상을 실현하기 위한 언어와 이론을 만들어 온 것입니다.

작도 가능성의 문제를 대수적 문제로 바꾸어 '삼대 작도 불가능 문제' 해결의 획 기적인 전기를 마련한 사람은 방첼P. Wantzel, 1814-1848이다. 방첼은 자와 컴퍼스로 작 도하는 행위를 대수적 언어로 바꾸고 대수적 구조를 살폈다. 2,000년 이상이나 풀리지 않는 문제를 해결하기 위해서는 완전히 새로운 접근이 필요했던 것이다.

세 개의 작도 불가능 문제를 통해 기하학과 대수학의 긴밀한 관계를 알 수 있고, 대수적 추상화의 힘을 볼 수 있다. 사차다항식에 관한 풀잇법[II장] 하나를 후세에 남긴 데카르트[R. Descartes, 1596-1650]는 대수학과 기하학의 관계에 관하여 다음과 같이 말한 바 있다.

Algebra is needed to avoid a dependence on the appearance of geometric figures, and geometry is needed to give meaning to the appearance of algebra.

대수학은 기하학적 도형에 구애받지 않기 위해 필요하고, 기하학은 대수학적 현상에 의미를 부여하기 위해 필요하다.

갈루아가 '미쳐간다'며 그를 걱정하였던 제르맹[S. Germain, 1776-1831]의 다음 말도 같은 맥락으로 이해할 수 있다.

Algebra is but written geometry; geometry is but drawn algebra.

대수학은 단지 기하학을 쓰는 것이고, 기하학은 단지 대수학을 그리는 것이다.

동일한 문제를 여러 측면에서 살피는 것은 유익하다. 작도 가능성 문제를 해결하는 과정에서 군^{group}, 체^{field}, 벡터공간$^{vector\ space}$ 등 여러 가지 대수적 구조^{algebraic} ^{structure}가 결정적인 역할을 한다.

여광: 작도 가능성의 문제는 그리는 문제로서 기하학 문제 같은데 대수적 방법으로 해결되었다는 게 신기하고 멋집니다.

여휴: 작도 가능한지 그렇지 않은지를 묻는 문제 중의 하나가 $\sqrt[3]{2}$의 작도 가능성입니다. $\sqrt[3]{2}$의 작도가 가능하다면 눈금 없는 자와 컴퍼스를 사용해 직접 작도하여 문제는 풀립니다. 그러나 작도 가능하지 않다면 상황은 달라집니다. 그 경우, 문제의 해답은 그리는 것이 아니니 가능하지 않다는 것을 증명하여야 합니다.

여광: 그렇겠네요. 작도의 행위를 적절한 대수적 개념으로 다시 표현하고, 그에 따른 적절한 언어와 이론을 개발하여 대수적으로^{algebraically} 해결하였군요.

여휴: 데카르트와 제르맹이 말하듯 대수학과 기하학은 무관하지 않습니다. 많은 경우에 서로가 서로를 도울 수 있습니다. 어떤 문제는 기하학적으로 해석해서 풀면 더 쉬울 수 있고, 어떤 문제는 대수학적으로 해석해서 푸는 것이 더 쉬울 수 있습니다. 작도 가능성의 문제는 대수학과 기하학의 멋진 합력을 과시하였습니다.

여광: 대수학과 기하학의 어우러짐을 볼 수 있는 예가 많을 것 같아요. 한 가지만 더 예로 든다면 어떤 것이 있을까요?

여휴: 말씀하신대로 예가 참 많습니다. 작도 가능성 수준의 깊이나 범위는 아니지만 다음과 같은 예는 어떨까요? 간단하여 이해하기 쉬울 겁니다.

양의 두 수 $a, b(a > b)$에 대하여 산술평균 $\dfrac{a+b}{2}$, 기하평균 $\sqrt{ab}$, 조화평균 $\dfrac{2ab}{a+b}$를 생각해 봅시다. 다음과 같은 관계는 잘 알려져 있습니다.

$$a > \frac{a+b}{2} > \sqrt{ab} > \frac{2ab}{a+b} > b$$

이 부등식을 대수적으로 증명할 수 있습니다. 예를 들어, 부등식 $\dfrac{a+b}{2} > \sqrt{ab}$는 다음과 같이 증명할 수 있습니다.

$$a - 2\sqrt{ab} + b > (\sqrt{a} - \sqrt{b})^2 > 0$$
$$a + b > 2\sqrt{ab}$$
$$\frac{a+b}{2} > \sqrt{ab}$$

다음과 같은 그림으로도 증명할 수 있습니다.

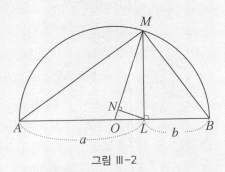

그림 III-2

그림에서 선분 OM의 길이는 $\frac{a+b}{2}$이고 선분 LM의 길이는 $\sqrt{ab}$이며 선분 MN의 길이는 $\frac{2ab}{a+b}$입니다.

여광: 닮은 두 개의 직각삼각형 ALM과 직각삼각형 BLM에서 비례식을 이용하면 선분 LM의 길이가 $\sqrt{ab}$임을 알 수 있겠습니다.

여휴: 마찬가지로, 닮은 두 개의 직각삼각형 OLM과 직각삼각형 NLM에서 비례식을 이용하면 선분 MN의 길이는 $\frac{2ab}{a+b}$임을 알 수 있습니다.

작도 가능성에 관한 다음 두 문제는 비교적 쉽게 해결되었다.

- $\sqrt[3]{2}$는 작도 불가능하다.
- $\cos 20°$는 작도 불가능하다.

그러나 $\sqrt{\pi}$의 작도 불가능성 증명은 추가적인 사실을 요구하였다. 원주율 π가 초월수라는 사실이 필요했던 것이다.

여광: $\sqrt[3]{2}$, $\cos 20°$, $\sqrt{\pi}$ 의 작도 불가능성이 소위 말하는 삼대 작도 불가능 문제입니다. 그런데 정다각형의 작도 가능성을 묻는 문제도 있지 않나요?

여휴: 이 책은 다항식의 가해성에 집중하기 때문에 작도 가능성을 많이 언급하지 않습니다. 정다각형의 작도 가능성 문제는 갈루아 이론으로 어렵지 않게 해결됩니다.

여광: 그 내용만이라도 간략히 기억하면 어떨까요?

여휴: 그렇게 합시다. 먼저, 페르마 소수$^{Fermat\ prime}$ 개념을 기억합시다. 페르마 소수는 $2^{2^k}+1\,(k \geq 0)$과 같은 꼴의 소수를 말합니다. 다음이 정다각형의 작도 가능성에 관한 문제의 해답입니다.

정n각형이 작도 가능하기 위한 필요충분조건은 n이 다음과 같은 꼴로 표시되는 것이다.

$$n = 2^m \ \text{또는} \ n = 2^k p_1 p_2 \cdots p_r$$

여기서 $m \geq 2$, $k \geq 0$이고 $p_1, p_2, \cdots, p_r$은 서로 다른 페르마 소수이다.

여광: 3, 5, 17 등은 페르마 소수이므로 정삼각형, 정오각형, 정십칠각형은 작도가 가능하고, 7, 11, 13 등은 페르마 소수가 아니므로 정칠각형, 정십일각형, 정십삼각형은 작도가 가능하지 않군요.

여휴: 오일러 ϕ함수를 이용하면 정다각형의 작도 가능성을 더 간략히 표현할 수 있습니다.

여광: 그렇습니까? 오일러 ϕ함수를 기억해 보겠습니다. $\mathbb{Z}_m = \{0, 1, \cdots, m-1\}$의 원소 중에서 법 m과 서로소$^{relatively\ prime}$인 원소들의 집합을 $\mathbb{Z}_m^*$으로 나타내면 다음과 같습니다.

$$\mathbb{Z}_m^* = \{a \in \mathbb{Z}_m \mid (a, m) = 1\}$$

여기서 기호 (a, m)은 두 수 a와 m의 최대공약수$^{the\ greatest\ common\ divisor}$를 나타냅니다. 그리고 집합 $\mathbb{Z}_m^*$, $m \geq 2$의 위수를 $\phi(m)$으로 나타냅니다. 즉, $\phi(m) = |\mathbb{Z}_m^*|$입니다. 이때 임의의 자연수 m을 $\phi(m)$으로 대응시키는 함수 $\phi : \mathbb{N} \to \mathbb{N}$을 오일러의 ϕ함수라고 합니다. 예를 들어, $\phi(3) = 2$, $\phi(4) = 2$, $\phi(5) = 4$, $\phi(6) = 2$, $\phi(7) = 6$, $\phi(11) = 10$, $\phi(14) = 6$, $\phi(17) = 16$입니다. $\phi(1)$은 1이라고 정의합니다.

여휴: 좋습니다. 다음 두 명제는 동치라는 것을 증명할 수 있습니다.

- 정n각형은 작도 가능하다.
- 적당한 자연수 l이 존재하면 $\phi(n)=2^l$이다.

예를 들어, $\phi(3)=2$, $\phi(4)=2$, $\phi(5)=4$, $\phi(6)=2$, $\phi(17)=16$이므로 정3, 4, 5, 6, 17각형은 작도 가능합니다. 그러나 $\phi(7)=6$, $\phi(11)=10$, $\phi(14)=6$이므로 정 7, 11, 14각형은 작도 가능하지 않습니다.

여광: 『대칭: 갈루아 이론』(매디자인)에서 다항식 $x^4+2x+\dfrac{3}{4}$의 다음 두 개의 실근 이 작도 가능하지 않음을 설명합니다.

$$-\frac{1}{2}\sqrt{\sqrt[3]{2-\sqrt{3}}+\sqrt[3]{2+\sqrt{3}}}+\frac{1}{2}\sqrt{-\sqrt[3]{2-\sqrt{3}}-\sqrt[3]{2+\sqrt{3}}+\frac{4}{\sqrt{\sqrt[3]{2-\sqrt{3}}+\sqrt[3]{2+\sqrt{3}}}}}$$

$$-\frac{1}{2}\sqrt{\sqrt[3]{2-\sqrt{3}}+\sqrt[3]{2+\sqrt{3}}}-\frac{1}{2}\sqrt{-\sqrt[3]{2-\sqrt{3}}-\sqrt[3]{2+\sqrt{3}}+\frac{4}{\sqrt{\sqrt[3]{2-\sqrt{3}}+\sqrt[3]{2+\sqrt{3}}}}}$$

여휴: 삼차다항식 x^3-2의 실근인 $\sqrt[3]{2}$가 작도 가능하지 않음은 놀라운 일이 아니나 사차다항식의 실근이 작도 가능하지 않은 것은 의외이죠? 사실 그러한 예를 찾기는 쉽지 않습니다. 함수 $y=x^4+2x+\dfrac{3}{4}$의 그래프는 다음과 같습니다.

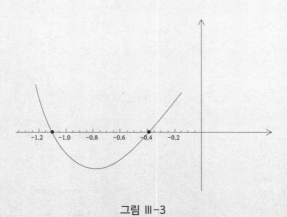

그림 III-3

$x^4+2x+\dfrac{3}{4}$의 두 실근은 대략 -1.0957과 -0.38611입니다. 이 두 점은 작도 가능하지 않으므로 이들을 자와 컴퍼스만으로는 수직선 위에 표시할 수 없습니다.

그림 III-4 오일러

지금까지의 이야기를 정리하여 보자.

- 일반적인 삼차다항식을 푸는 과정은 $X^2=A$ 꼴 하나를 풀고 이어서 $X^3=B$ 꼴 하나를 푸는 것이다. 이때 두 방정식의 차수는 각각 2와 3으로서 소수[prime number]이다. 삼차다항식과 관련되는 대칭군은 S_3인데 S_3으로부터 두 개의 상군을 얻을 수 있다. S_3의 위수는 $3!=3\times2\times1=6$이고 6은 2와 3의 곱이다. S_3으로부터 나오는 두 개의 상군의 위수는 각각 2와 3이다.

- 일반적인 사차다항식을 푸는 과정은 $X^2=A$ 꼴, $X^3=B$ 꼴, $X^2=A$ 꼴, $X^2=A$ 꼴의 방정식을 차례로 푸는 것이다. 이때 등장하는 네 방정식의 차수는 각각 2, 3, 2, 2로서 모두 소수이다. 사차다항식과 관련되는 대칭군은 S_4인데 S_4로부터 네 개의 상군을 얻을 수 있다. S_4의 위수는 $4!=4\times3\times2\times1=24$이고 24는 2, 3, 2, 2의 곱이다. S_4로부터 나오는 네 개의 상군의 위수는 각각 2, 3, 2, 2이다.

여광: 이상을 앞으로 더 자세하게 설명하겠죠?

여휴: 그렇습니다. 갈루아가 주목한 사실을 미리 정리한 것입니다. 갈루아는 그의 유언에서 이상의 이야기가 왜 오차다항식의 경우에는 가능하지 않은지 설명합니다.

호기심과 상상은 수학자의 특징이다.
그들의 자유로운 사고는 자연스럽지 않은 수를 계속 만들었고,
새로운 언어와 이론을 생산하였다.
수천 년에 걸쳐 이어진 호기심은 결국 매우 깊은 보화를 발견한다.

바로, 대칭이다.

삼차다항식의 세 개의 근 사이에 존재하는 대칭을 살핌으로써
삼차다항식은 항상 풀린다는 것을 알게 될 것이다.
사차다항식의 경우도 마찬가지지만 오차다항식의 경우는 다르다.
오차다항식의 다섯 개의 근 사이에 존재하는 대칭을 살핌으로써
오차다항식은 풀리지 않는 경우가 있다는 것을 알게 될 것이다.

대칭에 대한 주목은 작도 가능성의 문제도 해결하게 한다.
작도 가능성의 문제는 긴 수학사에 걸친 또 하나의 화두였다.

대칭이 관건이다.

다항식 풀이의 비밀은 무엇인가?

IV

깊이 묻힌 보화

사람은 누구나 멋진 것, 아름다운 것을 좋아한다. 음악은 소리의 아름다운 즐거움이고 미술은 색의 아름다움을 나타내는 기술이다. 육체적 아름다움의 추구는 생명을 낳고, 감각적 아름다움의 추구는 예술을 낳으며, 이성적 아름다움의 추구는 수학을 낳는다.

아름다움에는 공통 인자가 있다. 바로 '대칭'이다. 대칭은 아름다움의 핵심 코드이자 이 책의 핵심 개념이다. 대칭은 여기저기 편재해 있으므로 자명해 보이지만 심오한 개념이다. 그렇다면 우리 주변에서 대칭을 살펴보자. 다음은 사람이 만들지 않은 것들이다. 여기에서 공통적으로 발견되는 것이 대칭성이다.

그림 IV-1

1. 읽히는 대칭

우리가 듣는 말이나 읽는 글 중에는 왠지 멋있어 보이거나 오래 기억되는 것이 있다. 예를 들어, 다음 글을 보자.

The non—proof of existence

is not

the proof of non—existence.

존재성의 증명이 없음은 존재하지 않음의 증명이 아니다.

Non—existence of proof

is not

proof of non—existence.

증명의 부재가 부재의 증명은 아니다.

We live to die

but

we die to live.

우리는 죽기 위해 살고, 살기 위해 죽는다.

Not

we laugh because we are happy,

but

we are happy because we laugh.

우리는 행복하기 때문에 웃는 것이 아니고 웃기 때문에 행복하다.

Liberty without learning is always in peril

and

learning without liberty is always in vain.

배움 없는 자유는 위험하고

자유 없는 배움은 공허하다.

Science without religion is lame,

religion without science is blind.

종교 없는 과학은 무력하고

과학 없는 종교는 눈 먼 것이다.

어떤가? 근사하게 읽히지 않는가? 근사하다고 느끼는 이유는 글 속에 스며 있는 대칭성 때문이다. 단어 중에는 eye, madam, ABBA처럼 앞에서 읽으나 뒤에서 읽으나 같은 것이 있다. 이러한 단어나 문장을 '회문回文, palindrome'이라고 한다. 회문 중에는 독특한 것이 있다. 다음과 같은 글이 새겨진 돌을 서기 79년의 베수비오 화산 폭발에 묻힌 폼페이 유적에서 발견하였다.

'SATOR AREPO TENET OPERA ROTAS'

그림 Ⅳ-2

여기에는 여러 가지 번역이 있다.

The farmer, Arepo, sows the seeds.

The farmer, Arepo, has works wheels.

신SATOR은 창조ROTAS와 일OPERA과 모든 것AREPO을 주재하신다TENET.

거의 2,000년 된 글인데다 앞뒤의 문맥을 알 수 없으니 정확한 해석이 어려운 것은 당연하다. 우리의 관심은 내용이 아니고 대칭성이다. 위의 문장은 그림 IV-2 오른쪽 그림에 있는 두 개의 화살표 방향 각각을 따라 읽어도 변함이 없다. 이것을 보면 2,000년 전 사람들도 대칭성을 즐겼다고 추측할 수 있다.

한문에도 그러한 예가 있다.

道不遠人 人遠道

山非離俗 俗離山

도는 사람을 멀리하지 않으나 사람이 도를 멀리하고

산은 속세상을 떠나지 않으나 속이 산을 떠난다.

글의 구성에서 '道遠人 人遠道' 또는 '山離俗 俗離山'과 같이 좌우반사를 볼 수 있다. 충청북도에 있는 '속리산俗離山'의 이름이 여기서 유래되었을 것 같다. 이 글을 다음과 같이 바꾸면 어떨까? 여기에도 대칭이 있으니 독자들이 잘 기억하기를 소망한다.

數學不遠人 人遠數學

對稱非離俗 俗離對稱

수학은 사람을 멀리하지 않으나 사람이 수학을 멀리하고

대칭은 속을 떠나지 않으나 속이 대칭을 떠난다.

2. 보이는 대칭

가. 건축에서

사람이 만든 건축물에서는 좌우대칭성을 흔히 볼 수 있다. 그림 Ⅳ-3은 대칭을 볼 수 있는 건축물 그림이다.

그림 Ⅳ-3

나. 그림에서

화가가 그린 그림이 정확히 좌우대칭인 경우는 거의 없다. 어쩌면 완벽한 대칭은 예술이 아닐 수 있다. 달리$^{S. Dali, 1904-1989}$가 그린 그림 중에 '거의' 좌우대칭인 것이 있다. 바로 '최후의 성찬식$^{The\ sacrament\ of\ the\ Last\ Supper}$'이라는 그림이다. 최후의 만찬 자리에서 열두 제자는 예수를 중심으로 좌우에 여섯 명씩 앉아 있다. 제자들의 자세와 그들이 걸치고 있는 옷의 모습이 좌우대칭적으로 표현되어 있다. 뒷배경에 그려진 정십이각형과 십자가 위에서 죽음과 부활을 상징하는 예수의 모습도 그렇게 그려졌다. 부활한 예수가 정십이각형을 품음은 영원히 열두 제자와 함께함을 나타냄인가?

그림이 다소 섬뜩하지만 여러모로 흥미로운 만화가 있다. 그림 Ⅳ-4는 인터넷에서 찾은 것을 필자가 간단히 다시 그린 것이다. 이 만화의 원래 작가는 좌우대칭 기법을 활용했다고 볼 수 있지 않을까? 그림 속에 있는 두 그릇 각각에 새겨진 글자 'U.S.'는 미국The United States을, 'S.U.'는 소련The Soviet Union을 뜻한다. 당시 냉전 중이었던 두 나라의 운명은 서로의 운명과 무관하지 않음을 나타낸 듯하다.

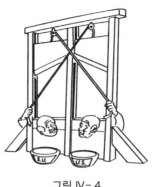

그림 IV- 4

스페인의 도시 그라나다에는 아름다운 '알람브라Alhambra 궁전'이 있다. 이 궁전의 아름다움을 여러 면에서 설명할 수 있는데 그중 가장 중요한 개념은 '대칭'이다. 이것이 알람브라 궁전을 '대칭궁Palace of Symmetry'이라고도 부르는 이유이다. 그림 IV−5는 그 궁전에 그려진 무늬 중 일부이다.

그림 IV-5

다. 밀레와 고흐

네덜란드의 화가 고흐^{V. van Gogh, 1853-1890}는 프랑스 화가 밀레^{J. Millet, 1814-1875}의 '낮잠'을 따라 그렸다. 그림 Ⅳ-6의 왼쪽은 밀레 그림의 윤곽이고 오른쪽은 고흐 그림의 윤곽이다.

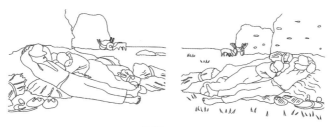

그림 Ⅳ-6

고흐는 밀레 그림을 좌우반사시켜 그린 것 같다. 아래의 QR코드를 인식하면 좌우반사가 되도록 배치한 원래의 두 그림을 볼 수 있다.

여광: 밀레를 존경하던 고흐는 밀레 그림을 여러 점 모사하였습니다. 이 그림은 의도적으로 좌우반사를 시켰을까요?

여휴: 아마 아닐 겁니다. 고흐는 밀레의 목판 원판을 보고 그렸다고 하더군요.

여광: 고흐가 밀레의 그림을 방향이나 구도를 바꾸지 않고 그대로 그린 그림들이 여러 점 있습니다. 평행이동대칭으로 그렸다고 할 수 있습니다. 그림 Ⅳ-7은 '씨 뿌리는 사람'의 윤곽입니다. 왼쪽이 밀레 그림의 윤곽이고 오른쪽이 고흐 그림의 윤곽입니다. 오른쪽 QR코드를 인식하면 '평행이동'한 그림을 볼 수 있습니다.

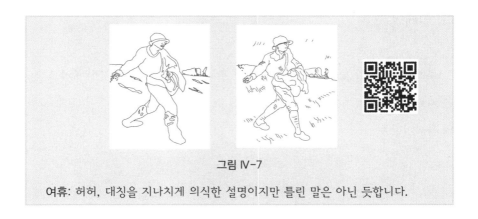

그림 IV-7

여휴: 허허, 대칭을 지나치게 의식한 설명이지만 틀린 말은 아닌 듯합니다.

라. 디자인에서

주어진 모티브motive에 회전, 반사, 또는 미끄럼반사 등 간단한 대칭을 적용하여 상징물을 만들 수 있다. 그중 쉽게 접할 수 있는 몇 가지 예를 살펴보자.

- 그림 IV-8의 왼쪽 문양은 오른쪽 문양을 점 O를 축으로 $180°$ 회전시켜 얻을 수 있다. 즉, 왼쪽 문양은 적절한 축에 관하여 $180°$ 회전시켜도 변함이 없다. 다시 말해, 왼쪽 문양은 '$180°$ 회전대칭'을 갖고 있다.

그림 IV-8

- 그림 IV-9의 왼쪽 문양은 오른쪽 문양을 y축에 관하여 반사시켜 얻을 수 있다. 즉, 왼쪽 문양은 적절한 축에 관하여 좌우반사시켜도 변함이 없다. 따라서 왼쪽 문양은 'y축 반사대칭', 즉 '좌우반사대칭'을 갖고 있다.

그림 IV-9

• 그림 IV-10의 왼쪽 문양은 오른쪽 문양을 x축에 관하여 반사시켜 얻을 수 있다. 즉, 왼쪽 문양은 적절한 축에 관하여 상하반사시켜도 변함이 없다. 따라서 왼쪽 문양은 'x축 반사대칭', 즉 '상하반사대칭'을 갖고 있다.

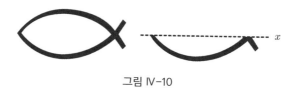

그림 IV-10

• 그림 IV-11의 왼쪽 문양은 가운데 문양점선 안, 점선 안의 오른쪽 부분 빈 공간 포함을 x축에 관하여 미끄럼반사시킨 후 점 B를 중심으로 하고 반지름의 길이가 선분 AB의 길이와 같은 원을 그려 얻을 수 있다. 이 경우에는 다른 방법으로도 왼쪽 문양을 얻을 수 있다. 즉, 가장 오른쪽에 있는 문양을 점 O를 축으로 $180°$ 회전시켜 얻을 수 있는 것이다.

그림 IV-11

마. 문양에서

  궁궐이나 사찰 또는 도자기 등에는 여러 형태의 문양이 그려져 있는데, 대부분의 문양에서 '대칭'을 쉽게 발견할 수 있다. 그림 IV-12처럼 일정한 부분^{그림의 점선 안}이 좌우로 무한히 반복될 때, 그 문양을 '띠^{frieze}'라고 한다.

그림 IV-12

  한편, 그림 IV-13처럼 일정한 부분^{오른쪽 그림에 평행사변형으로 표시한 부분}이 적당한 두 방향으로 무한히 반복될 때, 그 문양을 '벽지^{wallpaper}'라고 한다.

그림 IV-13

  대칭의 관점에서 띠는 일곱 개의 타입밖에 없고, 벽지는 열일곱 개의 타입밖에 없다는 것을 증명할 수 있다. 다음 QR 코드를 인식하면 이 책의 필자가 다른 연구자들과 함께 외국에 소개한 한국의 전통 문양을 볼 수 있다. 남한과 북한의 유적과 유물에서 발견할 수 있는 일곱 개 타입의 띠 문양 모두와 열일곱 개 타입의 벽지 문양 모두를 소개한 것이다^{외국인의 편의를 위해 영어로 작성하였다}.

바. 대칭이 무시되면

그림 Ⅳ-14의 왼쪽은 플라톤의 두상이고, 오른쪽은 아리스토텔레스의 두상이다. 두 사람 모두 미남형으로 보인다.

그림 Ⅳ-14

그림 Ⅳ-15는 위의 두 미남의 한쪽씩을 택하여 얻은 두상이다. 중앙의 반사축을 기준으로 왼쪽은 플라톤의 왼쪽 모습이고, 오른쪽은 아리스토텔레스의 오른쪽 모습이다.

그림 Ⅳ-15

두 미남의 얼굴 한쪽씩을 합쳤지만 미남이라고 말하기는 어렵다.

그림 Ⅳ-16은 소크라테스의 두상이다. 이 두상의 왼쪽이 플라톤의 왼쪽만 못하고, 오른쪽이 아리스토텔레스의 오른쪽만 못하다 하더라도 전체적으로는 두 미남의 한쪽씩을 합성하여 얻은 그림 Ⅳ-15보다 낫다고 볼 수 있다.

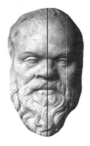

그림 Ⅳ-16

대칭을 많이 무시하면 추해진다. 속리산 근처에는 '정이품송'이라는 높은 벼슬의 소나무가 있다. 그림 Ⅳ-17의 왼쪽은 오래전의 모습을 그린 것이고 오른쪽은 최근의 모습을 그린 것이다.

그림 Ⅳ-17

비교해 보면 왼쪽 모습이 훨씬 보기 좋지 않은가? '정이품'은 지금으로 말하면 장관인데 그 벼슬에 어울리는 기품이 느껴진다. 반대로 오른쪽 나무는 가지가 바람에 많이 꺾여 보기에 안타깝다. 그래서인지 오른쪽 나무는 기품이 없어 보여 높은 벼슬에 어울리지 않는다. 그렇다면 왜 왼쪽 나무가 오른쪽 나무보다 더 멋지게 보일까? 그 해답은 바로 대칭에 있다. 오른쪽 그림에서는 대칭이 심하게 깨졌다.

대칭이 전면적으로 깨지는 것은 미적 측면에서 바람직하지 않다. 그러나 어느 수준에서의 대칭 깨짐은 상황이 다르다. 그림 Ⅳ-18은 우리나라 전통 가옥 중 하나다. 전체적으로 좌우반사대칭을 유지하지만 대칭을 약간 깸으로써 단조로움을 없앴고, 더불어 다소의 생동감도 느껴진다.

그림 Ⅳ-18

3. 들리는 대칭

다음은 바흐의 인벤션^{Invention} 제8번^{BWV 779}의 동기 두 마디다.

위 동기를 오른쪽 끝에서 좌우반사시키면 아래와 같은 선율을 얻게 된다.

이렇게 좌우반사시킨 선율을 적절한 축으로 상하반사시키면 아래 선율이 나온다.

이 선율은 처음의 동기를 오른쪽 끝의 중앙을 축으로 180˚ 회전시킨 것과 같다. 이렇게 만들어진 선율을 다시 좌우반사시키면 아래 선율이 된다.

이처럼 대칭은 작곡에서 자주 활용되는 기법 중 하나다. 다음의 QR 코드를 인식하면 위의 네 소절을 들을 수 있다.

다음은 '알람브라 궁전의 추억Recuerdos de la Alhambra'의 악보 첫 부분이다. 선율의 전반적인 흐름에서 평행이동대칭과 반사대칭이 자주 사용된다는 사실을 알 수 있다.

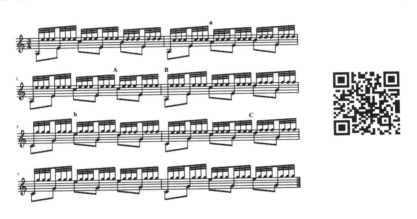

멜로디 부분만을 듣는다면, 처음부터 A까지의 부분은 a를 축으로 하는 좌우반사대칭이고, B부터 C까지 부분은 b를 축으로 하는 좌우반사대칭이다. 사실, 이 음악 전체에서 대칭성을 자주 볼 수 있다. 낮은음 부분에서는 대칭성을 다소 깸으로써 지루함은 덜고 아름다움을 더하고 있다.

여광: 자연의 아름다움에 대칭이 스며 있는 것은 자연스럽다고 생각합니다.
여휴: 아름다움을 추구하는 문학, 미술, 음악에 대칭이 스며 있는 것도 자연스럽다고 생각합니다.
여광: 대칭은 아름다움의 핵심적인 요소라고 할 수 있을 것 같은데, 대칭을 묘사하는 가장 효율적인 방안이 수학이라는 점이 놀랍습니다.

> **여휴:** 그래서 아름다움이 있는 곳에 수학이 있나 봅니다. 수학은 아름다움을 아름답게 설명하는 아름다움이라고 생각합니다.
>
> **여광:** 청각적 아름다움과 시각적 아름다움이 수학을 매개로 통할 수 있겠군요.
>
> **여휴:** 음악이 수학일 수 없고 미술이 수학일 수는 없지만, 음악이나 미술의 상당 부분을 수학적 언어로 이야기할 수 있습니다. 따라서 수학을 통하여 음악을 시각적으로 표현할 수 있고, 미술을 청각적으로 표현할 수 있습니다.
>
> **여광:** 구체적으로 어떠한 예가 있을까요?
>
> **여휴:** 이 책의 마지막 장^{장}에서 그러한 예를 하나 볼 수 있습니다.

4. 물리법칙에 스민 대칭

물리 세계에서도 대칭은 중요한 역할을 한다. 이때의 대칭은 외형적인 대칭이라기보다는 물리법칙 속에 내재된 대칭을 뜻한다. 사실 물리학에서 '대칭'의 개념을 정확히 정의하기는 쉽지 않다. 심지어 어떤 사람은 '대칭의 개념은 지금도 살아서 성장하는 중이다$^{The idea is still alive and growing}$'라고 말하기도 한다.

그러나 대칭의 핵심적인 특징을 '등가성^{equivalence}' 또는 '불변성^{invariance}'이라고 본다면, 불변하는 물리량이나 물리법칙이 있을 때 대칭을 논의할 수 있다. 물리학에서 불변성과 관련된 몇 가지 예를 살펴보자.

가. 뉴턴의 운동법칙

뉴턴의 운동법칙은 식 $f=ma$로 표현한다. 여기서 f는 힘, m은 질량, a는 가속도이다. 공간에서의 평행이동^{translation}은 대칭변환의 대표적인 예이다. xyz좌표계에서 뉴턴의 운동법칙은 다음과 같이 세 개의 방정식으로 나타낼 수 있다.

$$F_x = m\left(\frac{d^2x}{dt^2}\right)$$

$$F_y = m\left(\frac{d^2y}{dt^2}\right)$$

$$F_z = m\left(\frac{d^2z}{dt^2}\right)$$

이제 x축을 따라 움직이는, 질량이 m인 물체에 대하여 좌표변환

$$x' = x - a, \qquad y' = y, \qquad z' = z$$

에 의한 $x'y'z'$좌표계에서의 방정식은 다음과 같음을 쉽게 확인할 수 있다.

$$F_{x'} = F_x, \quad F_{y'} = F_y, \quad F_{z'} = F_z$$

$$F_{x'} = m\left(\frac{d^2x'}{dt^2}\right)$$

$$F_{y'} = m\left(\frac{d^2y'}{dt^2}\right)$$

$$F_{z'} = m\left(\frac{d^2z'}{dt^2}\right)$$

즉, 뉴턴의 운동법칙은 평행이동에 관하여 불변이다.

회전^{rotation}대칭의 예도 들 수 있다. xyz좌표계에서 주어진 점 (x, y, z)를 z축의 반시계 방향으로 θ만큼 회전시키는 회전은 행렬

$$\begin{bmatrix} \cos\theta & -\sin\theta & 0 \\ \sin\theta & \cos\theta & 0 \\ 0 & 0 & 1 \end{bmatrix}$$

로 표현된다. 회전 후 $x'y'z'$좌표계에서의 좌표 (x', y', z')은 다음과 같다.

$$x' = x\cos\theta + y\sin\theta, \qquad y' = y\cos\theta - x\sin\theta, \qquad z' = z$$

간단한 계산을 통하여 다음을 확인할 수 있다.

$$F_{x'} = F_x\cos\theta + F_y\,y\sin\theta$$

$$F_{y'} = F_y\cos\theta - F_x\sin\theta$$

$$F_{z'} = F_z$$

즉,

$$F_{x'} = m\left(\frac{d^2x'}{dt^2}\right)$$

$$F_{y'} = m\left(\frac{d^2y'}{dt^2}\right)$$

$$F_{z'} = m\left(\frac{d^2z'}{dt^2}\right)$$

이다. 따라서 운동법칙을 나타내는 세 개의 방정식은 불변이다.

나. 라그랑지안

'페르마 원리Fermat's principle'에 의하면 빛은 한 지점에서 다른 지점으로 이동할 때 최소 시간의 경로를 따라간다. 더 나아가, 모든 자연 현상은 시간이나 거리 등을 극대화최소화 또는 최대화하는 방향으로 일어난다. 라그랑주와 해밀턴은 '(운동에너지)−(위치에너지)', 즉 '운동에너지와 위치에너지의 차difference between the kinetic and potential energies'에 특히 주목했다. 이 물리량을 '라그랑지안Lagrangian'이라고 한다. 운동에너지와 위치에너지 각각을 K, U로 나타내면 t초까지 이동하는 입자는 $\int_0^t (K-U)\,dt$ 를 최소화하는 경로를 따라간다. 이를 '해밀턴 원리Hamilton's principle' 또는 '최소작용원리principle of least action'라고 한다.

고전역학은 뉴턴의 운동방정식 외에 '라그랑주의 운동방정식' 또는 '해밀턴의 운동방정식'에 의해서도 구축될 수 있다. 즉, 라그랑주의 운동방정식과 해밀턴의 운동방정식 각각으로부터 뉴턴의 운동법칙 $f=ma$를 쉽게 유도할 수 있다.

또, 라그랑지안과 해밀턴 원리는 다양한 물리적 상황에 따라 적절히 일반화되어 양자역학 등에서 중요한 역할을 한다.

다. 특수상대성이론

물리학에서 처음으로 대칭을 심각하게 인지한 사람은 아인슈타인과 뇌터이다.

1) 로렌츠 변환군

시공간^{spacetime}에서 x축을 따라 상대속도 v로 움직이는 두 관성계^{inertial frame} o와 o' 각각의 좌표계 (t, x), (t', x')에 대하여 다음이 성립한다. 여기서 c는 광속^{빛의 속도}을 나타낸다.

$$t' = \frac{t - \frac{v}{c^2}x}{\sqrt{1 - \frac{v^2}{c^2}}}, \qquad x' = \frac{x - vt}{\sqrt{1 - \frac{v^2}{c^2}}}$$

결국 시공간에서 다음과 같은 변환을 생각할 수 있다. 여기서는 편의상 $c = 1$이라고 하겠다.

$$\begin{bmatrix} \bar{t} \\ \bar{x} \\ \bar{y} \\ \bar{z} \end{bmatrix} = \begin{bmatrix} \gamma & -\gamma v & 0 & 0 \\ -\gamma v & \gamma & 0 & 0 \\ 0 & 0 & 1 & 0 \\ 0 & 0 & 0 & 1 \end{bmatrix} \begin{bmatrix} t \\ x \\ y \\ z \end{bmatrix}, \quad \gamma = \frac{1}{\sqrt{1 - v^2}}$$

이러한 변환을 로렌츠 변환^{Lorentz transformation}이라고 한다.

시공간에서의 로렌츠 변환을 행렬 $\begin{bmatrix} \gamma & -\gamma v & 0 & 0 \\ -\gamma v & \gamma & 0 & 0 \\ 0 & 0 & 1 & 0 \\ 0 & 0 & 0 & 1 \end{bmatrix}$로 나타내고, 이 변환에서 $\gamma\begin{bmatrix} 1 & -v \\ -v & 1 \end{bmatrix}$ 부분만을 생각하자. 먼저, 이 변환의 역변환은 $\gamma\begin{bmatrix} 1 & v \\ v & 1 \end{bmatrix}$이다. 왜냐하면 $\gamma^2 = \frac{1}{1 - v^2}$이기 때문이다. 이때 두 변환 $\gamma_1\begin{bmatrix} 1 & v_1 \\ v_1 & 1 \end{bmatrix}$과 $\gamma_2\begin{bmatrix} 1 & v_2 \\ v_2 & 1 \end{bmatrix}$의 합성은 다음과 같다.

$$\gamma_1\begin{bmatrix} 1 & v_1 \\ v_1 & 1 \end{bmatrix}\gamma_2\begin{bmatrix} 1 & v_2 \\ v_2 & 1 \end{bmatrix} = \gamma_1\gamma_2\begin{bmatrix} 1 + v_1 v_2 & v_1 + v_2 \\ v_1 + v_2 & 1 + v_1 v_2 \end{bmatrix} = \gamma_1\gamma_2(1 + v_1 v_2)\begin{bmatrix} 1 & \dfrac{v_1 + v_2}{1 + v_1 v_2} \\ \dfrac{v_1 + v_2}{1 + v_1 v_2} & 1 \end{bmatrix}$$

여기서, $\gamma_1\gamma_2(1 + v_1 v_2)$는

$$\frac{1}{\sqrt{1 - \left(\dfrac{v_1 + v_2}{1 + v_1 v_2}\right)^2}}$$

임을 보일 수 있다.

이상으로부터 로렌츠 변환 전체의 집합은 '군^{group}'의 구조를 가진다는 것을 알 수 있다. 이러한 군을 로렌츠 변환군^{group of Lorentz transformations}이라고 한다. '군'에 대해서는 다음 장에서 자세히 설명할 것이다.

맥스웰 방정식은 전기 및 자기 현상과 관련하여 기존에 이미 알려진 여러 가지 법칙을 수학을 사용하여 간단히 정리한 것이다. 맥스웰 방정식은 쿨롱Coulomb의 법칙, 가우스Gauss의 법칙, 패러데이Faraday의 법칙, 그리고 앙페르Ampère의 법칙 등을 모두 아우르며 전기장과 자기장 사이의 밀접한 관계를 설명한다. 맥스웰 방정식은 로렌츠 변환에 의하여 불변임은 잘 알려진 사실이다.

2) 간격

시공간에서 간격interval은 불변이다. 관성계 o'이 x축을 따라 관성계 o에 관한 상대속도 v로 움직이는 경우의 로렌츠 변환은 다음과 같이 주어진다.

$$t' = \frac{t - \frac{v}{c^2}x}{\sqrt{1 - \frac{v^2}{c^2}}}, \qquad x' = \frac{x - vt}{\sqrt{1 - \frac{v^2}{c^2}}}, \qquad y' = y, \qquad z' = z$$

이때, $c^2 t'^2 - x'^2 = c^2 t^2 - x^2$임을 알 수 있다. 즉, '시공간 간격spacetime interval'은 로렌츠 변환에 관하여 불변인 것이다. 특수상대성이론에 의하면 절대공간과 절대시간은 존재하지 않으며, 또한 동시성도 가능하지 않다.

위 식에서 편의를 위해 $c=1$이라고 하면

$$t' = \frac{t - vx}{\sqrt{1 - v^2}}, \qquad x' = \frac{x - vt}{\sqrt{1 - v^2}}, \qquad y' = y, \qquad z' = z$$

와 같이 되고 $t'^2 - x'^2 = t^2 - x^2$이다. 따라서 시공간에서의 간격은 로렌츠 변환에 의해 불변이다.

3) 빛의 속도

시간의 차 Δt 또는 $\Delta t'$와 거리의 차 Δx 또는 $\Delta x'$에 관하여 두 관성계 사이에 다음 관계가 성립한다. 여기에서도 v는 두 관성계의 상대속도이다.

$$\Delta t' = \frac{\Delta t - \frac{v}{c^2} \Delta x}{\sqrt{1 - \frac{v^2}{c^2}}}, \qquad \Delta x' = \frac{\Delta x - v \Delta t}{\sqrt{1 - \frac{v^2}{c^2}}}$$

$$\Delta t = \frac{\Delta t' + \frac{v}{c^2}\Delta x'}{\sqrt{1-\frac{v^2}{c^2}}}, \qquad \Delta x = \frac{\Delta x' + v\Delta t'}{\sqrt{1-\frac{v^2}{c^2}}}$$

어떤 움직이는 물체의 두 관성계 o와 o' 각각에서의 속도를 u, u'이라고 하면, $u = \lim\limits_{\Delta t \to 0}\frac{\Delta x}{\Delta t}$이고 $u' = \lim\limits_{\Delta t' \to 0}\frac{\Delta x'}{\Delta t'}$이다. 따라서 다음을 알 수 있다.

$$u = \frac{u'+v}{1+\frac{u'v}{c^2}} \qquad\qquad u' = \frac{u-v}{1-\frac{uv}{c^2}}$$

관성계 o에서 관찰된 빛의 속도를 $u=c$라고 하면, 관성계 o'에서 관찰되는 빛의 속도 u'은 다음과 같다.

$$u' = \frac{c-v}{1+\frac{cv}{c^2}} = \frac{c-v}{1-\frac{v}{c}} = c$$

빛의 속도는 로렌츠 변환에 관하여 불변이다. 즉, 빛의 속도는 관성계와는 무관하게 항상 일정하다. 여기에서도 $c=1$이라고 하면, 계산은 다음과 같이 간편하다.

$$\Delta t' = \frac{\Delta t - v\Delta x}{\sqrt{1-v^2}} \qquad \Delta x' = \frac{\Delta x - v\Delta t}{\sqrt{1-v^2}} \qquad \Delta t = \frac{\Delta t' + v\Delta x'}{\sqrt{1-v^2}}$$

$$\Delta x = \frac{\Delta x' + v\Delta t'}{\sqrt{1-v^2}} \qquad u = \frac{u'+v}{1+u'v} \qquad u' = \frac{u-v}{1-uv}$$

관성계 o에서 관찰된 빛의 속도를 $u=1$이라고 하면, 관성계 o'에서 관찰되는 빛의 속도도 $u' = \frac{1-v}{1-v} = 1$로 불변이다.

라. 등가원리

물리학에서 중요한 개념인 관성은 대칭으로 이해할 수 있다. 관성의 법칙은 등속도 운동의 등가성을 의미하기 때문이다.

일반상대성이론의 출발은 아인슈타인에 의한 '등가원리equivalence principle'이다. 등가원리는 '중력에 의한 효과와 가속도 운동에 의한 효과는 물리적으로 같다'는 원리로서 가속도와 중력의 대칭성을 말한다.

마. 뇌터의 정리

여성 수학자 에미 뇌터^{Emmy Noether, 1882-1935}는 아인슈타인을 포함한 여러 물리학자에게 극찬을 받은 사람이다. 특히 아인슈타인은 그녀의 사망 소식을 접하고 1935년 5월 4일자 『뉴욕 타임스^{New York Times}』에 게재한 부고 기사에서 그녀를 '탁월한 수학자', '수학 천재', '교수^{Professor} 에미 뇌터'라고 칭하며 애도하였다.

Within the past few days a distinguished mathematician, Professor Emmy Noether, formerly connected with the University of Göttingen and for the past two years at Bryn Mawr College, died in her fifty-third year. In the judgment of the most competent living mathematicians, Fräulein Noether was the most significant creative mathematical genius thus far produced since the higher education of women began.—A. Einstein, 『New York Times』, May 4, 1935

며칠 전, 괴팅겐대학교와 브린모어대학에 봉직했던 탁월한 수학자 뇌터 교수가 53세의 일기로 별세하였다. 현존하는 대부분의 괄목할 만한 수학자들은 뇌터 교수가 여성의 고등교육이 허용된 이래 가장 창의적인 수학 천재였다고 생각한다.

당시 '교수'라는 칭호는 대단한 명예였다. 뇌터는 '교수'로서 충분한 실력과 자격이 있었음에도 생애 대부분의 기간 동안에는 그렇게 불리지 못했지만, 아인슈타인은 기꺼이 그녀에게 그 명예를 돌린 것이다.

뇌터는 물리학의 기초인 여러 보존법칙은 본질적으로 대칭과 다르지 않음을 증명하였다. 어떻게 보면, 뇌터의 주장은 매우 그럴듯하다. 대칭은 무엇인가를 '불변'시키는 변환이고, 이는 뭔가가 '보존'된다는 말이기 때문이다.

물리학에서 연속대칭성과 보존량은 밀접한 관계에 있다는 것이 뇌터 정리^{Noether's}

theorem의 내용이다. 실제로 물리계에 대칭이 존재한다면, 그 대칭에 의하여 라그랑 지안은 불변이다. 이는 다음을 함의한다.

공간에서의 평행이동대칭은 선운동량보존conservation of linear momentum, 회전대칭 은 각운동량보존conservation of angular momentum을 뜻한다. 시간에서의 평행이동대칭은 물리법칙의 불변성을 의미하고, 이는 곧 에너지 보존conservation of energy을 뜻한다.

여광: 수학사에서 몇 명의 걸출한 여성 수학자를 만날 수 있지만 대부분 어렵게 수학을 한 것 같습니다.

여휴: 그 이유는 주로 사회적 여건 때문이라고 볼 수 있습니다. 예를 들어, 히파 티아Hypatia, 370?~414는 유클리드의 『원론』과 프톨레마이오스Ptolemaeos의 『알마게스트 Almagest』에 주석을 한 것으로 알려진 수학자 테온Theon의 딸인데, 그녀는 탁월한 수 학적 재능이 있었지만 여성이나 수학에 대한 당시의 인식으로 인해 비참하게 죽 임을 당했다고 전해집니다.

여광: 뇌터도 그중 한 명입니다. 독일의 한 유대인 가정에서 태어난 그녀는 어릴 때에는 수학보다 음악이나 춤에 많은 관심이 있었습니다. 에를랑겐대학교 수학 교수였던 아버지의 영향으로 수학을 공부하게 되었지만, 당시 여성이 수학을 제

대로 공부하기는 어려웠던 것 같습니다.

여휴: 맞습니다. 사실, 에를랑겐대학교에 여성의 등록이 처음으로 허용된 것은 1904년입니다. 뇌터도 이때서야 비로소 수학을 본격적으로 공부하게 되었고 여러 수학자들과 함께 연구하면서 명성을 얻기 시작했습니다.

여광: 당시 최고 수학자 중 한 명이었던 힐베르트D. Hilbert, 1862~1943는 뇌터의 재능을 인정하고, 그녀가 자신이 교수로 있던 괴팅겐대학교에서 강의할 수 있도록 노력했다고 하더군요.

여휴: 힐베르트의 노력은 결실을 거두지 못하다가, 1919년에 이르러서야 뇌터가 강의할 수 있는 자격을 겨우 얻었습니다. 그러나 히틀러의 나치정부는 유대인 교수들의 학부 강의를 금지하였습니다. 유대인인 그녀는 1933년 독일을 떠나 미국 브린모어대학Bryn Mawr College으로 갔으나 1935년 난소암으로 인해 수술을 받았습니다. 하지만 며칠 후 그녀의 상태는 다시 나빠졌고 결국 뇌졸중으로 사망하였습니다. 그녀의 사망 소식에 아인슈타인은 많이 안타까워했던 겁니다.

에미 뇌터의 위대한 업적은 『대칭과 아름다운 우주』(도서출판 승산), 『백미러 속의 물리학』(해나무)에 자세히 나온다.

바. 반물질

영국의 물리학자 디랙은 1920년대 후반에 반물질anti-matter의 존재를 예측하였다. 이 예측은 1930년대 초에 미국의 물리학자 앤더슨이 증명하였다. 전자의 반물질인 양전자positron를 발견한 것이다. 다음은 1933년 디랙의 노벨 물리학상 수상 강연 중 일부이다.

If this symmetry is really fundamental in nature, it must be possible to reverse the charge on any kind of particle.

정말로 대칭성이 자연의 기본 속성이라면 각각의 입자 전하를 반대로 하는 것이 가능해야 합니다.

노벨상 수상자인 디랙의 대칭에 근거한 예언은 또 다른 노벨상 수상자를 낳았다. 앤더슨이 1936년 반물질 발견의 공로로 노벨 물리학상을 받은 것이다.

사. 뉴트리노

뇌터의 정리는 파울리로 하여금 뉴트리노의 존재를 예견하게 하였다. 다음은 파울리가 1930년 12월에 쓴 편지 내용의 일부이다.

> I have hit upon a desperate remedy to save the law of conservation of energy. Namely, the possibility that there could exist electrically neutral particles, that I wish to call neutrinos, …
>
> 에너지 보존의 법칙을 구할 방안이 떠올랐습니다. '뉴트리노'라고 부르고자 하는 전기적으로 중성인 입자의 존재 가능성으로서, …

물리학에서의 보존법칙은 대칭성에 관한 절대적인 신뢰에 근거한 추론이었다. 실제로 뉴트리노는 1956년에 발견되어 파울리의 대칭에 근거한 예견을 확증하였다.

한편, 파울리의 '배타원리exclusion principle'는 '같은 상태에 있는 동일한 입자 두 개를 서로 바꾸어도 관측이 가능한 물리량은 불변'이라는 '입자 맞바꾸기대칭particle replacement symmetry'을 통해 나왔다는 사실은 잘 알려져 있다.

아. 법칙에 스민 대칭

물리학을 이해하기 위해서 '대칭'을 이해해야 한다는 것은 앞서 소개한 몇 개의 예를 통해서도 알 수 있다. 사실, 노벨상을 받은 어떤 물리학자는 '물리학은 대칭을 연구하는 학문'이라고 말한 바 있다. 신기하고 아름다운 우주의 운행 깊은 곳에 대칭이 있다는 말일 것이다. 지금까지 언급한 대칭에 관하여 좀 더 자세히 살펴볼 필요가 있다.

이 이야기는 또 다른 긴 여행을 요구할 것이다. 일반상대성이론, 양자역학, 입자물리학, 초끈이론super-string theory 등에서 작동하는 여러 가지 대칭을 상세하게 안내하는 '물리 기행문物理 紀行文'을 기대한다. 라그랑지안과 해밀토니안의 물리학적 대칭성은 무엇이고, '게이지대칭gauge symmetry'은 어떻게 전하량electric charge의 보존을 함의하며, '초대칭super-symmetry'은 어떠한 대칭인지 설명해 줄 것을 기대하는 것이다.

해밀턴은 사원수 체계를 확립한 사람이고, 라그랑주는 Ⅵ장에서 진지하게 만나야 할 사람이다. 뇌터도 다시 언급할 것이다. 갈루아의 유언은 이보다 더 깊은 대칭을 말한다.

아인슈타인과 뇌터가 물리학에서 대칭을 심각하게 인지한 것은 지금부터 약 100년 전이다. 더불어 라그랑주, 아벨, 갈루아가 다항식의 풀이에서 대칭이 결정적인 역할을 한다고 인식한 것은 지금부터 약 200년 전이다.

여광: 노벨상을 받은 어떤 물리학자가 '물리학은 대칭을 연구하는 것'이라고 했다지요?

여휴: 그렇습니다. 그 사람은 1977년 노벨 물리학상을 받은 앤더슨P. W. Anderson입니다. 그는 'It is only slightly overstating the case to say that physics is the study of symmetry'라고 했습니다.

여광: 아주 흥미로운 표현이군요. 'only slightly overstating'이라고 했지만 매우 강조하는 분위기인데요.

여휴: 어떤 사람은 이 말을 '조금, 아주 조금 과장해서 말하자면 물리학은 대칭을 연구하는 학문이다'라고 재치 있게 번역했습니다.

여광: 현대 물리학에서 대칭이 매우 중요한가 봅니다.

여휴: 그렇습니다. 1969년 노벨 물리학상 수상자인 겔만$^{M.\ Gell-Mann}$이 쿼크^{quark}의 존재를 예측한 것은 기본 입자$^{elementary\ particle}$의 분류 체계에 존재하는 대칭성에 주목하였기 때문이라고 하더군요. 조만간 우리 같은 비전문가도 읽을 수 있는 '대칭: 물리학자의 유언' 같은 책을 기다려 봅시다. 한 많은 삶을 길지 않게 살다 간 여성 물리학자 뇌터는 적절한 주인공이 될 것 같아요.

여광: 그런 책이 기다려집니다. 사실, 물리학에서의 대칭에 관한 책은 이미 많이 나와 있습니다.

여휴: 그렇습니다. 이 책 뒤에 수록된 '참고 문헌'에서도 몇 권을 소개했습니다. 그 외에도 여러 권의 책이 한글로 번역되어 있습니다. 각각의 책이 언급하는 물리학 내용을 자세히 이해하지 못한다고 하더라도, 물리학에서 대칭이 얼마나 중요한지는 충분히 알 수 있을 것입니다.

대칭은 주위에서 항상 접하는 개념이다. 대칭은 매우 많다.
그래서 대칭에 특별한 관심을 가지기가 쉽지 않다.

그러나 조금 자세히 살펴보니 언어, 그림, 건축물, 심지어 음악에까지 대칭이 있다.
자연의 법칙에도 대칭이 있다.

대칭을 꼼꼼하게 이해해야 한다.
눈에 보이고 귀로 들리는 감각적인 대칭을 넘어,
물리법칙에서 관찰되는 깊은 대칭을 지나,
더 깊은 대칭을 알아야 한다.

오차다항식의 풀이를 찾기 위한 긴 침묵 동안
수학은 대칭을 주목하기 시작하였다.

대칭, 즉 아름다움의 코드를 이해하기 위하여 우리가 해야 할 일이 있다.
대칭의 언어를 배워야 한다. 대칭을 기술하고 설명하는 특별한 언어.
갈루아의 유언을 이해하기 위해서는 이 언어를 피할 수 없다.
갈루아가 주목한 것이 바로 대칭이고
갈루아가 유언으로 남긴 화두가 대칭이기 때문이다.

대칭을 잘 설명할 방법은 무엇인가?

아름다움을 위하여

놀이나 게임에는 특별한 언어가 있고 규칙이 있다. 수학도 마찬가지다. 수학의 최고 가치는 아름다움이다. 수학은 그 자체가 아름다움이자 아름다움을 위한 언어이다. 수학은 체계적이고 논리적인 언어이다. 수학의 언어는 수학적 요구에 최적으로 적응하며 진화하였다.

No one will be able to read the great book of the universe if he does not understand its language, which is that of mathematics.

우주라는 위대한 책을 읽으려면 언어를 이해해라. 그 언어는 수학이다.

−갈릴레오

갈릴레오는 아름다운 우주의 법칙을 이해하려거든 수학을 배우라고 권한다. 갈루아가 남기지 않고는 이 땅을 떠날 수 없었던 그 아름다움을 이해하려면 필요한 언어를 배우고 익혀야 한다. 그것은 대수적 언어인데, 바로 대칭의 언어이다.

Après celà, il se trouvera, j'espère, des gens

qui trouveront leur profit à déchiffrer tout ce gâchis.

Later there will be, I hope, some people who will find it to their advantage to

understand the deep meaning of all this mess.

훗날, 이러한 깊은 내용을 이해하여 큰 유익을 얻는 사람이 있기를 바라네.

갈루아도 그의 유서에서 자신의 생각에 대한, 더 나아가 수학에 대한 이해를 소망했다. 비록 일상생활에서 사용하는 언어는 아니지만 이 언어를 익히면 유익하다. 갈루아가 유언으로 남긴 대칭의 언어, '군론'이 그것이다. 군론은 추상화抽象化를 위한 언어이자 추상화抽象畵를 위한 붓이다.

1. 대수적 구조

때로는 관심의 대상을 범주화하거나 구조화하면 편리하다. 예를 들어, 자연수 전체의 집합 $\mathbb{N}$에서는 덧셈이 잘 정의되고즉, 덧셈에 관하여 닫혀 있고 덧셈에 관한 결합법칙이 성립한다. 이러한 대수적 구조를 '반군semi-group'이라고 한다. 반군은 앞으로 중요한 역할을 할 '군' 구조의 '반半' 정도로 이해하면 된다.

반군에 항등원까지 존재하면 근사한 구조가 된다. 0과 자연수 전체의 집합 W는 덧셈에 관하여 반군의 구조를 가지거니와 덧셈에 관한 항등원 0도 있다. 이런 구조를 '모노이드monoid'라고 한다. 초등학교 수학에 나오는 대수적 구조는 대략 이 정도이다.

2. 군

대칭을 표현하고 설명함에 있어서 수학은 가장 강력하고 정확한 언어를 제공한다. 군은 앞에서 여러 번 사용했는데, 대칭을 기술하는 수학 용어가 바로 '군群, group'이다. 군의 이론, 즉 '군론群論, group theory, theory of groups'을 '대칭의 이론theory of symmetry'이라고 부르는 이유이다. '대칭궁Palace of symmetry'이라고 하는 알람브라Alhambra, 스페인 그라나다 소재 궁전이 수학자들의 주요 방문지가 된 것도 같은 맥락이다.

가. 군의 뜻

자연수와 0 그리고 음의 정수 전체로 이루어진 다음 집합은 우리에게 친숙하다.
$$\mathbb{Z} = \{\cdots, -3, -2, -1, 0, 1, 2, 3, \cdots\}$$
이 집합은 다음과 같은 성질을 갖는다.

- (정수)+(정수)=(정수). 즉, 위 집합 $\mathbb{Z}$는 덧셈에 관하여 닫혀 있다. 이 성질을 '$\mathbb{Z}$에서는 덧셈이 잘 정의된다' 또는 '덧셈은 $\mathbb{Z}$에 정의된 연산'이라고 한다.

- a, b, c를 세 개의 정수라고 하면, $(a+b)+c=a+(b+c)$이다. 즉, 세 정수 a, b, c의 위치를 바꾸지 않는 상태에서 $a+b$를 먼저 계산하나 $b+c$를 먼저 계산하나 차이가 없다는 것이다. 이러한 성질을 '덧셈에 관한 결합법칙'이라고 한다. 결합법칙은 때때로 계산을 매우 쉽게 만든다. 예를 들어, $123+345+(-345)$를 계산하고자 할 때에는 $123+345$를 먼저 계산하는 대신 $345+(-345)$를 먼저 계산하여 $123+345+(-345)=123+0=123$이라는 것을 금방 알 수 있다.

- 집합 $\mathbb{Z}$에는 매우 특별한 원소 0이 존재한다. 어떠한 정수에 0을 더하면 그대로 그 수이다. 다시 말하면, 0은 '더하나 마나' 한 수이다. 이러한 성질을 가지는 수는 0뿐이다. 이런 의미에서 0을 '덧셈에 관한 항등원'이라고 한다.

- a를 정수라고 하면 $-a$도 정수이고 $a+(-a)=-a+a=0$이다. 즉, 어떠한 정수든지 더했을 때 덧셈에 관한 항등원 0이 되게 하는 수가 항상 존재한다는 말이다. 이때, $-a$를 'a의 덧셈에 관한 역원'이라고 한다. 분명히, $-a$가 a의 덧셈에 관한 역원이면 a는 $-a$의 덧셈에 관한 역원이다.

이상을 요약하여 다음과 같이 말할 수 있다.

정수 전체의 집합 $\mathbb{Z}$에는 덧셈이 잘 정의되고, 덧셈에 관한 결합법칙이 성립하며, 덧셈에 관한 항등원이 있다. 또, 모든 정수는 덧셈에 관한 역원을 가진다.

이상을 일반화하여 다음과 같이 '군'을 정의한다.

G가 집합이고, $\circ$는 G에 정의된 연산이라고 하자. $(G, \circ)$가 다음 조건을 만족시킬 때, $(G, \circ)$를 군group이라고 한다.

- 임의의 $x, y, z \in G$에 대하여 $(x \circ y) \circ z = x \circ (y \circ z)$이다.
- 모든 $x \in G$에 대하여 $x \circ e = e \circ x = x$인 $e \in G$가 존재한다.
- 임의의 $x \in G$에 대하여 $x \circ x' = x' \circ x = e$인 $x' \in G$가 존재한다.

위의 세 가지 성질을 다음과 같이 말할 수 있다.

- G에서 연산 $\circ$에 관한 결합법칙이 성립한다.
- G에는 연산 $\circ$에 관한 항등원 e가 존재한다.
- 임의의 $x \in G$는 연산 $\circ$에 관한 역원 x'을 가진다.

즉, 집합 G에 정의된 연산 $\circ$에 관하여 결합법칙이 성립하고 항등원이 있으며 모든 원소의 역원이 있으면 군이다. 때로는 항등원 e를 '1'로 나타내기도 한다. 군 $(G, \circ)$에서 연산 $\circ$가 무엇인지 분명할 때에는 '군 $(G, \circ)$' 대신에 그냥 '군 G'라고 말하고, G의 두 원소 x, y의 연산 $x \circ y$를 간략히 xy로 나타낸다.

다음 주장이 옳다는 것을 어렵지 않게 확인할 수 있을 것이다.

- 자연수 전체의 집합 $\mathbb{N} = \{1, 2, 3, \cdots\}$은 덧셈에 관하여 닫혀 있고, 덧셈에 관한 결합법칙이 성립한다. 그러나 덧셈에 관한 항등원, 즉 0은 존재하지 않는다. 덧셈에 관한 항등원이 존재하지 않기 때문에 덧셈에 관한 역원을 생각할 수 없다. 따라서 $(\mathbb{N}, +)$는 군이 아니다.
- 0과 자연수 전체의 집합 $W = \{0, 1, 2, 3, \cdots\}$은 덧셈에 관하여 닫혀 있고, 덧셈에 관한 결합법칙이 성립하며 덧셈에 관한 항등원, 즉 0이 존재한다. 그러나 모든 원소의 덧셈에 관한 역원이 존재하는 것은 아니다. 사실 0 이외의 어떠한 원소에 관한 역원도 존재하지 않는다. 따라서 $(W, +)$는 군이 아니다.

여광: 군의 정의에서 항등원의 존재와 역원의 존재를 언급하잖아요?

여휴: 그렇습니다.

여광: 항등원이 두 개 또는 세 개일 수는 없나요?

여휴: 좋은 질문입니다. 여광 선생님 생각은 어떻습니까?

여광: 한 개만 있어야지 여러 개 있으면 곤란할 것 같은데요.

여휴: 그렇습니다. 자, 항등원이 하나만 있다는 것을 어떻게 설명할 수 있을까요?

여광: 두 개의 항등원 e_1, e_2가 있다고 가정하고 $e_1 = e_2$임을 보이면 되겠는데요.

여휴: 아주 훌륭한 증명 전략입니다. 문제가 뭔지 알았고, 전략을 세웠으니 실행합시다.

여광: 네.

…풀이 중…

여휴: e_1, e_2가 모두 항등원임을 유념합시다.

여광: 아, 길이 보입니다. e_1이 항등원이니까 $e_1 e_2 = e_2$이고, e_2도 항등원이니까 $e_1 e_2 = e_1$이군요. 따라서 $e_1 = e_1 e_2 = e_2$입니다.

여휴: 축하합니다. 여광 선생님은 최고의 대칭 이론 전문가이십니다. 역원의 경우도 같은 방법으로 증명할 수 있겠죠?

여광: 우선 문제를 분명하게 하면, '군 G의 원소 g의 역원은 유일함을 증명해라'가 문제겠네요. g의 역원이 g_1, g_2라면 $g_1 = g_2$임을 증명하면 되겠죠?

여휴: 그렇겠죠?

여광: 항등원의 유일성을 증명한 터라 이것은 금방 되네요. 삼차다항식을 푼 직후 사차다항식이 풀렸다 하더니 비슷한 상황이네요.

여휴: 어떻게 증명하나요? 저는 아직 모르겠습니다.

여광: e를 항등원이라고 하면 $g g_1 = g_1 g = e$이고 $g g_2 = g_2 g = e$입니다. 따라서 $g_1 = g_1 e = g_1 g g_2 = e g_2 = g_2$입니다.

여휴: 항등원의 정의와 결합법칙을 절묘하게 이용하였군요. 상당히 까다로운데 어떻게 금방 아셨어요? 평소에 계산을 많이 하시더니 프로가 되셨습니다.

나. 가환군

정수 전체의 집합 $\mathbb{Z}$와 거기에 정의된 덧셈 연산을 다시 생각해 보자. 임의의 $a, b \in \mathbb{Z}$에 대하여, 즉 a, b를 두 개의 정수라고 하면, $a+b=b+a$이다. 다시 말해, 두 정수를 더할 때 두 수의 위치를 바꿔도 값은 같다. 이러한 성질을 '덧셈에 관한 교환법칙'이라고 한다. 일반적으로 군의 정의에서는 '교환법칙'을 요구하지 않는다. 그렇기 때문에 교환법칙도 만족시키는 군에는 특별한 이름을 붙인다. 군 $(G, \circ)$가 다음 조건을 추가로 만족시킬 때 $(G, \circ)$는 가환군commutative group 또는 아벨 군Abelian group이라고 한다. 즉, 교환법칙이 성립하는 군이 가환군아벨 군이다.

임의의 $x, y \in G$에 대하여 $x \circ y = y \circ x$이다.

여휴: 아벨N. Abel, 1802~1829은 이 책에 등장하는 주요 인물 중 한 명입니다. 그는 가환군이 다항식의 풀이 가능성에서 얼마나 중요한 역할을 하는지를 처음으로 인지한 사람입니다.

여광: 가환군에 해당하는 영어 용어는 'commutative group'이지만 수학자 대부분은 아벨의 업적을 기리기 위해 'Abelian group'을 사용하는 것 같습니다.

여휴: 우리 용어로는 '가환군' 또는 '아벨 군'입니다. 아벨 군에 관해서는 다시 설명할 것입니다.

여광: 갈루아가 이 책의 주인공인데 '갈루아 군'도 있나요?

여휴: 그럼요. 이 책에서 가장 중요한 개념이라고 하여도 과언이 아닙니다. 아벨군의 정의는 간단하지만 갈루아 군의 정의는 다소 까다롭습니다.

여광: 갈루아의 깊은 생각을 설명하는 개념일 테니 그럴 수밖에 없겠군요.

다. 무한군

원소의 개수가 유한인 군을 유한군^{finite group}이라고 하고 유한군이 아닌 군을 무한군^{infinite group}이라고 한다. 그리고 유한군의 원소 개수를 그 군의 위수^{order}라고 한다. '위수'라는 용어도 앞에서 사용한 바가 있다. 정수 전체의 덧셈에 관한 군 $(\mathbb{Z}, +)$는 무한가환군임을 알 수 있다.

> **여휴**: 정수나 유리수 집합처럼 우리가 쉽게 만나는 군은 대부분 무한군입니다. 그러나 오차다항식의 가해성과 관련하여 등장하는 군은 유한군입니다.
> **여광**: 유한군은 원소의 개수가 유한하니 간단할 것 같은데요?
> **여휴**: 하하, 전혀 그렇지 않습니다. 만약 유한군의 구조가 간단하다면 다항식의 가해성 문제도 간단할 테지요.
> **여광**: 그렇겠군요. 다항식의 가해성 문제는 유한군의 문제이니 말입니다.

라. 군의 예

익숙한 군 $(\mathbb{Z}, +)$ 외에 다른 군은 무엇이 있을까? 예를 들어, 시간을 나타낼 때 오후 1시는 13:00라고도 한다. 마찬가지로, 15:00는 오후 3시를 나타낸다. 편의상 뒤에 붙어 있는 ':00'을 생략하면 13시는 오후 1시이고 15시는 오후 3시이다. 이제 '오전', '오후'조차 구별하지 않는다면 14시는 2시이고 23시는 11시이다. 그럼 다음과 같은 문제를 생각해 보자. 4시를 기준으로 37시간 후는 몇 시일까? 오전, 오후를 구별하지 않는다면 다음과 같이 계산하면 된다.

$4+37=41$

$41 \div 12$는 몫이 3이고 나머지가 5이다.

따라서 구하는 답은 5시이다.

아래 그림에서 바늘이 세 바퀴를 돌고 난 후 '5'를 가리키고 있다고 생각하면 된다.

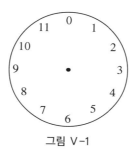

그림 V-1

여기서 '몫'은 중요하지 않고 '나머지'가 중요하다는 것에 주목해야 한다. 요일 계산도 같은 방법으로 할 수 있다. 먼저, 다음과 같은 문제를 생각해 보자.

어느 해 3월 1일이 토요일이라면 그 해의 3월 31일은 무슨 요일일까?

물론 달력을 직접 만들어 보면 알 수 있다. 하지만 여기에서는 다른 방법으로 알아보자. 3월 1일이 토요일이므로 3월 중에서 토요일인 날짜는 8일, 15일, 22일 그리고 29일이다. 이 날짜들의 공통점은 무엇일까? 날짜를 7로 나누면 나머지가 1인 것이다. 즉, 3월의 날짜를 7로 나누어 나머지가 1인 날이 토요일이다. 각 요일에 해당하는 날짜를 7로 나눌 때의 나머지는 다음 표와 같다.

요일	일	월	화	수	목	금	토
나머지	2	3	4	5	6	0	1

이제, 3월 31일이 무슨 요일인지 다음과 같이 풀 수 있다.

31÷7은 몫이 4이고 나머지가 3이다. 나머지가 3인 요일은 월요일이므로 3월 31일은 월요일이다.

위와 같은 방법으로 같은 해 5월 5일은 무슨 요일인지 알아보자. 5월 5일을 3월 며칠인지 계산하면 쉽게 풀 수 있다. 4월은 30일까지 있으니 31(3월)+30(4월)+5(5월)=66이므로 5월 5일은 3월 66일로 볼 수 있다. 이제 66÷7을 계산하면 몫이 9이고 나머지가 3이 된다. 나머지가 3인 요일은 월요일이므로 5월 5일은 월요일이다.

여기서 문제 하나를 더 풀어 보자. 이 책의 두 주인공에 관한 이야기이다. 갈루아는 1832년 5월 31일, 아벨은 1829년 4월 6일에 각각 숨을 거뒀다. 갈루아가 허무하게 생을 마감한 날이 목요일이었다면, 아벨이 한 많은 삶을 마감한 날은 무슨 요일이었을까? 우선 문제를 해결하기 위해 1832년 5월 31일은 1829년 4월 며칠인지를 계산한다.

1829년 4월　 6일

1830년 4월　 6일 → 1829년 4월 　371일

1831년 4월　 6일 → 1829년 4월 　736일

1832년 4월　 6일 → 1829년 4월 1102일

1832년 5월 31일 → 1829년 4월 1157일

여기서 1832년 2월에는 29일까지 있었다는 것을 유념해야 한다. 이제, 1157을 7로 나누면 나머지가 2가 된다. 갈루아가 죽은 1832년 5월 31일은 목요일이었고, 그날은 나머지가 2인 날이므로 그림 V-2를 얻을 수 있다.

따라서 아벨이 죽은 1829년 4월 6일은 나머지가 6인 날이고, 그날은 월요일이었다.

그림 V-2

1) 잉여류군

임의의 정수 $x \in \mathbb{Z} = \{\cdots, -3, -2, -1, 0, 1, 2, 3, \cdots\}$을 5로 나누면 나머지는 0, 1, 2, 3, 4이다. 나머지가 0인 수 전체의 집합을 $\bar{0}$으로 나타내면 다음과 같다.

$$\bar{0} = \{\cdots, -10, -5, 0, 5, 10, \cdots\}$$

다른 나머지 1, 2, 3, 4 각각에 대해서도 같은 계산을 하면 다음과 같다.

$$\bar{1} = \{\cdots, -9, -4, 1, 6, 11, \cdots\}$$

$$\bar{2} = \{\cdots, -8, -3, 2, 7, 12, \cdots\}$$

$$\bar{3} = \{\cdots, -7, -2, 3, 8, 13, \cdots\}$$

$$\bar{4} = \{\cdots, -6, -1, 4, 9, 14, \cdots\}$$

무한집합 $\mathbb{Z} = \{\cdots, -3, -2, -1, 0, 1, 2, 3, \cdots\}$에서 위와 같은 절차를 거쳐 유한집합 $\{\bar{0}, \bar{1}, \bar{2}, \bar{3}, \bar{4}\}$를 얻은 것이다. 이 집합을 $\overline{\mathbb{Z}_5}$로 나타내면 다음과 같다.

$$\overline{\mathbb{Z}_5} = \{\bar{0}, \bar{1}, \bar{2}, \bar{3}, \bar{4}\}$$

집합 $\mathbb{Z}$에서는 덧셈이 잘 정의된다. 더 나아가, $\mathbb{Z}$는 덧셈에 관하여 가환군의 구조를 가진다. $\mathbb{Z}$로부터 수학적 절차에 따라 얻은 $\overline{\mathbb{Z}_5} = \{\bar{0}, \bar{1}, \bar{2}, \bar{3}, \bar{4}\}$에 연산을 적절히 정의하여 군의 구조를 가지게 할 수 없을까? 이에 관하여 알아보기 위해 다음 사실에 주목할 필요가 있다.

(5로 나누어 나머지가 0인 수) + (5로 나누어 나머지가 0인 수)

=(5로 나누어 나머지가 0인 수)

(5로 나누어 나머지가 0인 수)+(5로 나누어 나머지가 1인 수)

=(5로 나누어 나머지가 1인 수)

(5로 나누어 나머지가 0인 수)+(5로 나누어 나머지가 2인 수)

=(5로 나누어 나머지가 2인 수)

(5로 나누어 나머지가 0인 수)+(5로 나누어 나머지가 3인 수)

=(5로 나누어 나머지가 3인 수)

(5로 나누어 나머지가 0인 수)+(5로 나누어 나머지가 4인 수)

=(5로 나누어 나머지가 4인 수)

(5로 나누어 나머지가 1인 수)+(5로 나누어 나머지가 1인 수)

=(5로 나누어 나머지가 2인 수)

(5로 나누어 나머지가 1인 수)+(5로 나누어 나머지가 2인 수)

=(5로 나누어 나머지가 3인 수)

(5로 나누어 나머지가 1인 수)+(5로 나누어 나머지가 3인 수)

=(5로 나누어 나머지가 4인 수)

(5로 나누어 나머지가 1인 수)+(5로 나누어 나머지가 4인 수)

=(5로 나누어 나머지가 0인 수)

(5로 나누어 나머지가 2인 수)+(5로 나누어 나머지가 2인 수)

=(5로 나누어 나머지가 4인 수)

(5로 나누어 나머지가 2인 수)+(5로 나누어 나머지가 3인 수)

=(5로 나누어 나머지가 0인 수)

(5로 나누어 나머지가 2인 수)+(5로 나누어 나머지가 4인 수)

=(5로 나누어 나머지가 1인 수)

(5로 나누어 나머지가 3인 수)+(5로 나누어 나머지가 3인 수)

=(5로 나누어 나머지가 1인 수)

(5로 나누어 나머지가 3인 수)+(5로 나누어 나머지가 4인 수)

=(5로 나누어 나머지가 2인 수)

(5로 나누어 나머지가 4인 수)+(5로 나누어 나머지가 4인 수)

=(5로 나누어 나머지가 3인 수)

이상의 사실을 표로 나타내면 다음과 같다.

	$\overline{0}$	$\overline{1}$	$\overline{2}$	$\overline{3}$	$\overline{4}$
$\overline{0}$	$\overline{0}$	$\overline{1}$	$\overline{2}$	$\overline{3}$	$\overline{4}$
$\overline{1}$	$\overline{1}$	$\overline{2}$	$\overline{3}$	$\overline{4}$	$\overline{0}$
$\overline{2}$	$\overline{2}$	$\overline{3}$	$\overline{4}$	$\overline{0}$	$\overline{1}$
$\overline{3}$	$\overline{3}$	$\overline{4}$	$\overline{0}$	$\overline{1}$	$\overline{2}$
$\overline{4}$	$\overline{4}$	$\overline{0}$	$\overline{1}$	$\overline{2}$	$\overline{3}$

위 표를 통해 집합 $\mathbb{Z}_5=\{\overline{0}, \overline{1}, \overline{2}, \overline{3}, \overline{4}\}$는 덧셈에 관하여 가환군이 된다는 것을 알 수 있다. 실제로, 위의 표에서 $(\overline{0}, \overline{0})$ 성분에서 $(\overline{4}, \overline{4})$ 성분을 잇는 주대각선을 축으로 위의 오른쪽 부분과 아래의 왼쪽 부분이 반사대칭적이라는 것을 알 수 있다. 이는 덧셈에 관하여 가환군임을 뜻한다. 참고로 $\mathbb{Z}_5$에서의 연산을 할 때 그림 Ⅴ-3을 이용하면 편리하다.

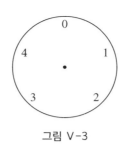

그림 V-3

무한군 $\mathbb{Z}$에서 유한군 $\overline{\mathbb{Z}}_5$를 얻은 것이다. 위에서는 '5'의 예로 하여 $\overline{\mathbb{Z}}_5$를 얻었지만 임의의 자연수 'n'에 대해서도 똑같은 과정을 통하여 $\overline{\mathbb{Z}}_n$을 얻을 수 있다. 특히, $n=2$인 경우에 $\overline{0}$은 짝수 전체의 집합이고 $\overline{1}$은 홀수 전체의 집합이다. 보통 $\overline{\mathbb{Z}}_n$을 '법^{modulus} n에 관한 잉여류군'이라고 한다. 혼란의 여지가 없을 때에는 $\overline{\mathbb{Z}}_n$ $=\{\overline{0}, \overline{1}, \overline{2}, \cdots, \overline{n-2}, \overline{n-1}\}$을 $\mathbb{Z}_n=\{0, 1, 2, \cdots, n-2, n-1\}$과 같이 나타낸다. 임의의 법 n에 관한 잉여류군 $\mathbb{Z}_n$은 유한가환군임을 알 수 있다. 이 경우에도 그림 V-4를 이용하여 계산하면 편리하다.

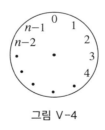

그림 V-4

2) 정이면체군

수학에서는 가끔 정다각형을 '면이 두 개인 정다면체'로 생각한다. 즉, 정다각형을 '정이면체'로 보는 것이다.

가) 정삼각형의 경우

정삼각형의 대칭을 살펴보기 위해 각각의 꼭짓점에 번호를 붙여

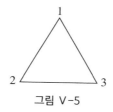

그림 V-5

라고 하자. 먼저 다음과 같이 점선을 축으로 하는 세 개의 반사를 생각할 수 있다.

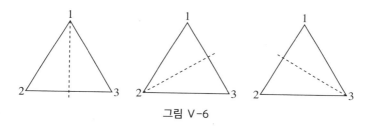

그림 V-6

편의를 위하여 이 세 개의 반사 각각을 다음과 같이 나타낸다.

(23), (13), (12)

여기서 (23)은 '꼭짓점 2를 꼭짓점 3으로 이동시키고 꼭짓점 3을 꼭짓점 2로 이동시키며 여기에 나타나지 않은 꼭짓점 1은 움직이지 않게 하는 치환permutation'을 뜻한다. 마찬가지로, (13)은 '꼭짓점 1을 꼭짓점 3으로 이동시키고 꼭짓점 3을 꼭짓점 1로 이동시키며 여기에 나타나지 않은 꼭짓점 2는 움직이지 않게 하는 치환'을 뜻한다. (12)도 동일한 방식으로 이해하면 된다. 한편, 그림 V-5의 대칭으로서 다음과 같이 삼각형의 중심重心을 축으로 하는 세 개의 회전도 생각할 수 있다.

그림 V-7

이 세 개의 회전 각각을 다음과 같이 나타낼 수 있다.

$$1, (123), (132)$$

여기서 1은 원래의 위치 그대로인 경우로서 $0°$또는 $360°$ 회전을 나타내고, (123)은 '꼭짓점 1을 꼭짓점 2의 위치로 이동시키고 꼭짓점 2를 꼭짓점 3의 위치로 이동시키며 꼭짓점 3을 꼭짓점 1의 위치로 이동시키는 치환'으로서 원래의 정삼각형을 삼각형의 중심을 축으로 하여 반시계 방향으로 $120°$ 회전시키는 치환을 뜻한다. 마찬가지로, (132)도 동일한 방식으로 이해하여 반시계 방향으로 $240°$ 회전시키는 치환을 나타낸다. 그림 Ⅴ-5의 대칭은 지금까지 살핀 여섯 개가 전부이다. 이들 전체의 집합을 D_3으로 나타낸다. 이때 'D'는 '정이면체군$^{\text{dihedral group}}$'을 나타낸다.

$$D_3 = \{1, (12), (13), (23), (123), (132)\}$$

이제 이 집합에 적절한 연산을 정의하여 군의 구조를 주고자 한다. 이 집합에 어떤 연산을 정의할 수 있을까? 자연스러운 연산은 '치환의 합성'이다. D_3의 원소는 집합 $\{1, 2, 3\}$에서 $\{1, 2, 3\}$으로의 일대일대응이므로 D_3의 원소 두 개가 주어지면 그 두 원소, 즉 두 치환의 합성을 생각할 수 있는 것이다.

몇 가지 예를 살펴보자. 관례에 따라 두 치환 σ와 τ의 합성은 $\tau \circ \sigma$로 나타내고, σ를 먼저 시행하고 τ를 뒤에 시행하는 것으로 한다.

먼저, $(123) \circ (23)$을 계산하여 보자. 1은 대칭 (23)에 의하여 1로 대응되고, 1은 다시 대칭 (123)에 의하여 2로 대응되므로 1은 $(123) \circ (23)$에 의하여 2로 대응된다. 2는 대칭 (23)에 의하여 3으로 대응되고, 3은 대칭 (123)에 의하여 1로 대응되므로 2는 $(123) \circ (23)$에 의하여 1로 대응된다. 3은 대칭 (23)에 의하여 2로 대응되고, 2는 대칭 (123)에 의하여 3으로 대응되므로 3은 $(123) \circ (23)$에 의하여 3으로 대응된다. 즉, $(123) \circ (23) = (12)$임을 알 수 있다. 같은 방법으로, $(23) \circ (123) = (13)$임을 확인할 수 있으며 다른 모든 경우도 쉽게 계산할 수 있다. 따라서 집합 D_3은 합성 연산에 관하여 닫혀 있다. 다시 말하면 집합 D_3에서는 합성 연산이 잘 정의된다.

$(123) \circ (23)$	$(23) \circ (123)$
$\begin{pmatrix} 1 & 2 & \boxed{3} \\ 2 & 1 & \boxed{3} \end{pmatrix} = (12)$	$\begin{pmatrix} 1 & \boxed{2} & 3 \\ 3 & \boxed{2} & 1 \end{pmatrix} = (13)$

이제, 다음 사항을 조사하여 보자.

항등원이 존재하는가?

이 물음에는 쉽게 답할 수 있다. 실제로 D_3의 원소 1은 항등원임이 분명하다.

합성 연산에 관한 결합법칙이 성립하는가?

이 물음에 대해서도 쉽게 답할 수 있다. 왜냐하면 치환의 합성, 즉 함수의 합성에 관하여 결합법칙이 성립하기 때문이다.

D_3의 모든 원소는 역원을 가지는가?

이 물음에 대해서 두 가지 방법으로 답해 보도록 하겠다.

첫 번째 방법은 다음과 같다. D_3의 임의의 원소 σ는 집합 $\{1, 2, 3\}$에서 $\{1, 2, 3\}$으로의 일대일대응이므로 σ의 역함수 σ^{-1}은 존재하고 σ^{-1}도 집합 $\{1, 2, 3\}$에

서 {1, 2, 3}으로의 일대일대응이다. D_3은 집합 {1, 2, 3}에서 {1, 2, 3}으로의 일
대일대응 전체의 집합이므로 σ의 역원^{역할수} σ^{-1}은 D_3의 원소이다.

두 번째 방법은 D_3의 모든 원소에 대하여 역원을 직접 계산하는 것이다. 그렇
게 하면 다음을 금방 알 수 있다.

> 1의 역원은 1이다.
>
> (12)의 역원은 (12)이다.
>
> (13)의 역원은 (13)이다.
>
> (23)의 역원은 (23)이다. 실제로, 모든 반사는 자신이 자신의 역원이다.
>
> (123)의 역원은 (132)이고, 따라서 (132)의 역원은 (123)이다. 즉, 120° 회전
> 대칭의 역원은 240° 회전대칭이다.

수학에서 회전의 방향은 특별한 언급이 없는 한 반시계 방향이다. 육상이나 빙
상에서도 선수들이 반시계 방향으로 달리는 것을 본 적 있을 것이다. 따라서 D_3
은 합성 연산에 관하여 군의 구조를 가진다. 이 군을 '정이면체군 D_3'이라고 한다.
앞에서 확인하였듯이, $(123) \circ (23) = (12)$이지만 $(23) \circ (123) = (13)$이므로 D_3은
가환군이 아니다.

나) 정사각형의 경우

정삼각형의 경우와 같은 방법과 절차로 정사각형의 정이면체군을 계산하여 보자.

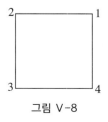

그림 V-8

그림 Ⅴ-8의 대칭 중 반사는 다음과 같이 네 개가 있다.

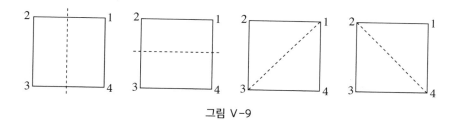

그림 Ⅴ-9

이들 각각을 다음과 같이 표현할 수 있다.

$$(12)(34), (14)(23), (24), (13)$$

여기서 $(12)(34)$는 $(12)\circ(34)$를 간단하게 나타낸 것이다.

회전은 다음과 같이 네 개가 있다.

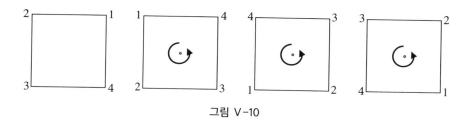

그림 Ⅴ-10

이들 각각을 다음과 같이 표현할 수 있다.

$$1, (1234), (13)(24), (1432)$$

이상의 논의를 종합하면, 그림 Ⅴ-8의 대칭은 다음과 같이 여덟 개가 있다는 것을 알 수 있다. 이 집합을 관례에 따라 D_4로 나타내면 다음과 같다.

$$D_4=\{1, (12)(34), (14)(23), (24), (13), (1234), (13)(24), (1432)\}$$

이 집합도 D_3과 동일한 방법으로 연산을 정의하면 D_4는 군의 구조를 가진다는 것을 알 수 있다. 이 군을 '정이면체군 D_4'라고 한다. 지금까지 정삼각형과 정사각형 두 가지 경우의 정이면체군을 살펴봤는데 똑같은 방법으로 정n각형의 정이면체군을 생각할 수 있다. 정n각형의 정이면체군은 D_n으로 나타낸다.

3) 사원군

정사각형이 아닌 직사각형의 경우에는 그림 V-11처럼 대칭이 회전 두 개와 반사 두 개가 있다.

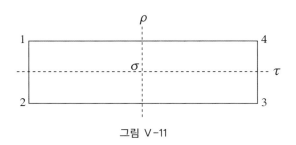

그림 V-11

1: 항등변환으로서 0° 회전변환이라고 할 수 있다.

σ: 중심을 축으로 하는 180° 회전변환으로서 치환 (13)(24)로 나타낼 수 있다.

τ: 수평선을 반사축으로 하는 반사변환으로서 치환 (12)(34)로 나타낼 수 있다.

ρ: 수직선을 반사축으로 하는 반사변환으로서 치환 (14)(23)으로 나타낼 수 있다.

이상 네 개의 대칭으로 이루어진 집합을 $V_4 = \{1, \sigma, \rho, \tau\}$라고 하고, V_4에 변환의 합성을 연산으로 정의하면 V_4는 원소가 네 개인 가환군이 된다. 연산표는 다음과127쪽 상단 같다.

예를 들어, $\sigma^2 = (13)(24)(13)(24) = 1$이며 $\sigma\tau = (13)(24)(12)(34) = \rho$이다. 이 군 V_4를 클라인Klein의 '사원군four group'이라고 한다.

	1	σ	τ	ρ
1	1	σ	τ	ρ
σ	σ	1	ρ	τ
τ	τ	ρ	1	σ
ρ	ρ	τ	σ	1

4) 대칭군

대칭군은 앞에서 여러 번 사용한 용어이다. 집합 $X=\{1, 2, 3, \cdots, n\}$ 위에서의 치환^{일대일대응} 전체의 집합 $S_n=\{f \mid f : X \to X$는 치환$\}$을 생각하고 이 집합에서 함수의 합성 연산을 생각하면 위수^{원소의 개수}가 $n!$인 유한군을 얻을 수 있다. 이러한 군을 '대칭군^{symmetric group}'이라고 하고, S_n으로 나타낸다.

여광: 앞의 Ⅳ장에서 여러 가지 예를 들며 '대칭'의 의미를 어느 정도 설명하였지만 '대칭'이라는 용어에 대하여 다시 한 번 짚고 갈 필요가 있습니다. 일반적으로 '대칭'이 좌우반사나 상하반사를 지칭하는 것처럼 보이기 때문입니다.

여휴: 좋은 생각입니다. 수학이나 물리학 등에서 말하는 대칭은 쉽게 말하여 '대상을 변화시키지 않는 변환'을 뜻합니다. 그런 의미에서 좌우반사와 상하반사는 대칭입니다. 그러나 대상을 변화시키지 않는 변환에는 회전처럼 반사 말고도 여럿 있습니다.

여광: 회전도 대칭이고 평행이동도 대칭인 거죠.

여휴: 띠나 벽지를 분류할 때 고려한 미끄럼반사도 중요한 대칭입니다. 다시 말해, 반사는 여러 대칭 중 한 가지 예일 뿐입니다.

여광: 대칭군 S_n의 원소는 집합 $X=\{1, 2, 3, \cdots, n\}$ 위에서의 치환입니다. 치환은 집합 $X=\{1, 2, 3, \cdots, n\}$ 위에서의 일대일대응으로, 이 집합을 변화시키지 않는 변환입니다.

> **여휴**: 결국 S_n은 $X = \{1, 2, 3, \cdots, n\}$의 대칭들의 집합입니다. '대칭군'이라는 말은 그러한 의미입니다.
>
> **여광**: 정삼각형이나 정사각형의 대칭을 살피는 정이면체군 D_3이나 D_4에서는 평행이동대칭이나 미끄럼반사대칭은 생각하지 않는군요.
>
> **여휴**: 주어진 위치에서 원래의 모습이 변하지 않는 대칭을 살피기 때문에 위치를 바꾸는 평행이동이나 미끄럼반사는 생각하지 않습니다.

대칭군 S_n의 원소 f는 $\{1, 2, 3, \cdots, n\}$에서 $\{1, 2, 3, \cdots, n\}$으로의 일대일대응이므로 f를 정이면체군의 원소를 나타내는 방법으로 표현할 수 있다. 예를 들어, $f(1) = 2$, $f(2) = 3$, $f(3) = 1$인 S_3의 원소 f는 (123)으로 표현된다. 간단한 예를 들어 보겠다.

- $\{1\}$에서 $\{1\}$로의 일대일대응은 하나뿐이므로 $S_1 = \{1\}$이다.
- $\{1, 2\}$에서 $\{1, 2\}$로의 일대일대응은 1과 (12) 두 개가 있다. 따라서 $S_2 = \{1, (12)\}$이다. 이 군에서 $(12)(12) = 1$이므로 (12)의 역원은 자기 자신이다.
- $\{1, 2, 3\}$에서 $\{1, 2, 3\}$으로의 일대일대응은 여섯 개가 있다. 실제로 S_3을 계산하면 다음과 같다.
$$S_3 = \{1, (12), (13), (23), (123), (132)\}$$

앞에서 언급하였듯이 대칭군에서의 연산은 치환[활수]의 합성이고, 연산은 관례에 따라 오른쪽 치환에 왼쪽 치환을 합성하는 것으로 한다. 예를 들어, $(12)(13) = (132)$이고 $(13)(12) = (123)$이다.

S_1과 S_2는 가환군임이 분명하고, $n \geq 3$이면 S_n은 비가환군이다. 예를 들어, 대칭군 $S_3 = \{1, (12), (13), (23), (123), (132)\}$는 위수가 6인 비가환군이다.

5) 우치환, 기치환

치환 중에서 (12), (13), (23) 등과 같이 두 수만 자리를 바꾸는 치환을 '호환 transposition'이라고 한다. S_n의 모든 치환은 호환의 곱으로 나타낼 수 있다. 예를 들어, S_3의 원소 (132)는 (12)(13)으로 나타낼 수 있고, (123)은 (13)(12)로 나타낼 수 있다. 마찬가지로, S_4의 원소 (1432)는 (12)(13)(14), S_5의 원소 (13452)는 (12)(15)(14)(13)으로 각각 나타낼 수 있다. 항등치환 1은 0개의 호환의 곱으로 생각한다.

치환 1, (123), (132), (13452) 등은 짝수 개의 호환의 곱으로, (12), (13), (23), (1432) 등은 홀수 개의 호환의 곱으로 나타낼 수 있다. 어떤 치환이 짝수 개의 호환의 곱으로 표현되면 그 치환은 결코 홀수 개의 호환의 곱으로는 표현할 수 없고, 홀수 개의 호환의 곱으로 표현되면 그 치환은 결코 짝수 개의 호환의 곱으로는 표현할 수 없음을 증명할 수 있다. 짝수 개의 호환의 곱으로 표현되는 치환을 '우치환even permutation'이라고 하고, 홀수 개의 호환의 곱으로 표현되는 치환을 '기치환odd permutation'이라고 한다. 대칭군 S_n에 있는 $n!$개의 치환 중에서 우치환의 개수와 기치환의 개수는 각각 $\frac{n!}{2}$임을 증명할 수 있다.

여휴: 대칭들 사이에 존재하는 핵심적인 성질을 형식화한 것이 군의 구조라고 할 수 있습니다.

여광: 무슨 말씀인지 잘 모르겠습니다. '대칭들 사이에 존재하는 핵심적인 성질' 이 무엇을 뜻하죠?

여휴: 아이코, 미안합니다. 제가 말을 너무 애매하게 했나 봅니다. 어떤 대칭변환을 시행하고, 거기에 또 다른 대칭변환을 시행하면 그 결과도 대칭변환입니다. 군의 정의에서 '연산에 관하여 닫혀 있다'는 것은 이 사실을 형식화한 것으로 볼 수 있습니다.

여광: 이제 무슨 뜻인지 이해가 된 것 같습니다. 항등원이 존재한다는 것은 '시

행하여도 원래의 대칭변환에 아무런 영향을 끼치지 않는 그런 특별한 대칭변환'이 존재한다는 것이군요.

여휴: 그렇습니다. 역원이나 결합법칙도 그러한 상황에서 이해하면 됩니다.

여광: 대칭들, 즉 대칭변환들 사이에 존재하는 핵심적인 성질이란 결국 '연산의 닫힘성, 결합법칙, 항등원의 존재, 역원의 존재'를 뜻한 거군요.

여휴: 맞습니다. 제가 그 긴 이야기를 너무 줄여서 말한 것 같아요.

여광: 군의 구조에 대하여 뭔가 말씀하려 하지 않으셨나요?

여휴: 군의 구조가 뜻밖의 경우에 존재한다는 이야기를 하려 했어요.

여광: 우리에게 친숙한 수의 집합들이 덧셈에 관하여 군의 구조를 가지는 등 주위에 군의 예가 많은 것 같습니다.

여휴: 제가 그 이야기를 하고 싶었던 겁니다. 이 수학數學여행에서 참으로 멋진 군을 많이 만날 겁니다. 이 여정에서 아름다운 군론적group theoretic 풍광을 많이 보게 될 거라는 말입니다.

여광: 군론, 즉 대칭의 이론은 갈루아가 시작하였다고 해도 과언이 아니라고 들었습니다.

여휴: 오늘날의 군론은 수많은 수학자의 수고가 어우러진 결과이지만 갈루아의 유언은 그 시작점이라고 할 수 있습니다.

여광: 갈루아의 유언을 이해하여야 할 이유겠네요.

마. 부분군

전체가 있으면 부분을 생각하고, 집합이 있으면 부분집합을 생각하듯이, 군이 있으면 부분군을 생각한다. 부분군은 군 $(G, \circ)$의 $\varnothing$이 아닌 부분집합 H가 G에서와 동일한 연산 $\circ$에 관하여 군이 될 때를 말하고 $H \leq G$와 같이 나타낸다. 앞으로 자주 만날 부분군의 예를 몇 개 들어 보자. 원소들 사이의 연산 기호는 생략한다.

- 군 $\mathbb{Z}$에서 5의 배수 전체의 집합 $\{\cdots, -10, -5, 0, 5, 10, \cdots\}$은 $\mathbb{Z}$의 부분

군이다.

- S_n에서 우치환 전체의 집합을 A_n이라고 하면, A_n은 위수가 $\frac{n!}{2}$인 부분군이다. 예를 들어, $A_3 = \{1, (123), (132)\}$는 S_3의 부분군이다.

- $V_4 = \{1, (12)(34), (13)(24), (14)(23)\}$은 A_4의 부분군이다. 여기서 A_4는 다음과 같다.

$$A_4 = \{1, (12)(34), (13)(24), (14)(23), (123), (132),$$
$$(124), (142), (134), (143), (234), (243)\}$$

- $N = \{1, (12)(34)\}$는 $V_4 = \{1, (12)(34), (13)(24), (14)(23)\}$의 부분군이다.

여광: 전체가 있으면 부분을 생각하듯이 군이 있으면 부분군을 생각하는 것은 자연스러워 보입니다.

여휴: 하지만 부분군은 단순히 '부분'이 아니라는 것을 유념해야 합니다.

여광: 부분 중에서도 특별한 부분인 거죠. 그 자체가 군의 구조를 가지고 있으니까요.

여휴: 부분을 생각하는 것은 다른 대수적 구조에서도 마찬가지입니다. 예를 들어, 체가 있으면 부분체를 생각하고, 벡터공간이 있으면 부분공간을 생각하죠.

여광: 부분구조를 생각하는 큰 의의는 무엇이라고 할 수 있을까요?

여휴: 좋은 질문입니다. 부분구조를 살피는 것은 여러 의의가 있을 것입니다. 그 중에서 가장 큰 의의는 부분구조를 살핌으로써 전체 구조의 특징을 알 수 있다는 것입니다.

여광: 전체 구조가 부분구조에 큰 영향을 끼친다는 것은 쉽게 납득이 가는데, 부분구조에서 전체 구조를 유추한다는 것은 잘 이해되지 않습니다.

여휴: 간단히 비유하자면, 자녀들의 성품을 보고 부모의 성품을 유추하는 것과 같습니다.

바. 잉여류

어떤 사람들의 집단을 남성과 여성으로 나누거나 또는 성㶏에 따라 '황씨 가문', '김씨 가문' 등으로도 나눌 수 있다. 이처럼 군group도 적절한 방법으로 분할할 수 있다. 예를 하나 들어 보자. 정수 전체로 이루어진 군 $\mathbb{Z}$에서 5의 배수 전체의 집합 $\{\cdots, -10, -5, 0, 5, 10, \cdots\}$은 $\mathbb{Z}$의 부분군이다. 이 부분군을 관례에 따라 $5\mathbb{Z}$로 나타내자. 군 $\mathbb{Z}$를 부분군 $5\mathbb{Z}$에 의해 $\mathbb{Z}_5 = \{0, 1, 2, 3, 4\}$와 같이 분할할 수 있다. $\mathbb{Z}_5 = \{0, 1, 2, 3, 4\}$의 원래 표기는 $\overline{\mathbb{Z}}_5 = \{\overline{0}, \overline{1}, \overline{2}, \overline{3}, \overline{4}\}$임을 기억할 것이다. 그렇다면 여기서 $\overline{0}$은 어떤 것일까? 바로 5의 배수인 정수 전체의 집합이다. 다시 말해, 5로 나누어 나머지가 0인 정수 전체의 집합인 것이다. 따라서 다음을 알 수 있다.

$$\overline{0} = \{\cdots, -10, -5, 0, 5, 10, \cdots\}$$

마찬가지로 $\overline{1}, \overline{2}, \overline{3}, \overline{4}$ 각각은 5로 나누어 나머지가 1, 2, 3, 4인 정수 전체의 집합이다. 즉, 다음을 알 수 있다.

$$\overline{1} = \{\cdots, -9, -4, 1, 6, 11, \cdots\}$$
$$\overline{2} = \{\cdots, -8, -3, 2, 7, 12, \cdots\}$$
$$\overline{3} = \{\cdots, -7, -2, 3, 8, 13, \cdots\}$$
$$\overline{4} = \{\cdots, -6, -1, 4, 9, 14, \cdots\}$$

군 $\mathbb{Z}$를 부분군 $5\mathbb{Z}$에 의해 분할한 것이 $\overline{\mathbb{Z}}_5 = \{\overline{0}, \overline{1}, \overline{2}, \overline{3}, \overline{4}\}$이다. 이때 $\overline{0}, \overline{1}, \overline{2}, \overline{3}, \overline{4}$ 각각을 '잉여류coset'라고 한다. 더 자세히 말하면 $\overline{0}, \overline{1}, \overline{2}, \overline{3}, \overline{4}$ 각각은 0, 1, 2, 3, 4에 의한 잉여류인 것이다. 그렇다면 부분군 $5\mathbb{Z}$와 잉여류 $\overline{0}, \overline{1}, \overline{2}, \overline{3}, \overline{4}$ 사이의 관계를 알기 위해 다음을 살펴보자.

$\overline{0}$의 원소는 $5\mathbb{Z}$의 원소에 0을 더한 것이다.

$\overline{1}$의 원소는 $5\mathbb{Z}$의 원소에 1을 더한 것이다.

$\overline{2}$의 원소는 $5\mathbb{Z}$의 원소에 2를 더한 것이다.

$\bar{3}$의 원소는 $5\mathbb{Z}$의 원소에 3을 더한 것이다.

$\bar{4}$의 원소는 $5\mathbb{Z}$의 원소에 4를 더한 것이다.

잉여류와 부분군 사이의 관계가 분명하게 드러나는 것을 알 수 있다. 이 사실은 다음과 같이 표현할 수 있다.

$$\bar{0}=0+5\mathbb{Z}=\{0+k \mid k \in 5\mathbb{Z}\}$$

$$\bar{1}=1+5\mathbb{Z}=\{1+k \mid k \in 5\mathbb{Z}\}$$

$$\bar{2}=2+5\mathbb{Z}=\{2+k \mid k \in 5\mathbb{Z}\}$$

$$\bar{3}=3+5\mathbb{Z}=\{3+k \mid k \in 5\mathbb{Z}\}$$

$$\bar{4}=4+5\mathbb{Z}=\{4+k \mid k \in 5\mathbb{Z}\}$$

군 $\mathbb{Z}$는 덧셈에 관한 가환군이기 때문에 다음과 같이 표현할 수도 있다.

$$\bar{0}=5\mathbb{Z}+0=\{k+0 \mid k \in 5\mathbb{Z}\}$$

$$\bar{1}=5\mathbb{Z}+1=\{k+1 \mid k \in 5\mathbb{Z}\}$$

$$\bar{2}=5\mathbb{Z}+2=\{k+2 \mid k \in 5\mathbb{Z}\}$$

$$\bar{3}=5\mathbb{Z}+3=\{k+3 \mid k \in 5\mathbb{Z}\}$$

$$\bar{4}=5\mathbb{Z}+4=\{k+4 \mid k \in 5\mathbb{Z}\}$$

이제 동일한 과정을 거쳐 대칭군을 분할하여 보도록 하겠다. 우리가 관심을 가지는 대칭군은 S_3, S_4, S_5이다. 이들은 군 $\mathbb{Z}$와는 달리 가환군이 아니기 때문에 분할하는 과정에서 조심하여야 한다. 예를 들어 다음의 주어진 군을 보자.

$$G=S_3=\{1, (12), (13), (23), (123), (132)\}$$

G의 부분군 $N=A_3=\{1, (123), (132)\}$에 대하여 생각해 보자. 먼저, 항등원 1에 의한 잉여류를 계산해 보도록 하자. 앞의 예에서 0에 대한 잉여류는 다음과 같았다.

$$\bar{0}=5\mathbb{Z}+0=\{k+0 \mid k \in 5\mathbb{Z}\}$$

연산이 덧셈이었으나 지금은 치환의 합성이 연산이다. 따라서 항등원 1에 의한 잉여류는 $1N = \{1n \mid n \in N\} = N$이다. 항등원 1을 오른쪽에서 연산하여도 $N1 = \{n1 \mid n \in N\} = N$이므로 $1N$과 같다. G의 여섯 개 원소 하나하나에 대하여 잉여류를 계산해 보면 다음을 알 수 있다.

$$1N = N = (123)N = (132)N = \{1, (123), (132)\}$$

$$N1 = N = N(123) = N(132) = \{1, (123), (132)\}$$

$$N(23) = N(13) = N(12) = \{(12), (13), (23)\}$$

$$(23)N = (13)N = (12)N = \{(12), (13), (23)\}$$

결국, N에 의한 G의 잉여류는 N과 $(12)N$ 두 개이다. 여기서 다음을 주목하자.

부분군 N의 경우에는 모든 $g \in G$에 대하여 $gN = Ng$이다.

수학에서 gN을 N의 g에 의한 '좌잉여류left coset'라고 하고, Ng를 N의 g에 의한 '우잉여류right coset'라고 부른다. 군 S_3에서는 부분군 A_3에 의해 좌잉여류와 우잉여류가 같다는 것을 알 수 있다.

이제, G의 부분군 $H = \{1, (12)\}$에 대하여 앞에서 했던 계산을 하면 다음과 같다.

$$H = H(12) = \{1, (12)\}$$

$$H(13) = H(132) = \{(13), (132)\}$$

$$H(23) = H(123) = \{(23), (123)\}$$

$$H = (12)H = \{1, (12)\}$$

$$(13)H = (123)H = \{(13), (123)\}$$

$$(23)H = (132)H = \{(23), (132)\}$$

부분군 H의 경우에는 어떤 $g \in G$에 대하여는 $gH \neq Hg$일 수 있다는 것을 알 수 있다. 군 S_3에서 두 개의 부분군 $N = A_3 = \{1, (123), (132)\}$와 $H = \{1, (12)\}$ 사이에는 주목할 만한 차이가 있다.

사. 정규부분군

부분군 중에는 '정규부분군normal subgroup'이라고 부르는 매우 중요한 것이 있다. 이 개념은 갈루아 유언의 핵심이기 때문에 꼭 이해하여야 한다. 그리고 이 부분에서는 계산을 꼭 하기 바란다. 계산을 많이 하면 개념이 촉감으로 오기 때문이다.

정규부분군이 무엇인지 앞에서 계산한 예를 통하여 알아보자. 군 $G=S_3=\{1, (12), (13), (23), (123), (132)\}$는 여러 개의 부분군을 가진다. 그중에 $A_3=\{1, (123), (132)\}$와 $H=\{1, (12)\}$가 있다. 앞에서 이 두 부분군에 어떤 차이가 있다는 것을 알았다. A_3의 경우에는 모든 $g\in G$에 대하여 $gA_3=A_3g$이지만 H의 경우는 다르다. 즉, 어떤 $g\in G$에 대하여는 $gH\neq Hg$일 수 있다.

군 G의 부분군 N이 다음 조건을 만족시킬 때, N을 G의 정규부분군이라고 한다.

모든 $g\in G$에 대하여 $gN=Ng$이다.

따라서 A_3은 S_3의 정규부분군이지만 H는 S_3의 정규부분군이 아니다.

갈루아는 모든 원소에 대해서 좌잉여류와 우잉여류가 항상 같게 하는 부분군, 즉 정규부분군이 다항식의 가해성에 결정적인 역할을 한다는 것을 알았다. 즉, 그는 정규부분군의 중요성을 인지한 것이다.

여광: 정규부분군은 꽤 까다로운 개념인데 갈루아는 자신의 유서에서 그 개념을 설명했나요?

여휴: 그렇습니다. 다음은 그의 유서에서 정규부분군을 언급한 부분입니다.

그림 V-12

이 부분을 영어로 해석하면 다음과 같습니다.

In other words, when a group G contains another H, the group G can be partitioned into groups each of which is obtained by operating on the permutations of H with one and the same substitution, so that $G=H+HS+HS'+\cdots$. And also it can be decomposed into groups all of which have the same substitutions, so that $G=H+TH+T'H+\cdots$. These two kinds of decomposition do not ordinarily coincide. When they coincide the decomposition is said to be proper(Neumann, 2011).

한국어로 다음과 같이 해석할 수 있습니다.

달리 말하면 군 G가 H를 포함할 때, 군 G는 H의 치환에 의해 나오는 군들로 분할되어 $G=H+HS+HS'+\cdots$과 같이 표현된다. 마찬가지로 동일한 치환에 의해 $G=H+TH+T'H+\cdots$과 같이 분할될 수도

여기서 하나 주목할 것은 원래 주어진 군이 가환군$^{Abelian\ group}$이면 모든 부분군
은 정규부분군이라는 사실이다. 가환군은 다항식의 가해성에서 매우 중요한 성
질임을 짐작할 수 있다. 가환군과 다항식의 가해성 사이의 관련성은 앞으로 자세
히 알게 될 것이다.

이 책이 주된 관심을 기울이는 것은 삼차, 사차, 오차다항식이다. 일차와 이차
다항식은 쉽게 풀린다는 것을 이미 알고 있고, 오차다항식이 일반적으로 풀리지
않는다면 육차 그리고 그 이상 차수의 다항식도 일반적으로 풀 수 없다는 것을 금
방 알 수 있다. 따라서 삼차, 사차, 오차다항식을 주로 살피면 되는 것이다. 이는
대칭군 S_3, S_4, S_5에 관하여 자세히 알아야 할 것을 요구한다. 세 개의 대칭군
S_3, S_4, S_5의 정규부분군과 관련하여 몇 가지 예를 생각하여 보겠다. 여기에서 치
환 계산을 많이 할 것이다. 독자도 이 책을 따라 함께 계산하기를 권하지만, 저자
를 신뢰한다면 계산을 생략해도 좋다.

S_3의 예에서 $A_3=\{1, (123), (132)\}$는 정규부분군이지만 $H=\{1, (12)\}$는 정규
부분군이 아니다. 이는 앞에서 계산하였다. S_4는 S_3에 비해 계산을 더 많이 해야
하지만 이 책에서 매우 중요하기 때문에 이 경우를 살펴보도록 하자.

먼저, S_4의 부분군 $V_4=\{1, (12)(34), (13)(24), (14)(23)\}$을 생각해 보자. V_4에
의한 S_4의 서로 다른 좌잉여류는 다음과 같다.

$$V_4 = \{1, (12)(34), (13)(24), (14)(23)\} = (12)(34)V_4 = (13)(24)V_4 = (14)(23)V_4$$

$$(12)V_4 = \{(12), (34), (1324), (1423)\} = (34)V_4 = (1324)V_4 = (1423)V_4$$

$$(23)V_4 = \{(23), (14), (1342), (1243)\} = (14)V_4 = (1342)V_4 = (1243)V_4$$

$$(13)V_4 = \{(13), (24), (1234), (1432)\} = (24)V_4 = (1234)V_4 = (1432)V_4$$

$$(123)V_4 = \{(123), (134), (243), (142)\} = (134)V_4 = (243)V_4 = (142)V_4$$

$$(132)V_4 = \{(132), (234), (124), (143)\} = (234)V_4 = (124)V_4 = (143)V_4$$

$V_4(12)$를 계산하면 $(12)V_4$와 같다는 것을 알 수 있다. 계산을 더 하면 모든 $g \in S_4$에 대하여 $gV_4 = V_4 g$임을 알 수 있다. 따라서 V_4는 S_4의 정규부분군이다. 이제, S_4에 있는 우치환even permutation 전체의 집합 $N = A_4$를 생각하자. A_4도 S_4의 정규부분군임을 확인하고자 한다. 그러기 위해서는 다음을 기억해야 한다.

$$A_4 = \{1, (12)(34), (13)(24), (14)(23), (123), (132),$$
$$(124), (142), (134), (143), (234), (243)\}$$

이 사실과 앞에서 한 계산을 이용하면 다음을 알 수 있다. 더불어 V_4가 S_4의 정규부분군이라는 사실도 기억하여야 한다.

$$A_4 = V_4 \cup (123)V_4 \cup (132)V_4$$

$$(12)A_4 = (12)V_4 \cup (12)(123)V_4 \cup (12)(132)V_4$$

$$= (12)V_4 \cup (23)V_4 \cup (13)V_4$$

이제, $g = (12)$인 경우 $(12)A_4 = A_4(12)$임을 확인해 보자. 이때에도 V_4가 S_4의 정규부분군임을 이용하면 된다.

$$A_4(12) = V_4(12) \cup V_4(123)(12) \cup V_4(132)(12)$$

$$= V_4(12) \cup V_4(13) \cup V_4(23)$$

$$= (12)V_4 \cup (13)V_4 \cup (23)V_4$$

$$= (12)V_4 \cup (23)V_4 \cup (13)V_4$$

$$= (12)A_4$$

따라서 모든 $g \in S_4$에 대하여 $gA_4 = A_4 g$임을 알 수 있다. 즉, A_4는 S_4의 정규부

분군이다. 이렇게 S_4의 정규부분군 두 개를 찾았다. 바로 A_4와 V_4이다.

> **여광:** S_3의 경우에는 정규부분군 A_3을 찾았고, S_4의 경우에는 정규부분군 A_4, V_4를 찾았습니다.
>
> **여휴:** 이 정규부분군들은 삼차다항식과 사차다항식이 왜 풀리는지를 설명할 겁니다.
>
> **여광:** 이들은 풀리는지의 여부를 판정하는 역할만 하나요?
>
> **여휴:** 주어진 다항식이 풀린다는 것을 알아도, 다항식을 자세히 풀어 근을 구하는 것은 별도의 작업입니다. 그러나 앞에서 찾은 정규부분군들은 그 근들이 어떠한 꼴인지 그 모습을 알려 줄 것입니다.

S_5의 경우는 어떨까? A_5는 우치환 전체의 집합으로서 S_5의 정규부분군임을 어렵지 않게 확인할 수 있다. 그러나 S_5는 더 이상 유의미한 정규부분군을 갖지 않는다. 실제로, S_5는 자기 자신과 1 외의 정규부분군이 A_5밖에 없다. 갈루아는 이 사실이 일반적인 오차다항식에 근의 공식이 없는 이유임을 설명하였다.

아. 상군

지금까지 정규부분군이 매우 중요하다고 여러 차례 말했지만, 아직 그 이유를 설명하지 않았다. 정규부분군은 다항식의 풀이 가능성을 결정한다. 정규부분군의 어떠한 특징이 다항식을 풀게 하는지 살펴보자.

정규부분군의 가장 중요한 성질은 원래의 군과 정규부분군으로부터 '상군quotient group'이라고 하는 새로운 군을 만들 수 있다는 것이다. 정규부분군은 주어진 군을 두 단계로 나누어 더 세밀하게 관찰할 수 있게 한다. 군 G와 G의 정규부분군 N이 있다고 하자. N은 정규부분군이므로 모든 $g \in G$에 대하여 $Ng=gN$이다. 좌잉여류와 우잉여류를 구별할 필요가 없다. 이러한 경우에는 그냥 '잉여류coset'라고 한다.

잉여류 전체의 집합 $\{Nx \mid x \in G\}$를 G/N로 나타내 보자. G/N의 원소는 G의 잉여류이다. 이렇게 얻은 잉여류 전체의 집합 G/N에 적절한 연산을 정의하여 G/N에게 군의 구조를 주고자 한다. 원래의 집합 G가 군이기 때문에 G에서의 연산을 이용하여 G/N에 연산을 정의하면 G/N가 새롭게 정의된 연산에 관하여 군이 될 것이다. G/N의 원소들 사이에 연산을 어떻게 정의할까? 이를 알아보기 위해 앞에서 자세히 설명한 군 $\mathbb{Z}_5 = \{\overline{0}, \overline{1}, \overline{2}, \overline{3}, \overline{4}\}$를 떠올리자. 그 연산표는 다음과 같다.

+	$\overline{0}$	$\overline{1}$	$\overline{2}$	$\overline{3}$	$\overline{4}$
$\overline{0}$	$\overline{0}$	$\overline{1}$	$\overline{2}$	$\overline{3}$	$\overline{4}$
$\overline{1}$	$\overline{1}$	$\overline{2}$	$\overline{3}$	$\overline{4}$	$\overline{0}$
$\overline{2}$	$\overline{2}$	$\overline{3}$	$\overline{4}$	$\overline{0}$	$\overline{1}$
$\overline{3}$	$\overline{3}$	$\overline{4}$	$\overline{0}$	$\overline{1}$	$\overline{2}$
$\overline{4}$	$\overline{4}$	$\overline{0}$	$\overline{1}$	$\overline{2}$	$\overline{3}$

$\overline{3} + \overline{4} = \overline{2}$인 것을 볼 수 있는가? 이는 다음 사실에 의한다.

(5로 나누어 나머지가 3인 수)+(5로 나누어 나머지가 4인 수)

=(5로 나누어 나머지가 2인 수)

즉, $\mathbb{Z}$에서 $3+4=7$을 계산하고 7을 5로 나눈 나머지 2를 구한 것이다. 같은 방식으로 $\overline{4} + \overline{4} = \overline{3}$이다.

(5로 나누어 나머지가 4인 수)+(5로 나누어 나머지가 4인 수)

=(5로 나누어 나머지가 3인 수)

즉, $\mathbb{Z}$에서 4+4=8을 계산하고 8을 5로 나눈 나머지 3을 구한 것이다.

그렇다면 G/N에서 이와 동일한 절차를 밟아 보자. 다시 말해 G/N에 속하는 임의의 두 원소 Nx, Ny에 대하여 다음과 같은 연산을 생각하는 것이다.

$$(Nx)(Ny)=N(xy)$$

즉, 'x의 잉여류와 y의 잉여류를 연산하면 xy의 잉여류'라고 정의하는 것이다. 여기서 xy는 'x와 y의 G에서의 연산'이다. 결국, G/N에서의 연산은 G에서의 연산을 기반으로 하는 것이다. 집합 G/N는 위에서 정의된 연산에 관하여 군이 된다. 그 이유를 자세히 살펴보면 '모든 $g \in G$에 대하여 $Ng=gN$이다'라는 정규부분군의 정의가 결정적인 역할을 한다는 것을 알 수 있다. 즉, 정규부분군이 아니면 상군을 만들 수 없다는 이야기이다. 이제 정규부분군의 중요성을 실감할 수 있는가? 스무 살 청년 갈루아의 혜안이 매우 놀랍다.

이렇게 얻은 군 G/N를 'G의 N에 의한 상군quotient group'이라고 한다. 정규부분군의 가치는 상군에 있으니 상군의 개념도 반드시 이해해야 한다. 결국 정규부분군이 갈루아 이론의 핵심이라는 말은 상군이 갈루아 이론의 핵심이라는 말과 같다.

여광: 보통의 부분군 H로는 좌잉여류의 집합 또는 우잉여류의 집합으로 분할을 할 수 있지만 부분군 H가 상군을 구성하지는 않는군요. 정규부분군 N의 경우에는 좌잉여류와 우잉여류가 항상 같기 때문에 간단히 '잉여류 전체의 집합 G/N'를 얻고, 더 나아가 G/N에 군의 구조를 줄 수 있다는 이야기이고요.

여휴: 그렇습니다. 상군을 만들 수 있다는 성질이 정규부분군의 가장 중요한 특징입니다.

여광: 이제 상군을 구성하는 절차를 어느 정도 알겠습니다. 그런데 왜 N이 정규부분군이어야 하는지는 궁금합니다. N이 정규부분군이 아니면 G/N에서 $NxNy=Nxy$와 같이 연산을 정의할 수 없다는 뜻이겠죠?

여휴: 그렇습니다. N이 정규부분군이 아니면 연산을 그렇게 정의할 수 없습니다.

예를 들면 이해에 도움이 되겠네요. 대칭군 $S_3 = \{1, (12), (13), (23), (123), (132)\}$ 와 S_3의 부분군 $H = \{1, (12)\}$에 의한 동치류 집합 $S_3/H = \{H, H(13), H(23)\}$을 생각합시다.

여광: H는 S_3의 정규부분군이 아니죠.

여휴: S_3/H에서 $H(13)H(23) = H(13)(23)$과 같은 정의가 괜찮은지 살펴봅시다.

여광: 제가 계산을 하겠습니다. $H(13) = H(132)$이고 $H(23) = H(123)$입니다. 이제, $H(132)H(123) = H = H(12)$이고 $H(13)H(23) = H(13)(23) = H(132) = H(13)$입니다. 그런데 $H(12)$와 $H(13)$은 다릅니다. 모순이군요. $A = A'$이고 $B = B'$인데 $AB \neq A'B'$인 상황과 같습니다.

여휴: 우리가 시도한 연산은 바람직하지 않다는 것을 알 수 있죠?

여광: 이해했습니다. N이 정규부분군이 아니면 G/N에서 $NxNy = Nxy$와 같이 연산을 정의할 수 없다는 것을 알았습니다. 이제 N이 정규부분군이면 G/N에서 $NxNy = Nxy$와 같이 연산을 항상 정의할 수 있다는 것도 증명해야죠?

여휴: 그렇습니다. 그러나 이 증명은 실제로 어렵지 않고 추상대수학의 모든 책에 있으니 생략합시다.

여광: '현대대수학'은 추상대수학과 같은 의미죠?

여휴: 그렇습니다. 갈루아는 완전히 새로운 대수학을 창안하였다고 볼 수 있는데, 갈루아 이론이 수학계의 주요 화두였던 19세기 후반만 해도 그 이론은 '현대'대수학이었습니다.

여광: 갈루아의 유서에 상군의 개념도 언급되었나요?

여휴: 그럼요. 갈루아는 정규proper, normal부분군에 이어서 상군의 개념을 언급해요. 정규부분군 한 개가 있어서 상군을 구성하면 원래의 다항식을 간단한 두 개의 다항식으로 나누어 풀 수 있다고 언급합니다. 참 놀랍죠?

여광: 놀라운 정도가 아니라 신비합니다. 그의 수학보다 더 신비한 것은 스무 살 청년 갈루아 본인입니다.

여휴: 갈루아를 대표하는 단어 두 개를 제시하라고 하면 '정치적 혁명가révolutionnaire' 와 '수학자géomètre'일 겁니다. 그는 정치적 혁명가로서는 실패한 것 같고, 수학적 혁명가가 되었습니다. '혁명적 수학자géomètre révolutionnaire, Neumann, 2011'였던 겁니다.

지금까지 논의한 바를 다시 한 번 정리하여 보자. 상군을 얻는 위의 과정을 $\mathbb{Z}$ 와 $\mathbb{Z}$의 정규부분군 $5\mathbb{Z}=\{\cdots, -10, -5, 0, 5, 10, \cdots\}$의 예를 통해 살펴보면 다음과 같다.

- 잉여류 전체의 집합은 $\mathbb{Z}_5=\{\overline{0}, \overline{1}, \overline{2}, \overline{3}, \overline{4}\}$이다. 여기서 $\overline{0}=0+5\mathbb{Z}$, $\overline{1}=1+5\mathbb{Z}$, $\overline{2}=2+5\mathbb{Z}$, $\overline{3}=3+5\mathbb{Z}$, $\overline{4}=4+5\mathbb{Z}$이다.
- 잉여류 사이의 연산은 $\overline{x}+\overline{y}=\overline{x+y}$이다. 즉, 다음과 같다.
$$\overline{x}+\overline{y}=(x+5\mathbb{Z})+(y+5\mathbb{Z})=(x+y)+5\mathbb{Z}=\overline{x+y}$$
  여기서 혹시 $x+y$가 5 이상이면 $x+y$를 5로 나눈 나머지를 택하면 된다. 예를 들어, $\overline{3}+\overline{4}=(3+5\mathbb{Z})+(4+5\mathbb{Z})=(3+4)+5\mathbb{Z}=2+5\mathbb{Z}=\overline{2}$인 것이다.
- 항등원은 $\overline{0}$이다.
- $\overline{x}$의 역원은 $\overline{-x}$이다. 예를 들어, $\overline{2}$의 역원은 $\overline{-2}=\overline{3}$이다.
- $\mathbb{Z}_5=\{\overline{0}, \overline{1}, \overline{2}, \overline{3}, \overline{4}\}$는 상군이다.

자. 상군의 예

대칭군 $S_3=\{1, (12), (13), (23), (123), (132)\}$의 정규부분군인 $A_3=\{1, (123), (132)\}$에 의한 상군은 다음과 같다.

$$S_3/A_3=\{A_3, A_3(12)\}$$

여기서 $A_3 \in S_3/A_3$은 항등원이고, $A_3(12)A_3(12)=A_3$이므로 $A_3(12)$의 역원은 자기 자신이다.

대칭군 S_4의 정규부분군 A_4에 의한 상군 S_4/A_4는 $\{A_4, A_4(12)\}$이고, 이 상군에서 항등원은 A_4이다. 한편, $A_4(12)A_4(12)=A_4$이므로 $A_4(12)$의 역원은 자기 자신이다. 실제로, 상군 S_4/A_4는 상군 S_3/A_3과 같다는 것을 알 수 있다.

대칭군 $G=S_4$와 G의 정규부분군 $N=V_4=\{1, (12)(34), (13)(24), (14)(23)\}$에

의한 상군 G/N는 다음과 같다.

$$G/N = \{N, N(12), N(23), N(13), N(123), N(132)\}$$

이 군에서 연산의 예를 몇 개 살피면 다음과 같다.

$$N(12)N(13) = N(12)(13) = N(132)$$

$$N(13)N(123) = N(13)(123) = N(12)$$

$$N(123)N(132) = N(123)(132) = N$$

이 상군 $G/N = \{N, N(12), N(23), N(13), N(123), N(132)\}$는 S_3과 같다는 것을 알게 될 것이다.

여광: 갈루아의 깊은 생각을 이해하려면 정규부분군과 상군의 개념을 꼭 이해해야겠군요.

여휴: 그렇습니다. 앞에서 일반적인 꼴의 삼차다항식 풀이는 특수한(간단한) 꼴의 삼차다항식 하나와 이차다항식 하나의 풀이로 귀착된다고 했죠?

여광: 예, 기억납니다.

여휴: 앞에서 이미 이야기했고 앞으로 논의가 진전되면 더 설명하겠지만, 일반적인 삼차다항식은 대칭군 S_3과 관련이 있습니다. S_3의 위수는 $3! = 3 \times 2 \times 1 = 6$입니다. 그런데 S_3은 위수가 3인 정규부분군 A_3을 가집니다. A_3에 의한 S_3의 상군 S_3/A_3은 위수가 2인 군입니다. 정규부분군 A_3과 상군 S_3/A_3 각각의 위수는 3과 2인데, 바로 이것이 특수한(간단한) 꼴의 삼차다항식 하나와 이차다항식의 하나의 풀이로 귀착되는 이유가 됩니다.

여광: 아직 분명하게 이해되지 않지만 대략적인 그림이 그려집니다. 여기서 정규부분군 A_3과 상군 S_3/A_3이 모두 가환군(아벨군)이라는 사실이 중요한 역할을 하겠죠?

여휴: 아주 중요한 말씀입니다. 갈루아 이론에서 가환군(아벨군)과 정규부분군(따라서 상군)은 매우 중요한 개념입니다.

여광: 일반적인 사차다항식의 풀이 가능성에 대해서도 자세히 살펴보면 어떨까요? 아직은 모든 단계가 분명하게 이해되지는 않겠지만 말입니다.

여휴: 좋은 생각입니다. 앞에서 일반적인 사차다항식의 풀이는 삼차다항식 한 개와 이차다항식 세 개의 풀이로 귀착된다고 하였습니다.

여광: 예, 기억하고 있습니다.

여휴: 일반적인 사차다항식은 대칭군 S_4와 관련이 있어요. S_4의 위수는 $4! = 4 \times 3 \times 2 \times 1 = 24$입니다. 그런데 S_4는 위수가 12인 정규부분군 A_4를 가집니다. A_4에 의한 S_4의 상군 S_4/A_4는 위수가 2인 군입니다. 상군 S_4/A_4는 가환군이지만 정규부분군 A_4는 가환군이 아닙니다. 그러나 A_4는 위수가 4인 정규부분군을 가집니다.

여광: 그 정규부분군이 무엇인지 뒤에 가서 알게 되겠죠?

여휴: 그럼요. 사차다항식을 푸는 중요한 이유이거든요. 사실, 위수가 4인 A_4의 정규부분군은 V_4입니다. 따라서 상군 A_4/V_4는 위수가 3인 가환군입니다.

여광: 위수가 2인 가환군 S_4/A_4와 위수가 3인 가환군 A_4/V_4 각각에서 특수한간단한 꼴의 삼차다항식 하나와 이차다항식 하나가 등장하는군요.

여휴: 여광 선생님은 천재이십니다.

여광: 과찬의 말씀입니다. 이차다항식이 두 개가 남았는데 그것들은 어디서 오나요?

여휴: 하하, 천재의 중요한 특징은 호기심입니다. 여광 선생님은 호기심이 많으니 궁금해 하시는 것이 당연합니다.

여광: 칭찬은 고맙습니다마는 제 질문에 답을 하지 않으셨습니다.

여휴: 여광 선생의 호기심을 더 자극하기 위함입니다. A_4의 정규부분군 V_4는 가환군입니다. 이 가환군 V_4는 위수가 2인 정규부분군을 가집니다. 이 군을 N이라고 합시다. 이제 N과 V_4/N는 모두 위수가 2인 가환군입니다.

여광: 아하, 거기서 이차다항식 두 개가 나타나는군요.

여휴: 그렇습니다. 여광 선생님은 탁월한 수학자이십니다.

A_5에 의한 S_5의 상군은 $S_5/A_5 = \{A_5, A_5(12)\}$이다. 이 상군은 상군 S_4/A_4 그리고 상군 S_3/A_3과 같다는 것을 알 수 있다.

여광: 삼차다항식과 사차다항식이 풀린다는 것은 대칭군 S_3과 S_4의 공통적인 대수적 구조 때문이군요. 일반적인 오차다항식이 풀리지 않는다는 말은 대칭군 S_5는 그러한 대수적 구조를 가지지 않는다는 뜻인가요?

여휴: 예. 갈루아가 발견한 사실은 'S_5는 다르다'는 것입니다.

여광: 간략한 설명을 부탁합니다.

여휴: 말씀하셨듯이 일반적인 오차다항식은 대칭군 S_5와 관련이 있습니다. S_5의 위수는 $5! = 5 \times 4 \times 3 \times 2 \times 1 = 120$입니다. S_5는 위수가 60인 정규부분군 A_5를 갖고 A_5에 의한 S_5의 상군 S_5/A_5는 위수가 2인 군입니다. 여기까지는 삼차다항식이나 사차다항식의 경우와 같죠.

여광: 문제는 A_5이군요.

여휴: 그렇습니다. 정규부분군 A_5는 가환군이 아니면서 정규부분군을 가지지 않습니다.

여광: A_5도 두 정규부분군, 즉 A_5 자신과 1을 가지지만 이들은 '자명한trivial' 것으로서 아무런 의미가 없군요.

여휴: 예. 각각에 의한 상군 A_5/A_5, $A_5/1$는 각각 1, A_5이므로 우리에게 필요한 상군을 구성하지 못합니다.

여광: '우리에게 필요한 상군'이 무엇인가요?

여휴: 자세히 설명하기가 쉽지 않아서 간단히 언급하려 했는데 여광 선생님의 예리한 호기심을 피해가지 못하는군요. A_5는 가환군이 아닙니다. 따라서 상군 A_5/N가 가환군이 되게 하는 A_5의 정규부분군이 필요합니다. 하지만 A_5는 가환군이 아니면서 자명하지 않은 정규부분군 또한 가지지 않기 때문에 A_5/N를 가환군이 되게 하지 못합니다.

여광: 만약 일반적인 오차다항식이 풀린다면 $120 = 5 \times 3 \times 2 \times 2 \times 2$이므로 특수한간단한 꼴의 오차다항식 한 개, 삼차다항식 한 개, 이차다항식 세 개의 풀이로 바뀔 텐데 그러지 못하는 군요.

여휴: 그렇습니다. 상군 S_5/A_5는 위수가 2인 가환군이므로 여기에서 이차다항식 하나는 얻을 수 있지만 위수가 60인 군 A_5는 '자명하지 않은non-trivial' 정규부분군

을 가지지 않으므로 한 발짝도 앞으로 나갈 수 없습니다.

여광: 이러한 군 A_5의 특별한 구조를 발견한 갈루아는 이게 바로 일반적인 오차다항식을 풀 수 없는 이유라는 것을 알았는데 아직 세상에 그 사실을 알리지 못한 거였군요.

여휴: 그런 상황에서 내일 세상을 떠나야 하니 그 밤이 얼마나 아쉬웠겠습니까.

여광: 그런데 그의 유서에 A_5의 이 특별한 성질이 언급되었나요?

여휴: 그렇다고 볼 수 있습니다. 지금처럼 잘 다듬어진 기호나 용어를 사용하지는 않았지만 핵심적인 생각은 언급되었다고 보아야 합니다. 특히 A_5의 위수 60을 '5×4×3'이라고 언급하여 일반적인 오차다항식이 풀리지 않는 이유를 설명하였습니다.

3. 체와 벡터공간

앞서 언급하였듯이, 수 체계의 확장은 단순한 수의 확장이 아니다. 수의 확장 못지않게 중요한 것이 대수적 구조algebraic structure이다. 즉, 수의 세계를 확장하되 필요한 대수적 구조를 요구하는 것이다. 대수적 구조 측면에서 유리수 전체의 집합 $\mathbb{Q}$는 자연수 전체의 집합 $\mathbb{N}$이나 정수 전체의 집합 $\mathbb{Z}$보다 특별한 성질을 가진다. 그래서 작도 가능성을 살필 때, 모든 유리수가 작도 가능하다는 것을 확인하고 거기에서 출발한다. 다항식의 가해성을 살필 때에도 다항식의 계수가 유리수라고 약속하고 출발한다.

가. 체

앞에서 이미 소개하였듯이, 유리수 전체의 집합 $\mathbb{Q}$가 가지는 대수적 성질은 다음과 같다.

- 덧셈에 관하여 닫혀 있고, 덧셈에 관한 결합법칙과 교환법칙이 성립한다.
- 덧셈에 관한 항등원 0이 있다.
- 모든 원소의 덧셈에 관한 역원이 존재한다.
- 곱셈에 관하여 닫혀 있고, 곱셈에 관한 결합법칙과 교환법칙이 성립한다.
- 곱셈에 관한 항등원 1이 있다.
- 원소 x가 0이 아니면 x의 곱셈에 관한 역원이 존재한다.
- 덧셈에 관한 곱셈의 분배법칙이 성립한다.

어떤 집합 F가 덧셈과 곱셈에 관하여 위의 성질 모두를 만족시킬 때, F를 체^{field}라고 한다. 유리수 전체의 집합 $\mathbb{Q}$는 덧셈과 곱셈에 관하여 체의 구조를 가진다.

이 책에서 중요한 역할을 하는 체의 예시를 하나 들어 보자. 집합 $\mathbb{Q}(\sqrt{2})=\{a+b\sqrt{2} \mid a, b \in \mathbb{Q}\}$에는 덧셈과 곱셈이 잘 정의된다. $\mathbb{Q}(\sqrt{2})$에 속하는 두 원소를 더하거나 곱해도 $\mathbb{Q}(\sqrt{2})$ 속에 있다는 뜻이다. 이러한 $\mathbb{Q}(\sqrt{2})$는 덧셈에 관하여 가환군이다. 즉, 다음이 성립한다.

- 결합법칙이 성립한다.
- 항등원 $0=0+0\sqrt{2}$가 있다.
- $a+b\sqrt{2}$의 역원은 $(-a)+(-b)\sqrt{2}$이다.
- 교환법칙이 성립한다.

또, $\mathbb{Q}(\sqrt{2})$에서 곱셈에 관하여 다음이 성립한다.

- 결합법칙이 성립한다.

- 항등원 $1=1+0\sqrt{2}$ 가 있다.

- $\mathbb{Q}(\sqrt{2})$의 원소 중에서 0이 아닌 모든 원소는 역원을 가진다.

- 교환법칙이 성립한다.

마지막으로, $\mathbb{Q}(\sqrt{2})$에서 덧셈에 대한 곱셈의 분배법칙이 성립한다.

여광: 『대칭: 갈루아 이론』(매디자인)에 다음과 같은 주장이 있습니다.

어떤 집합 F가 체라는 말을 다음과 같이 간단히 할 수도 있다.
- F는 덧셈에 관하여 가환군이다.
- $F^*=F-\{0\}$은 곱셈에 관하여 가환군이다.
- 덧셈에 관한 곱셈의 분배법칙이 성립한다.

'F가 체'라고 하려면 F에서 곱셈에 관한 결합법칙과 교환법칙을 보장해야 하는데 '$F^*=F-\{0\}$은 곱셈에 관하여 가환군이다'라는 조건으로는 충분하지 않잖아요?

여휴: 좋은 지적입니다. 그러나 '덧셈에 관한 곱셈의 분배법칙'을 이용하면 임의의 원소 $x\in F$에 대하여 $x\times 0=0\times x=0$임을 보일 수 있습니다. 따라서 F^*에서 곱셈에 관한 결합법칙과 교환법칙으로 충분합니다. 분배법칙이 보장되기 때문입니다.

나. 벡터공간

동일한 수학 문제를 여러 측면에서 접근하는 것은 매우 효과적이다. 예를 들어, 작도 가능성의 문제를 자와 컴퍼스를 들고 접근하지 않고 대수학적으로 접근하면 작도 불가능 문제를 해결할 수 있다. 어떤 집합이 특정한 대수적 구조를 가지고 있을 때, 또 다른 대수적 구조를 가지고 있다면 그 집합에 대한 이해를 깊게 할 수 있다.

앞에서 예로 제시한 집합 $\mathbb{Q}(\sqrt{2})$는 덧셈과 곱셈에 관하여 체의 구조를 가진다. 체의 구조만 하더라도 꽤 섬세한 구조이다. 덧셈에 관하여 가환군의 구조를 가지고, 곱셈에 관해서도 여러 가지 유용한 성질을 가지기 때문이다.

그러나 집합 $\mathbb{Q}(\sqrt{2})$는 또 하나의 중요한 대수적 구조를 가진다. 바로 '벡터공간 vector space'의 구조이다. '벡터'라고 하면 아마 좌표평면에 있는 점이 떠오를 것이다. 좌표평면 위의 점은 (x, y)와 같이 좌표로 표현되는데, 이렇게 좌표로 표현된 점들이 벡터이고 실수가 스칼라이다.

좌표평면은 이차원이지만, 삼차원 좌표공간도 마찬가지다. 좌표공간에서는 점이 (x, y, z)와 같이 표현된다. 이렇게 공간에서 좌표로 표현된 점들도 벡터이며, 실수가 스칼라이다. 좌표평면 위에서 점의 좌표는 (x, y)와 같은 꼴로서 성분이 두 개다. 따라서 좌표평면은 이차원 벡터공간이다. 그리고 좌표공간에서는 점이 (x, y, z)와 같은 꼴로서 성분이 세 개다. 따라서 좌표공간은 삼차원 벡터공간이다.

이제, $\mathbb{Q}(\sqrt{2})$가 이차원 벡터공간이라는 것을 이해하여 보자. 이때의 스칼라는 유리수임을 유념해야 한다. 집합 $\mathbb{Q}(\sqrt{2})=\{a+b\sqrt{2} \mid a, b \in \mathbb{Q}\}$는 덧셈에 관하여 가환군이며, 이 덧셈이 벡터의 합성이다. 임의의 스칼라 $\lambda \in \mathbb{Q}$에 대하여 스칼라배는 다음과 같다.

$$\lambda(a+b\sqrt{2})=\lambda a+\lambda b\sqrt{2}$$

그렇다면 $\mathbb{Q}(\sqrt{2})$는 몇 차원 벡터공간일까? 앞에서 좌표평면은 이차원 벡터공간이라고 했고, 좌표공간은 삼차원 벡터공간이라고 했다. 벡터를 표현하는 성분의 개수가 각각 2와 3이기 때문이다. 그렇다면 $\mathbb{Q}(\sqrt{2})$의 원소를 표현하기 위해 몇 개의 성분이 필요할까? $\mathbb{Q}(\sqrt{2})$의 원소, 즉 벡터는 $a+b\sqrt{2}$의 꼴이다. 여기서 a, b는 유리수로서 스칼라이다. $\mathbb{Q}(\sqrt{2})$의 원소를 표현하기 위해 필요한 성분은 두 개인데, 바로 '유리수 축' 하나와 '$\sqrt{2}$의 축' 하나다. 따라서 $\mathbb{Q}(\sqrt{2})$는 이차원 벡터공간이다.

여광: 임의의 벡터, 즉 $\mathbb{Q}(\sqrt{2})$의 임의의 원소는 $a+b\sqrt{2}\,(a, b\in\mathbb{Q})$와 같은 꼴이므로 두 개의 벡터 1과 $\sqrt{2}$가 모든 벡터를 생성할 수 있겠군요.

여휴: '$\mathbb{Q}(\sqrt{2})$는 이차원 벡터공간'이라는 말이 그 뜻입니다. 좌표평면 위의 모든 점은 x축의 좌표와 y축의 좌표로 표현되듯이 $\mathbb{Q}(\sqrt{2})$의 임의의 원소도 '유리수 축' 좌표와 '$\sqrt{2}$의 축' 좌표로 표현됩니다.

이 책에서 자주 등장하는 또 다른 벡터공간을 생각해 보자. F와 K가 체이고 $F\leq K$라고 하자. 즉, F는 K의 부분집합으로서 K에서의 연산^{덧셈과 곱셈}에 관하여 체의 구조를 가진다. 이러한 경우에 'F는 K의 부분체'라고 하며, K를 F의 '확대체 ^{extension}'라고 해도 된다.

F가 K의 부분체이면 K는 F 위의 벡터공간 구조를 가진다. K의 원소는 벡터이고 F의 원소는 스칼라가 된다. 왜 그런지 살펴보자. 먼저, K는 체이므로 덧셈에 관한 가환군이며, 이 덧셈이 벡터의 합성이다. 이제 F의 원소를 스칼라라고 생각하고 스칼라 배를 다음과 같이 정의하자.

임의의 $\lambda\in F$와 임의의 $v\in K$에 대하여 v의 λ에 의한 스칼라 배는 λv이다. 즉, v의 λ에 의한 스칼라 배는 K에서의 곱셈이다.

F가 K의 부분체, 즉 K가 F의 확대체이면, K는 체의 구조는 물론이거니와 벡터공간의 구조도 가진다는 것을 알 수 있다. 앞에서 소개한 $\mathbb{Q}(\sqrt{2})$는 $\mathbb{Q}$의 확대체이므로 $\mathbb{Q}(\sqrt{2})$는 $\mathbb{Q}$ 위의 벡터공간이다. 이에 대해 더 자세히 살펴보기 위해 다음과 같은 두 개의 벡터를 생각해 보자.

$$a+b\sqrt{2}, \qquad c+d\sqrt{2}$$

여기서 a, b, c, d는 유리수이다.

이 두 벡터의 합성은 체 $\mathbb{Q}(\sqrt{2})$에서의 덧셈으로서 다음과 같다.

$$(a+b\sqrt{2})+(c+d\sqrt{2})=(a+c)+(b+d)\sqrt{2}$$

두 벡터 $a+b\sqrt{2}$와 $c+d\sqrt{2}$의 합성은 $(a+c)+(b+d)\sqrt{2}$인 것이다. 이제 벡터 $a+b\sqrt{2}$와 스칼라 $c\in\mathbb{Q}$를 생각해 보자. 벡터 $a+b\sqrt{2}$의 스칼라 c에 의한 스칼라 배는 $\mathbb{Q}(\sqrt{2})$의 두 원소 $a+b\sqrt{2}$와 c의 곱으로서 다음과 같다.

$$c(a+b\sqrt{2})=ca+cb\sqrt{2}$$

벡터 $a+b\sqrt{2}$의 스칼라 c에 의한 스칼라 배는 $ca+cb\sqrt{2}$인 것이다.

여광: K가 F의 확대체이면, K 그 자체로도 멋진 대수적 구조입니다. 그런데 K가 F의 원소를 스칼라로 가지는 벡터공간의 구조까지 가지므로 K에 대하여 많은 이야기를 할 수 있겠습니다.

여휴: 그렇습니다. K는 덧셈에 관한 가환군의 구조, 덧셈과 곱셈에 관한 체의 구조, 덧셈과 스칼라 배에 관한 벡터공간의 구조 모두를 가집니다.

여광: 다항식의 가해성 문제는 결국 주어진 다항식의 근이 '어떠한 꼴이냐'이잖아요. 다항식의 계수가 유리수이므로 유리수체 $\mathbb{Q}$의 여러 확대체가 필요할 것 같습니다.

여휴: $\mathbb{Q}$에서 출발하여 체의 구조를 유지하고 다항식의 근이 포함되도록 수 체계가 점점 확장되어 갈 것입니다. 이 과정에서 확대체의 원소를 면밀히 관찰하여야 하므로 가환군, 체, 벡터공간의 구조 등이 많은 도움이 될 것입니다.

---

4. 대수적 구조의 비교

두 집합을 비교하는 가장 효율적인 방법은 함수를 이용하는 것이다. 예를 들어, 두 집합 X, Y 사이에 일대일대응이 존재하면 두 집합 X, Y는 '대등하다[equipotent]'

고 한다. 사실, '대칭'은 두 집합의 대등과 직접적인 관련이 있다. 집합 {1, 2, 3} 위에서의 일대일대응^{one-to-one correspondence}은 모두 여섯 개 있으며, 그들은 1, (123), (132), (12), (13), (23)이다. 이들이 집합 {1, 2, 3}을 변화시키지 않는 치환들 전체이다. 결국 치환이라는 것은 주어진 집합을 변화시키지 않는 함수이고, 이러한 함수를 그 집합의 대칭이라고 한다.

대수적 구조를 비교할 때에도 함수를 이용한다. 다만, 이때에는 각각의 구조에 존재하는 연산에 유념하여야 한다. 왜냐하면 대수적 구조에서는 연산이 중요하기 때문이다.

여광: 수 체계를 확장할 때에도 연산을 중요하게 여겼는데 대수적 구조를 비교할 때에도 그렇군요.

여휴: 추상대수학에서 연산은 핵심입니다. 추상대수학은 주어진 집합과 거기에 정의된 연산에 관한 연구라고 할 수 있습니다. 즉, 대수적 구조라는 것은 연산에 관한 구조라고 할 수 있는 겁니다.

여광: 두 개의 집합을 비교할 때에는 '일대일대응'이면 만족합니다. 그러나 두 개의 대수적 구조를 비교할 때에는 상황이 다르겠군요.

여휴: 그렇습니다. 두 개의 대수적 구조를 비교할 때에는 일대일대응보다 더 우선적으로 각각의 구조에 존재하는 연산을 살펴야 합니다.

집합 {1, −1}에서 곱셈을 생각해 보자. 다음은 그 연산표이다.

	1	−1
1	1	−1
−1	−1	1

군의 구조가 보일 것이다. 예를 들어, 1이 항등원이고, −1의 역원은 −1이다. 이번에는 앞에서 만든 군 $\mathbb{Z}_2 = \{0, 1\}$을 생각해 보자. 다음이 연산표이다.

	0	1
0	0	1
1	1	0

군의 구조가 보이는가? 예를 들어, 0이 항등원이고, 1의 역원은 1이다. 위의 두 군은 다를까? 겉모습은 분명히 다르다. 집합도 다르고 연산도 다르다. 그러나 겉모습을 유념하지 않고 대수적 구조만을 본다면 어떨까? 같다고 볼 수 있다. 옷만 갈아 입힌 동일한 물건이다. 이처럼 주어진 두 개의 군이 있다고 할 때, 겉모습은 달라 보여도 대수적으로는 같을 수 있다. 이런 경우를 위해 다음 정의를 보자.

군 G에서 군 G'으로의 일대일대응 $f : G \rightarrow G'$이 임의의 $a, b \in G$에 대하여 $f(a \circ b) = f(a) * f(b)$를 만족시킬 때, 이 함수 f를 G에서 G'으로의 동형사상^{isomorphism}이라고 하고, G와 G'을 동형^{isomorphic}이라고 하며, $G \simeq G'$과 같이 나타낸다.

위의 $f(a \circ b)$에서 $a \circ b$는 군 G에 속한 두 원소 a와 b의 G에서의 연산 결과이고, $f(a) * f(b)$는 군 G'에서의 두 원소 $f(a)$와 $f(b)$의 연산 결과이다.

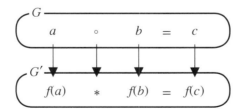

다시 말하면, 군 G에서의 연산은 $\circ$이고 군 G'에서의 연산은 $*$이다. 몇 가지 예를 들어 보자.

실수 전체의 집합 $\mathbb{R}$은 덧셈에 관하여 군이다. 함수 $f(x)=x^3$은 $\mathbb{R}$에서 $\mathbb{R}$로의 일대일대응이지만 '임의의 $a, b \in \mathbb{R}$에 대하여 $f(a+b)=f(a)+f(b)$'라고 할 수 없으므로 함수 f는 동형사상이 아니다. 우리가 친숙하게 알고 있는 일대일대응이 동형사상이 아닐 수 있다. 한편, 함수 $g(x)=2x$는 군 $\mathbb{R}$에서 군 $\mathbb{R}$로의 동형사상이다.

앞에서 계산한 상군에 대해서 다음을 알 수 있다.

$$S_3/A_3 \simeq S_4/A_4 \simeq S_5/A_5 \simeq \mathbb{Z}_2$$

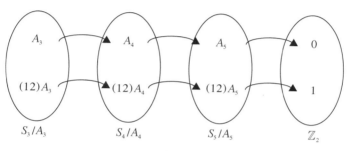

그림 V-13

다음 그림으로 나타낸 일대일대응은 동형임을 확인할 수 있다.

$$S_4/V_4 \simeq S_3$$

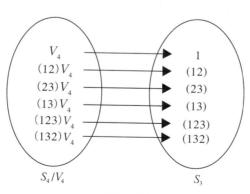

그림 V-14

여광: 사람 사는 사회에서 '비교'는 피할 수 없는 현실인 듯합니다.

여휴: 저도 그런 생각이 들어요. 두 사람을 비교한다는 것이 가능하지도 않고 유의미하지도 않은데 말입니다.

여광: 수학적 대상을 비교하는 것도 아주 흔한 수학적 행위인 듯합니다.

여휴: 수학적 대상의 경우에는 비교하는 것이 가능할 뿐만 아니라 매우 중요합니다.

여광: 보통의 함수는 두 집합을 비교하기 위하여 사용되지만 두 개의 대수적 구조를 비교할 때에는 특별한 성질을 만족시키는 함수를 사용하는군요.

여휴: 그럴 수밖에 없어요. 원소들 사이의 구조를 고려하지 않는 단순한 집합에서는 일대일대응one-to-one correspondence은 좋은 함수입니다. 비교하고자 하는 두 집합의 농도cardinality가 같다는 것을 말할 수 있기 때문입니다. 예를 들어, 정수 전체의 집합 $\mathbb{Z}$와 짝수 전체의 집합 $2\mathbb{Z}$를 집합론의 관점에서 비교하여 봅시다. $\mathbb{Z}$의 임의의 원소 n을 $2\mathbb{Z}$의 원소 $2n$으로 대응시키는 함수

$$f : \mathbb{Z} \rightarrow 2\mathbb{Z}$$

$$n \rightarrow 2n$$

은 $\mathbb{Z}$와 $2\mathbb{Z}$ 사이의 일대일대응입니다. 따라서 두 집합 $\mathbb{Z}$와 $2\mathbb{Z}$는 대등equipotent합니다. 비록 $2\mathbb{Z}$는 $\mathbb{Z}$의 진부분집합proper subset이지만 집합론 관점에서 두 집합은 대등한 것입니다.

여광: 그러나 집합에 어떤 수학적 구조mathematical structure가 존재하면 그때 요구되는 함수도 다르게 되는군요.

여휴: 그 경우에 중요한 것은 비교하는 대상의 농도가 아니고 구조이기 때문입니다. 예를 들어, $\mathbb{Z}$와 $2\mathbb{Z}$에서 덧셈 구조를 생각하면 앞에서 생각한 함수 $f(n)=2n$은 의미가 있습니다. $f(m+n)=2(m+n)=2m+2n=f(m)+f(n)$이므로 덧셈 연산을 보존하기 때문입니다. 그러나 $\mathbb{Z}$와 $2\mathbb{Z}$에서 곱셈 구조를 생각하면 $f(n)=2n$은 쓸모없는 함수입니다. 다음 관계에서 보듯 곱셈 연산을 보존하지 않기 때문입니다.

$$f(m \times n)=2(m \times n)=2 \times m \times n \neq 2m \times 2n=f(m) \times f(n)$$

여광: $\mathbb{Z}$의 임의의 원소 n을 $\mathbb{Z}$의 원소 $n+2$로 대응시키는 함수

$$f : \mathbb{Z} \to \mathbb{Z}$$
$$n \to n+2$$

는 일대일대응이므로 집합론 관점에서는 의미 있는 함수이겠으나 덧셈 구조 관점에서는 무의미하겠습니다.

여휴: 좋은 예입니다. 그 함수는 덧셈을 보존하지 않습니다.

여광: 해석학이나 위상수학에 자주 등장하는 함수는 연속함수continuous function 같습니다.

여휴: 해석학이나 위상공간에서는 연산보다는 거리 개념이 중요한 역할을 합니다. 그러한 공간을 비교하고자 할 때에는 함수에 의하여 거리 관계가 어떻게 변하는지가 관건입니다.

여광: 해석학에서 미분 가능differentiable함수나 가측measurable함수 등이 중요한 역할을 하는 이유도 같은 맥락에서 이해할 수 있겠군요.

여휴: 그렇습니다. 결국 수학적 대상을 비교하는 주요 도구는 함수라는 것이고 개개의 수학적 상황에 따라 요구되는 함수의 특징이 있는 것입니다.

여광: 두 개의 군을 비교할 때에는 각각의 군에 정의되어 있는 연산이 함수에 의하여 잘 보존되기를 요구합니다. 실수 전체의 집합 $\mathbb{R}$에서 $\mathbb{R}$로 정의되는 함수 $f(x)=x^3$을 생각합시다.

$$f : \mathbb{R} \to \mathbb{R}$$
$$x \to x^3$$

일대일대응이므로 집합론적으로 좋은 함수입니다. 연소함수이고 미분 가능한 함수이므로 해석학적으로도 좋은 함수입니다. 그러나 이 함수는 덧셈을 보존하지 않습니다. 따라서 $\mathbb{R}$을 덧셈에 관한 군의 구조로 볼 때에는 함수 $f(x)=x^3$은 전혀 무의미한 것입니다.

여휴: 군의 경우와 마찬가지로, 체의 경우에도 동형을 생각할 수 있습니다. 체의 경우에는 두 개의 연산이 있기 때문에 그 두 연산이 모두 함수에 의하여 잘 보존되기를 요구합니다. 벡터공간의 경우도 마찬가지입니다. 다만 벡터공간의 경우에는 스칼라 배는 연산이 아니지만 두 벡터공간의 스칼라 배가 함수에 의하여 잘 보존되기를 요구합니다. $\mathbb{R}$은 $\mathbb{R}$ 위에서 일차원 벡터공간입니다. 벡터공간 $\mathbb{R}$에

서 벡터공간 $\mathbb{R}$로의 함수 $f(x)=x^3$은 벡터의 합성과 스칼라 배 어느 것도 보존하지 않습니다. $\mathbb{R}$을 벡터공간의 구조로 볼 때 함수 $f(x)=x^3$은 전혀 무의미한 것입니다. 고려하는 구조가 무엇인가에 따라 함수의 이름과 '구조가 같다'라는 표현도 달라집니다. 예를 들어, 두 집합 사이에 일대일대응이 존재하면 두 집합은 '대등하다'고 하고, 두 개의 군 사이에 군의 구조를 보존하는 일대일대응이 존재하면 두 군은 '군동형이다group isomorphic'라고 합니다.

여광: 알겠습니다. 군에 관한 지금까지의 내용을 요약하여 보겠습니다. 군 G와 G의 정규부분군 N이 있다고 합시다. N에 의한 G의 상군 G/N를 얻습니다. 이렇게 얻은 상군이 어떠한 군인지, 즉 G/N가 우리가 이미 알고 있는 군 중에서 어떠한 군과 동형인지 살핍니다.

여휴: 잘 정리하셨습니다. 이 책에서 정규부분군으로부터 상군을 구성하는 절차가 간략히 설명되었지만 독자가 그 과정을 이해하는 데에는 어려움이 없을 것입니다. 정규부분군으로부터 상군을 구성하는 상세한 절차는 모든 '추상대수학' 또는 '현대대수학' 책에 설명되어 있습니다.

지난 여정에서 언어들이 생소하였을 것이다.
그러나 피할 수 없다. 갈루아가 전하지 않고는 떠날 수 없었던
그 비장한 유언을 이해하기 위해서는 이 새로운 언어와 표현에 익숙해져야 한다.

대수적 구조로서 군, 체, 벡터공간은 이 책의 핵심이다.
체는 덧셈에 관한 가환군의 구조에 곱셈에 관한 성질이 몇 가지 추가된 것이다.
유리수들의 덧셈과 곱셈에 관한 성질을 기억하면 된다.
벡터공간은 덧셈에 관한 가환군의 구조에 스칼라 배가 정의된 것이다.
좌표평면에서 벡터순서쌍의 덧셈과 스칼라 배를 생각하면 된다.

이 책에서 중요한 벡터공간은 확대체이다.
확대체는 기초체 위에서 벡터공간이다.
확대체의 원소는 벡터이고, 기초체의 원소는 스칼라이다.

제2부

다항식의 풀이: 추상대수학

최고의 수학자가 문제에 도전하다.

VI

합력하여 선을

오랫동안 답보 상태에 있던 오차다항식의 풀이에 관한 문제에 새로운 활력을 불러일으킨 사람은 라그랑주$^{J.\ Lagrange,\ 1736-1813}$이다. 타르탈리아와 카르다노 등의 업적 이후 200여 년이 흐른 후였다.

라그랑주는 다항식의 풀이에 지대한 관심을 가졌던 오일러의 학문적 제자였다. 라그랑주는 다항식의 풀이 문제를 새로운 각도에서 바라보았다. '라그랑지안 Lagrangian'이라는 개념으로 뉴턴에 의한 고전역학을 새롭게 구축한 그 사람이다[IV장]. 호기심이 많고 자유로운 영혼인 라그랑주는 수학자의 표본이다. 다항식^{方程式}의 풀이에 관한 라그랑주 관점의 핵심은 문제의 추상화^{抽象化}였다.

여휴: 지금부터 마음의 준비를 해야 할 것 같습니다.

여광: 다소 깊은 수학이 펼쳐질 예정인가 봅니다.

여휴: 그렇습니다. 평소 접할 수 있는 수학이 아닙니다. 수학자 외에는 이런 수학에 관심을 가지는 사람이 거의 없죠. 그러나 갈루아 유언을 이해하기 위해서는

이 수학을 피할 수 없습니다.

여광: 기왕에 나선 길인데 끝까지 가도록 해야죠.

여휴: 이 여행을 통하여 인류의 정신사에서 큰 역할을 하였음에도 불구하고 소란을 떨지 않고 묵묵히 그 자리에 있는 수학을 이해할 겁니다.

여광: 2,500여 년의 긴 세월에 걸친 모든 수학자의 발견이 하나도 버려지지 않고 생생한 기록으로 남아 큰 학문 체계를 이룬 수학을 이해하는 것은 수고를 기꺼이 할 가치가 있는 일이라고 생각합니다.

1. 근과 계수의 관계

'근과 계수의 관계'는 전에 들어 본 적이 있을 것이다. 주어진 다항식의 근과 다항식의 계수 사이에는 밀접한 관계가 있다. 예를 살펴볼까? 다항식 x^2-5x+6의 두 근은 2와 3이다. x^2-5x+6은 다음과 같이 인수분해 된다.

$$(x-2)(x-3)$$

근과 계수의 관계가 보이는가? 두 근의 합인 5는 $-$를 붙이면 다항식의 일차항 계수와 같고, 두 근의 곱인 6은 상수항이다. 식 $(x-x_1)(x-x_2)=x^2-(x_1+x_2)x+x_1x_2$에서 쉽게 알 수 있는 사실이다. 위 식에서 x_1+x_2와 x_1x_2를 x_1, x_2에 관한 '기본 대칭다항식elementary symmetric polynomial'이라고 한다.

이러한 근과 계수의 관계는 이차다항식에서만 성립하는 것이 아니다. 예를 들어, 삼차다항식의 경우 다음을 알 수 있다.

$$(x-x_1)(x-x_2)(x-x_3)$$
$$=x^3-(x_1+x_2+x_3)x^2+(x_1x_2+x_1x_3+x_2x_3)x-x_1x_2x_3$$

삼차다항식의 세 근의 적절한 형태의 합과 곱이 다항식의 계수와 관계가 있다는 것을 볼 수 있다. 위 식에서

$$x_1+x_2+x_3, \quad x_1x_2+x_1x_3+x_2x_3, \quad x_1x_2x_3$$

이 x_1, x_2, x_3에 관한 기본 대칭다항식이다. 우리가 관심을 가지고 있는 사차다항식과 오차다항식 그리고 그 이상 차수의 다항식에서도 마찬가지이다. 여기서 다음을 유념해야 한다.

다항식 x^3+ax^2+bx+c에 관한 근의 공식을 구하는 문제는 세 근 α, β, γ를 다항식의 계수 a, b, c의 덧셈, 뺄셈, 곱셈, 나눗셈 그리고 거듭제곱근을 사용하여 표현하는 것이다.

사차다항식과 오차다항식의 경우에도 근의 공식을 구하려는 시도는 각 다항식의 근을 주어진 다항식의 계수와 거듭제곱근으로 표현하는 것이다. 이렇게 볼 때, '근과 계수의 관계'는 주목할 만하다.

2. 라그랑주의 시도

델 페로, 타르탈리아, 카르다노, 페라리 등이 삼차다항식과 사차다항식을 해결한 이후, 여러 수학자들이 시도한 오차다항식의 풀이는 실패를 거듭했다. 도대체 일차, 이차, 삼차, 사차다항식은 풀리는데 왜 오차다항식은 풀리지 않는 것일까? 일차다항식의 풀이와 이차다항식의 풀이는 누가 봐도 자연스럽다. 그러나 삼차다항식과 사차다항식의 풀이는 분위기가 다소 다르다. 왜 그렇게 접근하였는지 자연스럽게 설명하기 곤란하다.

라그랑주는 일차, 이차, 삼차, 사차다항식과 오차다항식의 근본적인 차이를 탐구하기 시작했다. 차이를 알기 위해서 풀리는 다항식, 즉 일차, 이차, 삼차, 사차다항식의 공통된 특성을 찾아야 했다. 즉, 실제에서 이론으로 옮기는 시도이자 문제의 본질이 무엇인지 살피고자 하는 것이다. 이론화의 시도는 일반화와 추상화로 가는 길목이다.

그림 VI-1 라그랑주

가. 이차다항식

가장 간단한 이차다항식은 x^2-1이다. x^2-1의 두 근 1, -1에서 $(-1)^2=1$이므로 x^2-1의 두 근은 -1로 얻을 수 있다. 즉, $-1=(-1)^1$이고 $1=(-1)^2$이다.

이차다항식 x^2+ax+b의 두 근을 α, β라고 하고, $\alpha+(-1)\beta=\alpha-\beta$를 생각해보자. 여기서 α, β 각각의 앞에 곱해진 1과 -1은 각각 $(-1)^2$과 -1이다. 이제, $(\alpha-\beta)^2$에서 α, β의 위치를 서로 바꾸어 계산하여도 변하지 않으며 그 값은 근과

계수의 관계로부터 a^2-4b임을 알 수 있다.

　이때 대칭에 주목한다. 바로 주어진 다항식의 근 전체 집합의 대칭에 주목하는 것이다. 이를 위해 $(\alpha-\beta)^2$에 관하여 좀 더 자세히 살펴보자. 집합 $\{\alpha, \beta\}$의 대칭군은 $S_2=\{1, (12)\}$이다. 여기서 치환 1은 항등치환이고, 치환 (12)는 첫 번째 근 α를 두 번째 근 β로, 두 번째 근 β는 첫 번째 근 α로 대응시키는 것을 뜻한다. 즉, 각각의 치환은 다음과 같다.

$$1=\begin{cases}\alpha \mapsto \alpha \\ \beta \mapsto \beta\end{cases} \qquad (12)=\begin{cases}\alpha \mapsto \beta \\ \beta \mapsto \alpha\end{cases}$$

이제 $\alpha-\beta$는 항등대칭 1에 의해서 $\alpha-\beta$가 되고, 대칭 (12)에 의하여 $\alpha-\beta$가 된다. 따라서 $S_2=\{1, (12)\}$의 원소인 두 대칭 중 어느 것을 적용하여 $(\alpha-\beta)^2$을 계산하여도 그 값이 변하지 않는다는 것을 알 수 있다.

　$(\alpha-\beta)^2$과 같이 $\{\alpha, \beta\}$의 대칭군 $S_2=\{1, (12)\}$의 모든 원소에 의해 변하지 않는 식을 α, β에 관한 '대칭다항식symmetric polynomial'이라고 한다. 당연히 α, β에 관한 기본 대칭다항식은 α, β에 관한 대칭다항식이다. 다음 사실은 매우 유용하다.

　　　　모든 대칭다항식은 기본 대칭다항식의 다항식으로 표현된다.

다음의 QR 코드를 인식하면 한 가지 증명을 볼 수 있다.

다음을 알 수 있다.

　S_2의 원소인 모든 대칭에 의하여 $(\alpha-\beta)^2$이 불변이면 $(\alpha-\beta)^2$은 다항식

x^2+ax+b의 두 근 α, β에 관한 대칭다항식이고, 이는 α, β에 관한 기본 대칭 다항식의 다항식으로 표현된다. 그런데 α, β의 기본 대칭다항식 $\alpha+\beta$, $\alpha\beta$는 다항식 x^2+ax+b의 근과 계수의 관계에 의하여 다음과 같이 주어진다.

$$\alpha+\beta=-a$$

$$\alpha\beta=b$$

따라서 $(\alpha-\beta)^2$은 a와 b의 다항식으로 표현된다. 실제로 $(\alpha-\beta)^2=(\alpha+\beta)^2-4\alpha\beta=a^2-4b$이다.

여기서 $\alpha-\beta$가 나오는데 $\alpha+\beta$는 이미 알고 있으므로 α와 β를 쉽게 구할 수 있다. 이렇게 이차다항식의 근을 구한 것이다.

나. 삼차다항식

앞에서 살펴본 과정을 삼차다항식에 적용해 보자. 가장 간단한 삼차다항식 x^3-1의 세 근은 1, ω, ω^2이다. 여기서 ω는 $\dfrac{-1+\sqrt{3}i}{2}$이다. $\omega^3=1$이므로 ω로부터 세 근을 모두 얻을 수 있다.

삼차다항식 x^3+ax^2+bx+c의 세 근을 α, β, γ라고 하고, $s=\alpha+\omega\beta+\omega^2\gamma$를 생각해 보자. 여기서 α, β, γ 각각의 앞에 곱해진 1, ω, ω^2은 각각 ω^3, ω, ω^2이다.

그렇다면 $s^3=(\alpha+\omega\beta+\omega^2\gamma)^3$을 생각해 보자. 라그랑주가 주목한 것은 대칭에 관한 s^3의 성질이다. 그 성질이 무엇인지 알아보자. 집합 $\{\alpha, \beta, \gamma\}$의 대칭군은 $S_3=\{1, (12), (13), (23), (123), (132)\}$이다. 여기서도 S_3의 원소가 뜻하는 바는 앞에서 설명한 것과 같다. 예를 들어, α, β, γ에 (12) 대칭을 적용한다는 말은 첫 번째 α가 두 번째 β로, 두 번째 β가 첫 번째 α로 바뀌고, 세 번째 γ는 변하지 않는다는 것이다. 따라서 S_3의 원소는 다음과 같다.

$$1=\begin{cases}\alpha\mapsto\alpha\\ \beta\mapsto\beta\\ \gamma\mapsto\gamma\end{cases} \qquad (123)=\begin{cases}\alpha\mapsto\beta\\ \beta\mapsto\gamma\\ \gamma\mapsto\alpha\end{cases} \qquad (132)=\begin{cases}\alpha\mapsto\gamma\\ \beta\mapsto\alpha\\ \gamma\mapsto\beta\end{cases}$$

$$(12)=\begin{cases}\alpha\mapsto\beta\\ \beta\mapsto\alpha\\ \gamma\mapsto\gamma\end{cases} \qquad (13)=\begin{cases}\alpha\mapsto\gamma\\ \beta\mapsto\beta\\ \gamma\mapsto\alpha\end{cases} \qquad (23)=\begin{cases}\alpha\mapsto\alpha\\ \beta\mapsto\gamma\\ \gamma\mapsto\beta\end{cases}$$

이제 S_3의 모든 원소가 ω를 고정시킨다고 하자. 그럼 S_3의 원소 각각에 관하여 $(\alpha+\omega\beta+\omega^2\gamma)^3$은 두 개의 값을 취한다. 실제로 세 개의 대칭 1, (123), (132) 중 어느 것을 적용하여도 $s^3=(\alpha+\omega\beta+\omega^2\gamma)^3$과 $t^3=(\alpha+\omega^2\beta+\omega\gamma)^3$은 변하지 않는 다. 여기서 $t=\alpha+\omega^2\beta+\omega\gamma$이다.

여휴: 이제 막 확인한 바가 대수학의 역사를 바꾸게 될 것입니다. 이는 다항식의 풀이에서 대칭의 역할을 주목하게 만든 사건입니다.

여광: 그렇다면 라그랑주 이후에 정립된 군론으로 이 부분을 다시 설명해 보면 어떨까요?

여휴: 좋은 제안입니다. '세 개의 대칭 1, (123), (132) 중 어느 것을 적용하여도 $s^3=(\alpha+\omega\beta+\omega^2\gamma)^3$과 $t^3=(\alpha+\omega^2\beta+\omega\gamma)^3$은 변하지 않는다'라는 이야기는 s^3과 t^3이 S_3의 정규부분군 A_3에 의하여 변하지 않는다는 이야기입니다. 군 A_3은 위 수가 소수 3인 가환군이고, 상군 S_3/A_3은 위수가 소수 2인 가환군입니다. 이는 처음에 주어진 삼차다항식의 풀이가 $X^3=B$ 꼴 하나와 $X^2=A$ 꼴 하나의 풀이로 귀착된다는 것을 뜻합니다.

여광: 라그랑주는 자신이 중요한 일을 한다는 것을 명확히 인지하지는 못했군요.

한편 나머지 세 개의 대칭 (12), (13), (23) 중 어느 것이라도 s^3에 적용하면 t^3이 되고, t^3에 적용하면 s^3이 된다. 따라서 s^3+t^3과 s^3t^3의 값은 S_3 중 어느 것을 적용하여도 변하지 않는다. s^3+t^3과 s^3t^3은 다항식 x^3+ax^2+bx+c의 세 근 α, β, γ

에 관한 대칭다항식이므로 α, β, γ에 관한 기본 대칭다항식의 다항식으로 표현되며, 결국은 x^3+ax^2+bx+c의 계수 a, b, c의 다항식으로 표현된다. 계산의 수고를 조금 하면 다음을 얻을 수 있다.^{QR 코드를 통해 자세한 계산 과정을 볼 수 있다}.

$$s^3+t^3=-2a^3+9ab-27c$$
$$s^3t^3=a^6-9a^4b+27a^2b^2-27b^3=(a^2-3b)^3$$

이차다항식

$$(X-s^3)(X-t^3)$$
$$=X^2-(s^3+t^3)X+s^3t^3$$
$$=X^2+(2a^3-9ab+27c)X+(a^2-3b)^3$$

의 두 근 s^3, t^3을 구하고 $st=a^2-3b$가 되도록 s와 t를 구할 수 있다. 이제 α, β, γ에 관한 다음 일차연립방정식을 생각해 보자.

$$\begin{cases} \alpha+\beta+\gamma=-a \\ \alpha+\omega\beta+\omega^2\gamma=s \\ \alpha+\omega^2\beta+\omega\gamma=t \end{cases}$$

이것은 미지수가 세 개^{α, β, γ}인 일차연립방정식이다. 계산이 다소 복잡하겠지만 중학교 수학으로도 풀 수 있다. 실제로 풀면 다음을 얻는다.

$$\alpha=\frac{-a+s+t}{3}$$
$$\beta=\frac{-a+\omega^2s+\omega t}{3}$$
$$\gamma=\frac{-a+\omega s+\omega^2 t}{3}$$

여기서 s와 t는 a, b, c와 그들의 적절한 거듭제곱근으로 나타낼 수 있으므로, 다항식 x^3+ax^2+bx+c의 세 근 α, β, γ는 다항식 x^3+ax^2+bx+c의 계수 a, b, c와 그들의 거듭제곱근 그리고 ω, ω^2 등으로 나타난다. 위의 풀이 과정에 따라 방정식 $x^3-3x-4=0$을 풀면 다음 세 개의 해를 구할 수 있다.

$$\sqrt[3]{2-\sqrt{3}}+\sqrt[3]{2+\sqrt{3}}$$

$$\sqrt[3]{2-\sqrt{3}}\,\omega^2+\sqrt[3]{2+\sqrt{3}}\,\omega$$

$$\sqrt[3]{2-\sqrt{3}}\,\omega+\sqrt[3]{2+\sqrt{3}}\,\omega^2$$

> **여휴:** 라그랑주가 시도하고 있는 방법의 특징이 무엇인지 분명하지요?
>
> **여광:** 이차다항식과 삼차다항식의 풀잇법은 이미 알려졌습니다. 라그랑주의 관심은 오차다항식의 풀이이기 때문에 이차, 삼차, 사차다항식의 해법을 면밀하게 살핀 것이군요.
>
> **여휴:** 그는 이차다항식과 삼차다항식에 적용한 것과 동일한 시도를 사차다항식에 한 것입니다. 라그랑주가 시도한 방법의 핵심은 '대칭'에 주목한다는 것입니다.
>
> **여광:** 수학자가 대칭에 주목하기 시작한 것은 1800년경이군요. 뇌터와 아인슈타인 등이 물리학에서의 대칭의 중요성을 인지한 것은 1900년경이고요.

다. 사차다항식

대칭을 주목하면 사차다항식의 경우도 접근할 수 있다. 사차다항식 $x^4+ax^3+bx^2+cx+d$의 네 근을 $\alpha, \beta, \gamma, \delta$라고 해 보자. 라그랑주가 주목한 식은 다음과 같다.

$$s=\alpha\beta+\gamma\delta$$

$$t=\alpha\gamma+\beta\delta$$

$$u=\alpha\delta+\beta\gamma$$

이 식들은 S_4의 정규부분군 $V_4=\{1, (12)(34), (13)(24), (14)(23)\}$에 의하여 불변이다. 더 나아가, 세 개의 식 s, t, u 각각은 S_4의 원소 어느 것으로 변환해도 그 중 하나가 된다. 세 식 $s+t+u$, $st+su+tu$, stu 모두는 $\alpha, \beta, \gamma, \delta$에 관한 대칭다항식이므로 $x^4+ax^3+bx^2+cx+d$의 계수 a, b, c, d의 다항식으로 표현된다. 실제

로 약간의 계산을 하면 다음을 알 수 있다QR 코드를 통해 자세한 계산 과정을 볼 수 있다.

$$s+t+u=b$$

$$st+su+tu=ac-4d$$

$$stu=-(4bd-a^2d-c^2)$$

즉,

$$(W-s)(W-t)(W-u)$$

$$=W^3-bW^2+(ac-4d)W+(4bd-a^2d-c^2)$$

$$=0$$

이다. 삼차다항식을 풀 수 있으니 계산하여 s, t, u를 구한다.

여광: 삼차방정식 $W^3-bW^2+(ac-4d)W+(4bd-a^2d-c^2)=0$을 풀기 위해 $X^2=A$ 꼴 하나와 $X^3=B$ 꼴 하나를 풀겠군요.

여휴: 그렇습니다.

앞에서 구한 s, t, u 중에서 하나를 택하자. 예를 들어, $s=\alpha\beta+\gamma\delta$를 택하고 다음 이차방정식을 생각해 보자.

$$(V-\alpha\beta)(V-\gamma\delta)=V^2-(\alpha\beta+\gamma\delta)V+\alpha\beta\gamma\delta=V^2-sV+d=0$$

이 방정식을 풀면 두 개의 해 $r_1=\alpha\beta$와 $r_2=\gamma\delta$를 구할 수 있다.

여광: 이 단계에서 $X^2=A$ 꼴 하나를 풀겠군요.

여휴: 그렇습니다.

이제 $\alpha\beta$를 알기 때문에 $\alpha+\beta$를 구하면 α, β를 구할 수 있다. $\alpha+\beta$를 구하는 것은 어렵지 않다. 방정식 $x^4+ax^3+bx^2+cx+d$에서 근과 계수의 관계로부터 다음을 알 수 있다.

$$-c=\alpha\beta\gamma+\alpha\delta+\alpha\gamma\delta+\beta\gamma\delta=r_1(\gamma+\delta)+r_2(\alpha+\beta)$$

$$-a=\alpha+\beta+\gamma+\delta$$

위의 관계에서 얻은 연립방정식 $\begin{cases} r_2(\alpha+\beta)+r_1(\gamma+\delta)=-c \\ (\alpha+\beta)+(\gamma+\delta)=-a \end{cases}$ 로부터 $\alpha+\beta=\dfrac{-ar_1+c}{r_1-r_2}$ 임을 알 수 있다. 따라서 α, β를 구할 수 있다.

> **여광**: 이 단계에서 $X^2=A$ 꼴 하나를 또 풀겠군요.
>
> **여휴**: 예. $\alpha\beta$와 $\alpha+\beta$로부터 α, β 각각을 구하려면 이차방정식을 하나 더 풀어야 하죠.

지금까지의 절차를 따라 다항식 $x^4+2x+\dfrac{3}{4}$의 네 개의 근을 구하면 다음과 같다.

$$-\frac{1}{2}\sqrt{\sqrt[3]{2-\sqrt{3}}+\sqrt[3]{2+\sqrt{3}}}+\frac{1}{2}\sqrt{-\sqrt[3]{2-\sqrt{3}}-\sqrt[3]{2+\sqrt{3}}+\frac{4}{\sqrt{\sqrt[3]{2-\sqrt{3}}+\sqrt[3]{2+\sqrt{3}}}}}$$

$$-\frac{1}{2}\sqrt{\sqrt[3]{2-\sqrt{3}}+\sqrt[3]{2+\sqrt{3}}}-\frac{1}{2}\sqrt{-\sqrt[3]{2-\sqrt{3}}-\sqrt[3]{2+\sqrt{3}}+\frac{4}{\sqrt{\sqrt[3]{2-\sqrt{3}}+\sqrt[3]{2+\sqrt{3}}}}}$$

$$\frac{1}{2}\sqrt{\sqrt[3]{2-\sqrt{3}}+\sqrt[3]{2+\sqrt{3}}}-\frac{1}{2}\sqrt{-\sqrt[3]{2-\sqrt{3}}-\sqrt[3]{2+\sqrt{3}}-\frac{4}{\sqrt{\sqrt[3]{2-\sqrt{3}}+\sqrt[3]{2+\sqrt{3}}}}}$$

$$\frac{1}{2}\sqrt{\sqrt[3]{2-\sqrt{3}}+\sqrt[3]{2+\sqrt{3}}}+\frac{1}{2}\sqrt{-\sqrt[3]{2-\sqrt{3}}-\sqrt[3]{2+\sqrt{3}}-\frac{4}{\sqrt{\sqrt[3]{2-\sqrt{3}}+\sqrt[3]{2+\sqrt{3}}}}}$$

이 과정에서 풀게 되는 삼차방정식 $(W-s)(W-t)(W-u)=0$은 앞에서 푼 $W^3-3W-4=0$이다. 다음은 라그랑주와 플라나 사이에 있었을 법한 가상대화이다. 플라나는 라그랑주의 제자 중 한 명이다.

> **플라나**: 계산이 많이 필요하기는 하지만 사차다항식의 풀이 과정은 삼차다항식의 풀이 과정과 같군요.

라그랑주: 그렇단다. 역사적으로도 삼차다항식의 풀이 방법이 알려진 직후 사차다항식의 풀이 방법도 발견되었어.

플라나: 일반적인 삼차다항식의 풀이는 $X^3=B$ 꼴 한 개와 $X^2=A$ 꼴 한 개의 풀이로 귀착되듯이, 일반적인 사차다항식의 풀이도 $X^3=B$ 꼴 한 개와 $X^2=A$ 꼴 세 개의 풀이로 귀착되는군요.

라그랑주: 자, 이제는 오차다항식이지?

플라나: 저도 그게 궁금한데 오차다항식 경우도 비슷한 과정으로 풀 수 있을 것 같아요. 물론 계산은 정말로 많을 것 같고요.

라그랑주: 나도 그렇게 생각하고 있단다. 그런데 묘한 상황이 발생해. 지금까지의 방법을 오차다항식에 적용하여 여러 번 시도했는데 그때마다 실패했어.

플라나: 천하의 선생님께서 성공하지 못하셨다면 정말 어려운 문제인가 봐요.

라그랑주: 앞으로도 계속 시도할 거야. 수학자는 궁금한 문제가 있으면 평생 잊을 수 없어. 잊고 싶어도 안 된단다. 특히, 이 문제는 번번이 실패하지만 뭔가 참 이상하다는 느낌이 들어. 5는 4 더하기 1인데 그 1에 어떤 비밀이 있는 것 같아. 사실 3은 2 더하기 1이지만 이때의 1이 무엇인지 알기까지 거의 2,000년이 걸렸고, 4=3+1에서의 1은 쉬웠는데, 5=4+1에서 1은 어떤 것인지 참으로 궁금하구나.

그럼 지금까지의 이야기를 정리하여 보자. 사차다항식 $x^4+2x+\dfrac{3}{4}$의 네 근을 α, β, γ, δ라고 하고 $s=\alpha\beta+\gamma\delta$, $t=\alpha\gamma+\beta\delta$, $u=\alpha\delta+\beta\gamma$라고 하면 s, t, u 각각은 S_4의 정규부분군 V_4에 의하여 불변이고 S_4의 원소 가운데 어느 것으로 대칭변환을 시행하여도 그중 하나가 된다. 이 사실로부터 삼차방정식 $W^3-3W-4=0$의 해를 얻는다. 그림 Ⅵ-2를 보자.

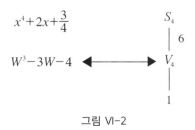

그림 Ⅵ-2

그림 Ⅵ–2의 오른쪽 부분은 그림 Ⅵ–3과 같다.

그림 Ⅵ-3

V_4가 S_4의 아래에 있고 두 군이 선분으로 이어져 있는 것이 보인다. 이는 'V_4는 S_4의 부분군'임을 뜻한다. 선분 옆에 쓰인 수 '6'은 S_4에서 부분군 V_4의 지수^{index}가 6이라는 뜻이고, V_4가 S_4의 정규부분군인 경우에는 상군 S_4/V_4의 위수가 6이라는 뜻과 같다. 이러한 그림을 격자도$^{\text{lattice diagram}}$라고 하는데, 부분체 또는 부분공간을 시각적으로 나타낼 때 유용하다.

여광: 지수^{index}와 위수^{order} 뜻을 다시 한 번 짚고 가면 좋겠어요.

여휴: V_4는 S_4의 부분군입니다. V_4는 S_4를 잉여류로 분할합니다. 그때 얻는 잉여류 개수가 지수^{index}입니다.

여광: V_4는 S_4의 정규부분군이므로 상군 S_4/V_4를 구성할 수 있습니다. 상군 S_4/V_4의 원소의 개수, 즉 상군 S_4/V_4의 위수가 S_4에서 부분군 V_4의 지수가 되겠네요.

여휴: 그렇습니다.

여광: 부분군 N이 정규부분군이 아니더라도 지수를 계산할 수 있죠?

여휴: 좋은 질문입니다. 미리 답을 한다면, 그렇습니다. 유한군 G의 부분군 N이 있다고 합시다. N이 정규부분군이 아니면 상군 G/N는 구성할 수 없습니다. 그러나 N을 이용하여 G를 분할할 수 있습니다. 그렇다면 분할 후에 유한개의 잉여류를 얻겠죠? 그 잉여류 개수가 G의 N에 의한 지수인 거죠.

S_4의 정규부분군 V_4는 삼차방정식 $W^3-3W-4=0$의 세 개의 해

$$\sqrt[3]{2-\sqrt{3}}+\sqrt[3]{2+\sqrt{3}}$$

$$\sqrt[3]{2-\sqrt{3}}\,\omega+\sqrt[3]{2+\sqrt{3}}\,\omega^2$$

$$\sqrt[3]{2-\sqrt{3}}\,\omega^2+\sqrt[3]{2+\sqrt{3}}\,\omega$$

를 얻게 한다.

이제 삼차방정식 $W^3-3W-4=0$의 풀이 과정은 상군 S_4/V_4의 구조 S_4/V_4의 대칭구조에 의하고, 원래의 사차다항식 $x^4+ax^3+bx^2+cx+d$의 네 근 α, β, γ, δ를 앞에서 구한 s, t, u로부터 구하는 풀이 과정은 군 V_4의 구조 V_4의 대칭구조에 의한다는 것을 알게 될 것이다.

라그랑주의 핵심 생각은 S_4의 정규부분군 V_4에 의한 $s=\alpha\beta+\gamma\delta$, $t=\alpha\gamma+\beta\delta$, $u=\alpha\delta+\beta\gamma$의 특별한 성질, 즉 대칭이다.

사차다항식의 풀이가 어떻게 느껴지는가? 삼차다항식의 풀잇법이 알려진 직후 '사차다항식을 풀 수 있는 방법'이 발견되었다. 그러나 일반적인 사차다항식을 실제로 푸는 것은 별도의 문제이다. 적지 않은 계산을 해야 하기 때문이다.

급하게 서두르지 않는다면 삼차다항식을 풀기 위한 계산은 할 만하지만 한 차수를 늘린 사차다항식의 경우는 만만치 않을 것 같다. 삼차다항식에서 사차다항식으로 가면 3!에서 4!로 변하는데, 이것은 복잡도 측면에서 현격한 차이이다.

요즘은 계산할 때 계산기 등의 도움을 받을 수 있지만 타르탈리아와 카르다노 시대에 일반적인 사차다항식을 푸는 것은 보통 인내를 요구하는 일이 아니었을 것이다. 게다가 당시에는 지금처럼 식의 표현이나 기호가 효율적이지 않았고, 음수 사용을 가급적 피했으며 복소수와 복소수의 거듭제곱근에 대해서는 정립되지 않은 상태였다. 만약 그들이 사차다항식의 풀이 방법으로 시합을 하였다면 임의로 주어진 문제를 풀어 네 개의 해를 모두 정확하게 제시하지 않았더라도 '삼차다항식이 풀린다면 사차다항식은 어떻게 풀 수 있는지' 과정을 설득력 있게 제시한 것만으로도 충분했을 것 같다.

여광: 라그랑주가 사차다항식에 관하여 수행한 작업도 현대 수학 용어로 다시 설명하여 봅시다.

여휴: 이번에는 여광 선생께서 수고하시면 어떻겠습니까?

여광: 세 개의 식 s, t, u 각각이 S_4의 정규부분군 V_4에 의하여 불변입니다. 군 V_4는 위수가 4인 군이고 상군 S_4/V_4는 위수가 6인 군입니다. 다음에 어떻게 되는지 명확하지 않습니다.

여휴: 그렇군요. 우리가 아직 충분히 살피지 않았군요. 뒤에서 다시 살피겠지만 상군 S_4/V_4는 S_3입니다. 즉, 이 부분은 일반적인 삼차다항식의 풀이 과정에 해당합니다. 이때의 삼차방정식이 $W^3-3W-4=0$입니다.

여광: 삼차방정식 $W^3-3W-4=0$의 풀이는 $X^3=B$ 꼴 하나와 $X^2=A$ 꼴 하나의 풀이로 귀착됩니다. 실제로 S_4와 V_4 사이에는 정규부분군 A_4가 있습니다. 상군 S_4/A_4는 위수가 소수 2인 가환군이고, 상군 A_4/V_4는 위수가 소수 3인 가환군입니다. 상군 S_4/A_4가 $X^2=A$ 꼴 하나의 풀이에 해당하고, 상군 A_4/V_4가 $X^3=B$ 꼴 하나의 풀이에 해당합니다.

여휴: 훌륭합니다. 위수가 4인 군 V_4에 해당하는 방정식의 풀이는 $X^2=A$ 꼴 두 개가 될 것입니다. 실제로 $\{1, (12)(34)\}$를 N이라고 하면 N은 V_4의 정규부분군입니다. 따라서 V_4에 관한 문제는 정규부분군 N과 상군 V_4/N의 문제로 나누어 살필 수 있습니다. N과 V_4/N는 위수가 소수 2인 가환군입니다. 따라서 이들은 $X^2=A$ 꼴 두 개의 풀이에 해당합니다.

3. 군론적 표현

다음은 라그랑주가 정리한 것이 아니다. 그 당시에는 군의 개념이 없었다. 라그랑주 이후에 정립된 개념과 용어로 지금까지의 논의를 군론적으로group theoretically 기술하여 보자.

이러한 표현은 갈루아의 생각을 이해하는 데 도움이 될 것이다. 이 책에서는 S_3
과 S_4 그리고 다음 각각의 부분군들을 자주 언급할 것이다.

- 교대군 $A_3 = \{1, (123), (132)\}$는 $S_3 = \{1, (12), (13), (23), (123), (132)\}$의
  정규부분군이고, A_3에 의한 잉여류는 다음과 같이 두 개가 있다.

$$A_3 = \{1, (123), (132)\}$$

$$(12)A_3 = \{(12), (23), (13)\}$$

한편 S_3의 A_3에 의한 상군 S_3/A_3에서의 연산은 다음 표와 같다.

	A_3	$(12)A_3$
A_3	A_3	$(12)A_3$
$(12)A_3$	$(12)A_3$	A_3

한편, 군 $\mathbb{Z}_2$의 연산은 다음과 같다.

	0	1
0	0	1
1	1	0

결국 상군 S_3/A_3과 위수가 2인 군 $\mathbb{Z}_2$는 동형이다.

- S_4의 정규부분군 $V_4 = \{1, (12)(34), (13)(24), (14)(23)\}$에 의한 잉여류는
  다음과 같이 여섯 개가 있다.

$$V_4 = \{1, (12)(34), (13)(24), (14)(23)\}$$

$$(12)V_4 = \{(12), (34), (1324), (1423)\}$$

$$(23)V_4 = \{(23), (1342), (1243), (14)\}$$

$$(13)V_4 = \{(13), (1234), (24), (1432)\}$$

$$(123)V_4 = \{(123), (134), (243), (142)\}$$

$$(132)V_4 = \{(132), (234), (124), (143)\}$$

그렇다면 S_4의 V_4에 의한 상군 S_4/V_4는 무엇인지 살펴보자. 먼저, 앞에서 계산한 여섯 개의 잉여류로부터 상군 S_4/V_4가 대칭군 S_3과 매우 비슷하다는 것을 알 수 있다. 실제로 상군 S_4/V_4는 대칭군 S_3과 동형이다. 이를 증명하기 위해 다음 함수를 생각해 보자.

$$f : S_4/V_4 \longrightarrow S_3$$

$$\sigma V_4 \longmapsto \sigma$$

이 함수는 동형사상임을 어렵지 않게 확인할 수 있다.

여광: 라그랑주는 도대체 4와 5의 차이가 무엇인지 너무도 궁금했을 것 같습니다. 물론, 그 차이를 알아내는 것이 쉬운 문제가 아니라는 것도 그는 알았습니다. 삼차다항식과 사차다항식이 풀린 이후 오일러 등 걸출한 선배 수학자들이 예외 없이 도전했을 텐데 아무도 성공하지 못했다는 것은 그 문제의 난이도가 보통이 아니라는 것을 뜻했거든요.

여휴: 그렇다 하더라도 당시 최고의 수학자 라그랑주는 그냥 모르는 척 할 수 없었습니다. 그의 호기심도 그를 그냥 놔두지 않았을 겁니다.

'일차다항식은 왜 그렇게 쉽게 풀리나? 이차다항식도 큰 어려움 없이 풀린다. 왜 그럴까? 힘들긴 했지만 삼차다항식과 사차다항식도 풀린다.'

그들은 왜 풀리는지 다시 조목조목 살펴야 했습니다. 다시 말해 일차, 이차, 삼차, 사차다항식 모두에 일관되게 적용되는 그 방법이 왜 오차다항식에서는 무효한지 살펴야 했습니다.

여광: 그 과정에서 어렴풋이 대칭을 인식했을 것 같습니다.

여휴: 그의 어렴풋한 인식이 결국에는 대수학의 역사를 바꾼 겁니다.

여광: 라그랑주의 생각을 잘 이해하면 갈루아의 통찰을 이해하는 데 도움이 되겠죠?

여휴: 그렇습니다. 갈루아는 라그랑주 어깨 위에서 오차다항식의 가해성 문제를 해결하였기 때문입니다.

여광: 삼차다항식과 사차다항식의 경우를 꼼꼼하게 살펴보겠습니다. 사차다항식 $x^4+2x+\frac{3}{4}$을 푸는 과정에서 삼차다항식 x^3-3x-4를 풉니다. 사차다항식의 풀이를 이미 알려진 삼차다항식의 풀이로 귀착시키는 전략입니다.

여휴: $x^4+2x+\frac{3}{4}$의 네 근을 $\alpha, \beta, \gamma, \delta$라고 하면 $s=\alpha\beta+\gamma\delta$, $t=\alpha\gamma+\beta\delta$, $u=\alpha\delta+\beta\gamma$를 근으로 가지는 삼차다항식은 x^3-3x-4입니다. 여기까지가 라그랑주의 몫입니다. 갈루아는 사차다항식 $x^4+2x+\frac{3}{4}$의 풀이가 삼차다항식 x^3-3x-4의 풀이로 귀착되는 이유는 s, t, u가 S_4의 정규부분군 V_4에 의해 불변임을 설명할 겁니다. 상군 S_4/V_4는 S_3과 동형이므로 x^3-3x-4의 풀이는 $X^2=A$ 꼴과 $X^3=B$ 꼴의 풀이이고 따라서 $x^4+2x+\frac{3}{4}$ 풀이의 처음 두 단계가 무엇인지 알 수 있습니다.

일반적인 삼차다항식의 근의 모습은 복잡하다. 근의 모습이 비교적 간단한 삼차다항식으로서 이 책이 택한 것은 x^3-3x-4이다. 한편, 일반적인 사차다항식을 푸는 과정에서 삼차다항식을 풀어야 하는데 이 책이 사차다항식 $x^4+2x+\frac{3}{4}$을 택한 이유는 푸는 과정에서 이미 푼 x^3-3x-4를 이용하기 위함이다. 실제로, 사차방정식 $x^4+qx^2+rx+s=0$을 풀기 위해 삼차방정식 $t^3+\frac{q}{2}t^2+\left(\frac{q^2}{16}-\frac{s}{4}\right)t-\frac{r^2}{64}=0$을 풀어야 한다[44쪽]. $x^4+2x+\frac{3}{4}=0$의 경우에는 $t^3-\frac{3}{16}t-\frac{4}{64}=0$, 즉 $(4t)^3-3(4t)-4=0$으로서 $x^3-3x-4=0$을 풀어야 한다.

라그랑주는 이차다항식의 두 근 α, β에 의한 $(\alpha-\beta)^2$의 대칭성, 삼차다항식의 세 근 α, β, γ에 의한 $(\alpha+\omega\beta+\omega^2\gamma)^3$의 대칭성, 사차다항식의 네 근 $\alpha, \beta, \gamma, \delta$에 의한 $\alpha\beta+\gamma\delta$의 대칭성을 인지하였다.
그는 이들의 대칭성이 그 다항식들의 공통점인 것을 알았다.

그는 대칭에 주목하며 오차다항식의 풀이를 시도하였다.
그런데 참으로 이상한 일이 발생했다.
그의 방법을 삼차다항식에 적용하면 쉽게 풀 수 있는 매우 특별한 삼차다항식과 이차다항식으로 귀착되고, 사차다항식에 적용하면 삼차다항식 한 개와 이차다항식 세 개로 귀착되어 풀리는데, 오차다항식은 오히려 차수가 늘어난다.
결국 그 역시 실패했다.
그래도 그는 여전히 오차다항식의 풀이는 가능할 것으로 믿었다.

하지만 그의 생전에 상황은 반전된다. 그가 기대한 방향과는 달리….

빗장이 풀리다.

VII

이루지 못한 사랑

라그랑주는 오차다항식의 풀이 문제를 해결하지 못했지만 큰 전기를 마련하였다. 즉, 라그랑주는 문제를 새로운 시각에서 볼 수 있게 하였고, 문제 해결의 단초를 제공하였다. 그러나 문제는 그가 기대했던 방향으로 해결되지 않았다.

1. 루피니

삼차다항식과 사차다항식의 근을 구한 것은 이탈리아 수학계의 쾌거였다. 이탈리아 수학계는 그 자부심을 오차다항식에서도 유지하고 싶었을 것이다. 이 일에 나선 사람이 루피니[P. Ruffini, 1765-1822]였다. 그는 '일반적인 오차다항식의 근의 공식은 존재하지 않는다'는 사실의 체계적인 증명을 나름대로 제시한 첫 번째 사람이다.

루피니는 긴 논문을 통하여 일반적인 오차다항식의 근의 공식은 존재하지 않는다고 단정 지었다. 그러나 수학계의 반응은 기대에 미치지 못했다. 아무도 루피니의 논문을 꼼꼼하게 읽은 것 같지 않았다. 특히, 이탈리아어에 능통하고 해당 문제에 관한 한 권위자라고 할 수 있는 라그랑주의 반응은 무관심 또는 냉담했다. 루피니의 전체적인 논리 전개가 라그랑주에게 불편했을 것이다. 더욱이 루피니의 주장은 라그랑주의 기대에 반하는 것이었다.

엄밀한 수학적 관점에서 볼 때 루피니의 논리 전개는 장황하고 비약이 있었던 것은 사실이다. 루피니는 대학에서 수학을 가르친 적이 있지만, 그는 수학자라기보다는 경건한 철학자이자 약사였다. 후에 그의 수학적 능력은 인정되어 유명한 대학교University of Padua에서 수학 교수직 제안이 왔으나 거절했다. 그가 보살펴야 할 환자가 많아 거절했을 수도 있다.

그는 수학계에서 주류에 속하지 않았다. 그가 수학계 주류에서 활동하던 수학자였다면 그의 논문의 부족한 부분은 보완되었을 것이고 그의 공로는 충분히 인정받았을 것이다. 비록 그의 논문이 장황하였다고 하더라도 그를 꼼꼼하게 읽고 미진한 부분을 지적하여 주었더라면 그는 충분히 보완할 수 있었을 것이기 때문이다. 루피니는 그에 필요한 능력과 열정을 가지고 있었다.

선구적인 논문에 다소의 오류가 있는 것은 자연스럽지 않은가? 루피니는 '일반적인 오차다항식의 근의 공식은 존재하지 않는다'는 사실을 처음으로 선언한 선구적인 사람이다. 루피니의 논문 발표 후 거의 200년이 흐른 후인 1980년대에 몇 명의 전문가는 루피니 증명의 의의를 다시 면밀히 분석하였다. 그 가운데 일부 수학자는 루피니의 증명은 '근본적으로 성공적essentially successful'이라고 결론지었다.

코시는 루피니의 주장을 받아들이고 그를 칭찬하며 그의 결과를 인용한 주요 수학자 중 한 명이었다. 그러나 그는 루피니 증명의 약점을 지적하여 보완하는 수고는 하지 않았다. 루피니는 '수학계 주류의 텃세'를 경험한 것이 아니었을까?

그림 VII-1 루피니

여광: 루피니의 연구에 결정적인 영향을 끼친 수학자는 라그랑주이겠죠?

여휴: 그럴 겁니다. 루피니는 자기 연구 결과에 대해 라그랑주의 인정을 받고 싶어 했습니다.

여광: 다항식의 가해성에 관하여 '대칭'을 주목한 사람이 라그랑주만은 아니죠?

여휴: 물론입니다. 방데르몽드A. Vandermonde, 1735-1796라는 사람도 라그랑주와 비슷한 시기에 거의 같은 연구 성과를 발표하였습니다.

여광: 타르탈리아와 카르다노 이후 약 200간 오차다항식의 풀이는 수학계의 주요 화두였을 것이고, 데카르트와 오일러 등도 관심을 가졌을 것 같습니다.

여휴: 그렇습니다. 많은 수학자들의 연구 과정을 통해서 '대칭'에 대해 서서히 주목했을 겁니다.

여광: 수학의 역사를 보면 걸출한 사람에 의해 획기적인 진전이 이루어지지만, 그 이면에는 많은 사람들의 기여가 있었던 것을 알 수 있습니다.

여휴: 오차다항식의 가해성 문제가 대표적인 예라고 생각합니다. 아벨과 갈루아가 주연으로 등장하지만 그들의 앞과 뒤 그리고 곁에는 많은 조연이 있었습니다. 수학의 발전은 '합력하여 선을' 이루는 과정입니다.

여광: 카르다노는 삼차다항식이나 사차다항식의 풀잇법을 발견하는 역할은 하지 않았지만, 그러한 내용을 잘 정리해서 후세에 전해 수학의 발전에 기여했군요.

여휴: 카르다노의 공로는 인정해야 합니다. 사실, 그는 『Ars magna』 외에도 여러 권의 저서를 남겼습니다.

2. 대수학의 기본정리

수학의 각 분야마다 '기본정리fundamental theorem'가 있다. 기본정리는 한 분야에서 가장 기본이 되며, 가장 중요한 정리라고 할 수 있다. 대수학에는 수많은 정리들이 있는데 그 가운데 어떤 정리가 기본정리일까?

앞에서 이미 언급했듯이 대수학의 기본정리fundamental theorem of algebra란 'n차 복소수 계수 다항식은 복소수체 안에서 적어도 한 개의 근을 가진다'는 것이다. 이로부터 'n차 복소수 계수 다항식은 복소수체 안에서 n개의 근을 가진다'는 것을 알 수 있다. 이 정리는 가우스 이전부터 인정되고 있었지만 가우스C. Gauss, 1777-1855의 박사 학위 논문에 비교적 완벽한 증명이 실렸다고 본다.

대수학의 기본정리는 다항식의 근에 관한 것으로서 특히 그 근의 존재성을 언급하는데, 다항식의 가해성은 그 근의 형태에 관한 것이다. 다항식의 가해성에 관한 질문은 다음과 같다.

일반적인 오차다항식의 근은 모두 복소수체 안에 있는데 그 근 모두를 거듭제곱근을 사용하여 나타낼 수 있을까?

라그랑주의 연구 결과 이후에 일차, 이차, 삼차, 사차다항식의 경우와는 달리 오차다항식의 경우, 일반적인 근의 공식이 존재할 수 없다는 생각이 퍼지기 시작했다. 이 과정에서 가우스를 기억할 필요가 있다.

대수학의 기본정리를 증명한 가우스가 다항식의 실제 풀이에 무관했을 리 없었지만 그는 이 문제에 본격적으로 접근하지 않은 것으로 보인다. 물론, 그가 본격적으로 접근하였는데 유의미한 성과를 거두지 못했을 수는 있다. 알면 안다고 크게 이야기하지만, 못하면 못한다고 절대 이야기하지 않는 사람들이 수학자이기 때문이다.

그림 VII-2 가우스

그런데 가우스는 어떤 근거에서인지는 잘 알려져 있지 않지만 오차다항식의 근의 공식은 존재하지 않을 것이라고 생각했다. 천재의 직관은 근거가 없어도 무시할 수 없나 보다. 혹은 천재의 직관은 그 자체가 근거가 된다고 볼 수도 있다.

3. 코시

코시A. Cauchy, 1789-1857는 당시 수학계의 리더 중 한 사람으로, 수학의 여러 분야에 관심을 기울였고 실제로 많은 연구 업적을 쌓았다. 뉴턴과 라이프니츠가 확립한 미적분학의 아킬레스건이라고 할 수 있는 '무한소infinitesimal' 문제를 해소하는 '극한' 개념이나 '$\epsilon - \delta$ 논법'을 완성하는 데에도 결정적인 역할을 한 사람이다. 그는 또한 루피니의 연구 결과를 누구보다도 적극적이고 긍정적으로 평가한 사람이다.

그림 VII-3 코시

코시는 루피니의 결과를 인정하고 그의 이론을 더욱 발전시켰으며, 이는 훗날 아벨이 '일반적인 오차다항식의 근의 공식은 존재하지 않는다'고 증명할 때 중요한 역할을 하였다.

여광: 코시가 군론group theory의 초기 형성에 크게 기여하였지만 '군group'이라는 용어를 사용하지는 않았겠죠?

여휴: 다항식의 가해성에서 다항식의 근들 사이에 존재하는 대칭성, 즉 치환permutation이 중요한 역할을 한다는 것을 인지한 사람은 라그랑주, 루피니, 코시, 아벨, 갈루아 등이 있습니다. 그중 '군'이라는 용어를 처음으로 사용하고, 군을 대수적 구조로서 보다 명확히 인식한 사람은 갈루아입니다. 그러나 지금 우리가 알고 있는 군의 형식은 갈루아 이후 계속 진화한 결과입니다.

여광: 그런 과정을 거치면서 대수학이 추상화되었군요.

여휴: 그런 의미에서 '현대'대수학이 '추상'대수학이 된 것입니다. 즉, 새로운 대수학이 출현한 겁니다.

4. 아벨

문제 해결은 아벨N. Abel, 1802-1829의 몫이었다. 아벨은 다항식의 근에 관한 라그랑주와 코시의 논문은 읽었으나 루피니의 논문에 대해서는 알지 못했다. 당시 노르웨이는 수학계의 변방이었고, 루피니의 논문은 이탈리아어로 쓰였던 점이 주된 이유일 것이다.

아벨은 훗날 다른 사람의 논문을 통하여 루피니의 연구를 알게 되었다. 아벨은 자신보다 먼저 오차다항식의 불가해성을 연구한 학자루피니가 있었음을 인정했으나 그의 증명이 난해하고 온전하지 못하다고 생각했다.

가. 사랑하는 수학

아벨의 문제 해결 과정은 루피니의 방법과 근본적으로는 크게 다르지 않았다. 다만, 아벨의 논리는 분명하였고 깔끔하게 수학적으로 기술되었으며 논리의 비약이 없었다.

여광: 아벨의 증명 과정이 꽤 섬세하다고 들었습니다.

여휴: 특히 루피니가 간과한 부분의 증명이 꽤 까다롭습니다.

여광: 루피니는 간과한 부분의 증명이 어렵다고 생각하지 않았나 보죠?

여휴: 그런 것 같지는 않습니다. 루피니는 후에 그 부분을 여러 차례 보완하여 발표하였으나 수학계의 인정을 받지 못했습니다.

여광: 하지만 루피니의 논문을 읽은 코시는 그의 연구 결과를 인정하고 인용했다면서요?

여휴: 그렇습니다. 코시는 그 부분을 진지하게 문제 삼지 않았나 봅니다. 그러나 루피니 논문의 그 미진한 부분을 말끔하게 메꾼 사람은 아벨입니다.

여광: 참으로 냉엄한 후세 수학자들의 판단은 이해가 되지만 루피니 입장에서는 아쉽겠군요.

여휴: 루피니의 증명을 읽어 본 사람은 그에게 충분한 공을 돌립니다. 그래서 그들은 일반 오차다항식의 불가해성에 관한 아벨의 정리를 '루피니-아벨 정리'라고 부릅니다.

아벨이 논의한 다항식은 '일반 오차다항식general quintic polynomial'이다. 오차다항식 각각을 논의하지 않고 모든 오차다항식을 아우르는 일반적인 오차다항식을 생각한 것이다. 아벨은 일반 오차다항식의 경우에는 근의 공식이 존재하지 않는다는 것을 증명한 것이다. 즉, 어떤 오차다항식은 풀릴 수 있으나 그렇지 않은 오차다항식도 있다는 것을 뜻한다.

일반적인 오차다항식의 근의 공식이 존재하지 않으면 오차 이상인 임의의 차수 다항식도 일반적인 근의 공식이 존재할 수 없다는 것은 분명하다. 예를 들어 $f(x)$가 근의 공식이 없는 오차다항식이라고 하면, $g(x)=xf(x)$는 근의 공식이 없는 육차다항식이다.

아벨은 다항식의 가해성에 관한 연구 과정에서 군의 가환성commutativity이 다항식의 가해성에 결정적인 역할을 한다는 것을 알았다. 그의 이러한 업적은 후대에서도 인정되어 'Abelian group가환군'은 군론group theory의 기초 개념이 되었다.

실제로 군을 볼 때 가장 먼저 살피는 것은 '아벨 군인가 아닌가'이다. 그만큼 연산의 가환성이 군의 구조에 결정적인 영향을 미치는 것이다. 특히, 다항식의 가해성에서 가환성이 결정적인 역할을 한다는 것을 IX장에서 알게 될 것이다.

여광: 이 수학여행에서 아벨의 정리를 완전하게 증명하는 것은 어려운가요?

여휴: 이 책에서 자세히 소개하기는 무리일 것 같아요.

여광: 왜 그렇죠?

여휴: 여러 이유를 들 수 있어요. 첫째는 이 책의 주제인 갈루아 이론이 아벨의 정리를 함의한다는 겁니다. 갈루아 이론은 아벨의 정리를 품고 있는 것이죠. 둘째, 아벨의 접근은 갈루아와 다소 다릅니다. 갈루아는 주어진 다항식 개개에 관한 가해성을 판별하는 이론이지만 아벨은 '일반 n차다항식general n-th polynomial'을 논의합니다. 다시 말하면, 아벨은 '일반 오차다항식'을 통하여 오차다항식 전체를 한꺼번에 논의하는 겁니다.

여광: 갈루아는 주어진 다항식이 가해다항식인가 아닌가를 판별하는데, 아벨은 '일반 오차다항식은 거듭제곱근을 사용하여 풀리지 않는다'를 증명하는군요.

여휴: 맞습니다. 따라서 아벨의 증명을 온전하게 이해하려면 몇 개의 개념이나 용어를 추가로 소개하여야 합니다. 예를 들어, '일반 오차다항식'이 무엇인지부터 설명해야 하죠.

여광: 그렇다 하더라도 아벨의 증명은 나름의 가치가 있지 않을까요?

오차다항식의 풀이에 관한 아벨의 연구에서 주목할 것이 있다. 오차다항식의 서로 다른 근을 $\alpha, \beta, \gamma, \delta, \epsilon$이라고 할 때 다음 식을 생각해 보자.

$$(\alpha-\beta)(\alpha-\gamma)(\alpha-\delta)(\alpha-\epsilon)(\beta-\gamma)(\beta-\delta)(\beta-\epsilon)(\gamma-\delta)(\gamma-\epsilon)(\delta-\epsilon)$$

위 식의 값을 $\sqrt{S}$로 나타내면 $\sqrt{S}$는 서로 다른 두 근의 차difference를 모두 곱한 것이며, $S=(\sqrt{S})^2$은 S_5에 의하여 불변이고 $\sqrt{S}$는 A_5에 의하여 불변임을 알 수 있다. 아벨이 주목한 이 값은 중요한 역할을 할 것이다.

라그랑주와 아벨은 만난 적이 없지만 다음의 가상대화를 상상하여 보자.

라그랑주: $x+3+x=3+2$에서 실수 x는 얼마일까?

노벨: 1입니다.

라그랑주: 노벨이 매우 빨리 풀었구나. 훌륭하다. 아벨의 답은 뭐니?

아벨: 지금 풀고 있습니다. 조금만 기다려 주세요.

라그랑주: 아벨은 어려운 문제는 금방 풀던데 이 문제는 시간이 걸리는구나.

아벨: 선생님, 이제 막 풀었습니다.

라그랑주: 답이 뭐니?

아벨: 노벨의 답이 맞는 것 같습니다.

라그랑주: 맞다. 노벨의 답이 맞아. 그러니까 아벨의 답도 맞는 거지. 먼저 노벨

은 어떻게 풀었는지 발표해 볼까?

노벨: 발표할 필요가 없을 것 같아요. 문제를 보니 그냥 답이 보였어요.

라그랑주: 그렇구나. 그럼 아벨은 어떻게 풀었는지 발표해 볼까?

아벨: 시간이 좀 걸리는데 괜찮을까요?

라그랑주: 그럼. 수학은 빨리 풀고 늦게 푸는 것이 중요한 것은 아니란다.

아벨: 고맙습니다. 제 풀이 과정을 발표하겠습니다.

실수 전체의 집합 $\mathbb{R}$은 덧셈과 곱셈에 관하여 체의 구조를 가집니다. 덧셈에 관한 교환법칙에 의하여 주어진 식은 다음과 같습니다.

$$x+x+3=3+2$$

양변의 오른쪽에 3의 덧셈에 관한 역원을 더합니다.

$$x+x+3+(-3)=3+2+(-3)$$

위 식의 우변에 덧셈에 관한 교환법칙을 적용합니다.

$$x+x+3+(-3)=2+3+(-3)$$

그런 다음 양변에 덧셈에 관한 결합법칙을 적용합니다.

$$x+x+\{3+(-3)\}=2+\{3+(-3)\}$$

덧셈에 관한 항등원, 덧셈에 관한 역원의 정의에 의해 다음을 얻을 수 있습니다.

$$x+x+0=2+0$$

$$x+x=2$$

이때 1은 곱셈에 관한 항등원이므로 위의 마지막 식을 다음과 같이 쓸 수 있습니다.

$$1\times x+1\times x=2$$

위 식의 좌변에 덧셈에 관한 곱셈의 분배법칙을 적용합니다.

$$(1+1)\times x=2$$

$$2\times x=2$$

2는 0이 아니므로 곱셈에 관한 역원 $\frac{1}{2}$을 가집니다. 위 식의 양변 왼쪽에 $\frac{1}{2}$을 곱합니다.

$$\frac{1}{2}\times(2\times x)=\frac{1}{2}\times 2$$

위 식의 좌변에 곱셈에 관한 결합법칙을 적용합니다.

$$\left(\frac{1}{2}\times 2\right)\times x=\frac{1}{2}\times 2$$

$$1 \times x = \frac{1}{2} \times 2$$

곱셈에 관한 항등원과 역원의 정의에 의해 다음을 얻을 수 있습니다.

$$x = 1$$

따라서 답은 1입니다.

라그랑주: 노벨도 잘 풀었고, 아벨도 잘 풀었다. 아벨은 '문제를 빨리 푸느냐 천천히 푸느냐'보다는 다항식의 풀이에 관한 절차나 대수적 구조 등에 많은 관심을 기울였고, 노벨은 이 모든 과정을 한꺼번에 처리했구나.

노벨, 아벨: 고맙습니다.

나. 사랑하는 여인

슬픈 사랑의 시인 키츠[J. Keats, 1795-1821]와 같은 시대를 살다 간 아벨은 키츠와 같은 병을 앓고 키츠처럼 사랑을 이루지 못하였다. 아벨이 사랑한 여인은 크리스틴[Christine Kemp]이었는데, 크리스틴도 아벨처럼 가난하였다. 사랑하는 두 사람이 결혼

그림 Ⅶ-4 아벨

할 수 있는 길은 아벨이 수학적 능력을 인정받아 일자리를 얻는 것이었다. 아벨은 스승의 노력으로 프랑스와 독일 등으로 연구 출장을 갈 수 있는 약간의 재정 지원을 국가로부터 받았다. 아벨은 당시 수학계의 거물들에게 자신의 연구 결과를 알려 인정받기를 원했다.

다음은 필자의 상상이다. 그의 깊은 생각을 알아볼 수 없었던 이 땅에서 아벨의 마지막 나날들에 관한 가상대화이다.

아벨: 크리스틴, 좋은 소식이 있어.

크리스틴: 뭐예요?

아벨: 노르웨이에 조용히 있어서는 세계 주류 수학계의 인정을 받기는 어려워. 이번에 홀름보 선생님의 도움으로 수학의 본거지인 프랑스와 독일을 갈 수 있게 되었어.

크리스틴: 정말 잘 되었네요. 홀름보 선생님께 참 감사하군요. 건강하게 잘 다녀오세요.

아벨: 내 최근 연구 결과인 다항식의 가해성에 관한 논문을 포함해 연구 업적을 몇 부 인쇄했어. 가우스 선생님, 코시 선생님, 라그랑주 선생님, 그리고 르장드르 선생님 등을 만나 뵙고 내 연구 결과를 알려 드릴 수 있기를 바라고 있어.

크리스틴: 그분들은 참 훌륭한 수학자들인가 보네요. 그렇게 되면 정말 좋겠어요. 그럼 일자리도 얻을 수 있을 거예요.

아벨: 그럼, 그렇게 되어야지. 내가 일자리를 얻으면 우리 결혼합시다.

크리스틴: 그렇게 되기를 바라겠어요. 건강하게 잘 다녀오세요.

아벨은 큰 희망과 꿈을 가지고 유럽 연구 출장길에 올랐다. 그러나 일이 순탄치 않았다. 가우스나 코시 같은 거물들을 만나기도 쉽지 않았고, 논문을 남겼으나 묵묵부답이었다. 아벨은 큰 실망을 안고 귀국했다. 아벨의 탁월한 능력과 가치를 알고 있던 아마추어 수학자 크렐레Crelle는 아벨을 위한 연구비 지원을 위해 노력하였지만 허사였다.

　그 사이 아벨은 폐렴에 걸렸다. 병세는 점점 악화되었는데 영양 섭취가 부족한 상황이라 그럴 수밖에 없었을 것이다. 아벨은 1828년 성탄절에 사랑하는 연인 크리스틴을 만났다. 그때까지도 두 젊은 연인은 아름다운 꿈을 버리지 않았다. 새해엔 아벨이 직장을 얻어 결혼할 수 있을 것이라고 기대했던 것이다. 그러나 삼월이 지나도 반가운 소식은 없었다.

> **아벨:** 크리스틴, 미안해요.
>
> **크리스틴:** 무슨 말씀이세요.
>
> **아벨:** 내가 부족하여 크리스틴을 기쁘게 해 주지 못하는군요.
>
> **크리스틴:** 아니에요. 난 아벨이라는 훌륭한 수학자를 사랑하고, 당신에게 사랑받는 것으로 이미 기뻐요.
>
> **아벨:** 크리스틴, 미안해요. 난 크리스틴을 정말로 사랑해요.
>
> **크리스틴:** 아벨, 사랑해요.

　1829년 4월 6일, 아벨은 크리스틴이 지켜보는 가운데 숨을 거뒀다. 아벨의 한 여인에 대한 사랑은 그의 바람대로 이루어지지 않았다. 이틀 후, 크렐레에게서 기쁜 소식이 왔다. 아벨에게 일자리 제안이 왔다는 소식이었다. 그러나 아벨은 그 초청을 받을 수 없었다. 아벨의 수학에 대한 사랑은 생전엔 열매를 맺지 못했다. 아벨이 부른 '크리스틴'의 애칭은 '크렐리Crelly'였다.

여광: 앞에서 '슬픈 사랑의 시인 키츠'를 언급했잖아요.

여휴: 예, 그렇습니다. 아벨이 1802년에서 1829년까지 살았고, 키츠는 1795년부터 1821년까지 살았으니, 두 사람은 거의 같은 시대를 비슷한 기간 동안 산 거죠.

여광: 혹시 키츠의 슬픈 사연을 아시나요?

여휴: 자세히는 모르지만 조금 들은 바가 있습니다. 키츠는 23살에 지극한 사랑 파니Fanny를 만났습니다. 하지만 배고픈 시인은 그 여인을 행복하게 할 수 없었습니다. 그는 사랑을 이루고 자신이 사랑하는 여자를 행복하게 해 주려고 긴 세월 치열하게 시를 썼고, 그 시들이 모여 아름다운 시 「Bright Star」가 되었습니다. 그러나 키츠의 그 간절한 사랑도, 아름다운 여인 파니의 긴 기다림도 허사가 되었습니다. 키츠는 결핵으로 죽었기 때문입니다.

여광: 아, 영화 「Bright Star」가 떠오릅니다. 어떤 두 젊은이의 사랑을 주제로 한 영화였어요. 주인공이 키츠였군요. 키츠와 아벨은 사랑이 이루어지지 않았다는 점에서도 비슷하군요.

여휴: 그렇습니다. 키츠의 슬픈 사랑은 영화로 만들어졌습니다.

여광: 아벨의 사랑은 그의 수학 속에 스몄군요.

여휴: 그렇게 생각하니 그럴듯합니다. 키츠는 그리스 항아리의 아름다움도 노래하였답니다. 다음은 「그리스 항아리에 부치는 노래^{Ode on a Grecian Urn}」의 마지막 부분입니다.

> Beauty is truth, truth beauty, −that is all
>
> Ye know on earth, and all ye need to know.
>
> 아름다움은 진리, 진리는 아름다움. −이것이
>
> 당신이 이 땅에서 알고 있고, 알아야 할 전부이다.

키츠가 노래한 아름다움에서 대칭은 중요한 요소가 아니었을까요? 인터넷에 검색하면 키츠의 서명이 있는 그리스 항아리를 볼 수 있습니다.

여광: 수학자 이언 스튜어트가 쓴 책 『Why Beauty is Truth^{아름다움은 왜 진리인가}』(도서출판 승산)라는 제목이 키츠의 시에서 나왔군요.

여휴: 아마 그럴 겁니다. 아름다움, 진리, 사랑, 대칭은 잘 어울리는 조합입니다. 키츠가 사랑한 항아리에서 멋진 대칭을 볼 수 있는 것처럼 아벨은 다항식의 풀이에서 대칭을 보았습니다.

5. 아벨 군

앞에서 소개하였듯이 교환법칙이 성립하는 군을 '가환군'이라고 한다. '가환군'을 영어로 직역하면 'commutative group'이지만 대부분의 수학자는 'Abelian group'이라는 용어를 사용한다. 'Abelian'의 음절 수가 'commutative'의 음절 수보다 적고 'Abelian'의 발음이 'commutative'의 발음보다 편리하지만, '가환성^{commutativity}'의 중요성을 처음으로 인지한 아벨을 기리기 위해서 'Abelian group'으로 부른다고 이해할 수 있다. 우리나라에서는 '가환군'과 '아벨 군'이 음절 수나 발음의 편리성 등에서 큰 차이가 없어서인지 두 용어 모두 보편적으로 사용하는 것 같다. 이 책에서도 '가환군'과 '아벨 군'은 같은 의미이다.

전통적으로 우리에게 익숙한 정수 전체의 집합 $\mathbb{Z}$, 유리수 전체의 집합 $\mathbb{Q}$, 실수 전체의 집합 $\mathbb{R}$ 그리고 복소수 전체의 집합 $\mathbb{C}$ 등은 덧셈에 관하여 아벨 군이다. 또한 $\mathbb{Q}$, $\mathbb{R}$, $\mathbb{C}$ 등에서 곱셈을 생각할 때 0의 역원이 없기 때문에 곱셈에 관하여 는 군의 구조를 가지지 않지만, 곱셈에 관한 교환법칙은 성립한다.

교환법칙은 당연시되어 그 중요성을 인식하는 것이 자연스럽지는 않았다. 실제로 사원수 사이에 정의되는 곱셈 연산이 가환적이 아니라는 사실은 당시에 큰 충격이었다. 그런 대수적 구조가 흔치 않았기 때문이다. 만약 군이 아벨 군이면 군의 구조를 이해하기 얼마나 편리한지 몇 가지 예를 들어 살펴보자.

첫째, 가환군 G의 부분군 N은 항상 정규부분군이다. 실제로 정규부분군임을 보이려면 임의의 $g \in G$에 대하여 $Ng = gN$임을 보여야 하는데, 이는 군의 가환성 때문에 당연하다.

둘째, 가환군 G의 위수가 소수 p이면 G는 $\mathbb{Z}_p = \{0, 1, \cdots, p-1\}$이다. 군 $\mathbb{Z}_p$에는 비밀이 하나도 없다. 다시 말해 대수적 구조가 완전히 투명하다. 예를 들어, 가환군 $\mathbb{Z}_p$의 부분군은 $\mathbb{Z}_p$ 자신과 1뿐이다.

가환군 G의 위수가 n이고 n은 소수가 아니라고 하면 G는 자명하지 않은, 즉 G도 아니고 1도 아닌 정규부분군 N을 가진다. 따라서 상군 G/N의 위수는 1보다 크고 n보다 작게 될 것이다. G/N는 여전히 가환군이므로 필요하다면 앞의 과정을 반복할 수 있다. 결국 위수가 소수인 경우, 즉 비밀이 하나도 없는 경우까지 계속 반복할 수 있다. 그렇게 하면 원래의 가환군 G의 구조조차 낱낱이 드러나게 된다. 군 G가 정규부분군을 많이 가지면 상군이 그만큼 많이 생겨서 G의 구조가 점점 더 드러나게 되는데, 가환군의 경우가 그렇다.

셋째, 유한가환군의 구조는 '완전히' 알 수 있다. 즉, 위수가 n인 가환군에 관해서는 모든 것을 금방 알 수 있다는 말이다. 예를 들어, 위수가 4인 가환군은 동형의 관점에서 $\mathbb{Z}_4$와 $\mathbb{Z}_2 \times \mathbb{Z}_2$밖에 없고, 위수가 6인 가환군은 $\mathbb{Z}_6$과 $\mathbb{Z}_2 \times \mathbb{Z}_3$이 있으나 $\mathbb{Z}_2 \times \mathbb{Z}_3$은 $\mathbb{Z}_6$과 동형이므로 위수가 6인 가환군은 $\mathbb{Z}_6$밖에 없다. 한편, 위수가 8인 가환군은 $\mathbb{Z}_8$, $\mathbb{Z}_4 \times \mathbb{Z}_2$ 그리고 $\mathbb{Z}_2 \times \mathbb{Z}_2 \times \mathbb{Z}_2$로 세 개가 있다.

넷째, 다음은 유한군과 관련 있는 잘 알려진 사실이다.

- 유한군 G의 부분군 H의 위수는 G의 위수 $|G|$의 약수이다. 이를 보통 '라그랑주 정리'라고 한다.
- n이 유한군 G의 위수 $|G|$의 약수이더라도 위수가 n인 G의 부분군이 항상 존재하는 것은 아니다.
- 유한군 G에 대하여 소수 p가 $|G|$의 약수이면, 군 G는 위수가 p인 부분군을 적어도 하나는 가진다. 이를 보통 '코시 정리'라고 한다.

그러나 G가 가환군인 경우에는 다음과 같이 상황이 훨씬 좋아진다.

유한가환군 G에 대하여 n이 $|G|$의 약수이면 위수가 n인 G의 부분군이 항상 존재한다.

다섯째, 유리수 계수 일차다항식은 아무나 풀 수 있으며 근은 유리수이다. 유리수 계수 이차다항식의 근은 무리수 또는 복소수가 되어 피타고라스 등 많은 사람을 당혹스럽게 했지만, 근의 공식을 구하는 것은 어려운 일이 아니다.

이차다항식의 풀잇법이 4,000년 전에도 이미 알려져 있던 것은 그리 놀라운 일이 아니다. 그러나 삼차다항식과 사차다항식의 풀이를 찾기까지 긴 세월이 흘렀다. 이는 일차다항식, 이차다항식 각각에 관련된 군 S_1, S_2는 모두 아벨 군이지만, 삼차다항식과 사차다항식 각각에 관련된 군 S_3, S_4는 아벨 군이 아니기 때문이라고 이해하여도 된다. 삼차다항식과 관련된 군 S_3이 아벨 군이 아닌 군 중에서 가장 작다. 즉, 위수가 1, 2, 3, 4, 5인 모든 군은 아벨 군이지만 위수가 6인 군 중에 아벨 군이 아닌 것이 있는데 그게 S_3인 것이다.

여광: 긴 세월 동안 해결되지 않던 문제가 일단은 풀렸습니다. 아벨이 해묵은 난제를 말끔하게 해결하였습니다.

여휴: 저는 개인적으로 전문 수학자라고 자처하지 않았던 루피니의 업적을 인정하고 싶습니다. 왜냐하면 그가 긴 논문을 통해서 라그랑주의 예상과 반대되는 주장을 처음으로 제기했기 때문입니다.

여광: 아벨이 루피니의 연구에 대해서는 알지 못했지만 라그랑주와 코시의 연구는 아벨에게 큰 도움이 되었겠습니다. 그리고 그때에는 대칭의 개념이 이미 상당 수준으로 정립되었을 것 같습니다.

여휴: 훗날 군^{group}이라고 불리게 될 대수적 구조가 그때 구체화되기 시작하였고, 다항식의 풀이 가능성과 관련하여 중요한 성질인 가환성이 아벨에 의해 분명하게 인식되었습니다.

여광: 근의 공식으로 풀리는 이차다항식과 삼차다항식의 근의 모습은 특별한 모습을 가지고 있습니다.

여휴: 이차다항식과 삼차다항식의 근이 적절한 수들의 덧셈, 뺄셈, 곱셈, 나눗셈 그리고 제곱근과 세제곱근으로 표현된다는 의미이죠? 4는 소수가 아니지만 사차다항식의 풀이는 이미 알려진 바와 같이 이차와 삼차다항식의 경우로 귀착됩니다.

여광: 이제 소수 5가 관건입니다.

여휴: 아벨은 소수 5의 경우도 근의 공식으로 풀린다면, 즉 오차다항식이 근의 공식으로 풀린다면, 그 근들도 5보다 작은 소수인 2와 3인 경우와 같은 특별한 모습을 하여야 한다는 것을 증명하였습니다. 하지만 그는 곧 이러한 결과가 모순을 초래한다는 것을 보였습니다.

오차다항식과 관련된 군 S_5는 S_1, S_2, S_3 그리고 S_4와는 또 '다르다'는 것을 알게 될 것이다. 바로 이것이 갈루아가 발견한 사실이다.

여광: S_1, S_2는 가환군이고 S_3, S_4, S_5 등은 비가환군입니다. 가환성과 비가환성이 다항식 풀이의 난이도와 관계있다고 할 수 있는데 S_3, S_4와 S_5, S_6, $\cdots$ 사이에는 또 다른 어떤 차이가 있는가 봅니다.

여휴: 그런 것 같은데 아벨은 그게 뭔지 정확히 몰랐던 것 같습니다.

여광: 그 차이가 무엇인지 갈루아가 알아냈다는 것인가요?

여휴: 그렇습니다.

근의 공식으로 풀 수 있는 오차다항식과 풀 수 없는 오차다항식의 차이를 '다른' 구조가 설명할 것이다.

여광: 이 장章에서 '직적$^{\text{direct product}}$'이라는 용어가 등장하는데, 용어의 설명이 충분하지 않습니다.

여휴: 동의합니다. 만약 어떤 군이 주어지면 그 군의 부분군을 살피고 그중에 정규부분군이 있으면 그를 이용하여 상군을 만들 수 있습니다. 이러한 과정을 직관적으로 말하면, 주어진 군보다 작은 군을 얻는 절차이죠. 이와는 반대로, 두 개의 군이 주어지면 두 군을 이용하여 원래의 군보다 더 큰 군을 만들 수 있습니다. 이때 직적이 대표적인 방법입니다.

여광: '더 큰' 군을 얻는 방법도 여러 가지 있나 봅니다.

여휴: 그렇습니다. 대부분의 '추상대수학' 책에서 여러 방법을 살펴볼 수 있습니다.

2,000년 이상 잠겨있던 빗장이 풀렸다. 문제는 해결되었다고 말할 수 있다. 루피니와 아벨에 의하면 오차다항식을 위한 일반적인 근의 공식은 없다.

그러나 아직도 궁금한 게 남아 있다. 다항식 x^5-1은 풀린다. x^5-2x+1도 풀린다. 풀리지 않는 오차다항식의 구체적인 예는 무엇인가?

이 물음에 갈루아가 답할 것이다. 다음 다항식은 모두 근의 공식을 가지지 않는다. 이들이 풀리지 않는 오차다항식인 것이다.

$$2x^5-5x^4+5$$

$$x^5-4x+2$$

$$x^5-10x+2$$

다음 다항식은 모두 근의 공식을 가진다.

$$2x^5-5x^4+3$$

$$x^5-4x+3$$

$$x^5-10x+9$$

이들 두 무리의 차이는 무엇인가?

갈루아가 이 두 무리의 다항식들 사이에 어떠한 차이가 있는지 섬세하게 볼 수 있는 정밀한 '현미경'을 제공할 것이다.

이제 분명해졌다.
오차다항식은 이차, 삼차, 사차다항식과는 달리
근의 공식으로 풀 수 없다.

이 책은 아벨의 논증을 자세히 소개하지 않는다.
가장 큰 이유는 쉽게 설명할 수 있는 수준이 아니기 때문이다.
그러나 적절한 핑계도 있다.

곧 소개할 갈루아의 이론이 아벨의 이론 전부를 포용할 만큼 강력하고 아름답다.
오래된 문제는 해결이 되었지만 이야기는 끝나지 않았다.

갈루아가 유언으로 남긴 그의 생각은 오래된 난제를
해결함은 물론이고 새로운 수학을 탄생시켰다.

새로운 수학이 탄생하다.

VIII

갈루아의 생각

아벨은 '근의 공식으로 풀 수 없는 오차다항식이 존재한다'는 사실을 증명하였다. 갈루아는 근의 공식으로 풀 수 없는 오차다항식이 존재한다는 사실을 증명한 것은 물론이고 '근의 공식이 존재하기 위한 필요충분조건'이 무엇인지도 제시하였다. 이 이론을 '갈루아 이론Galois theory'이라고 한다.

여광: 아벨과 갈루아는 서로 독립적으로 연구했겠죠?

여휴: 그렇습니다. 두 청년 모두 오차다항식의 가해성에 관한 라그랑주의 연구를 알고 있었기 때문에 오차다항식의 가해성 문제에 관심을 가지게 되었습니다.

여광: 아벨은 갈루아의 연구를 전혀 모르고 죽었지만 갈루아는 아벨의 연구를 늦게라도 알았습니다.

여휴: 갈루아는 파리과학원에 논문을 투고하고 심사 결과에 관해 알아보는 과정에서 아벨의 연구를 알게 되었습니다. 그러나 갈루아는 아벨의 연구와 자신의 연구는 접근 방식 자체가 다르고 연구의 지향점이 다르다는 것을 확인하고 자신의 연구에 큰 자부심을 가졌습니다.

가해성 문제에서 오차다항식은 왜 일차, 이차, 삼차, 사차다항식과 다를까? 갈루아가 이 질문에 답했다. 갈루아가 인식한 것은 주어진 다항식의 근들 사이에 존재하는 대칭성이 관건이라는 것이다.

오차다항식은 근의 공식에 관한 한 자신의 비밀을 쉽게 보이지 않았다. 삼차다항식과 사차다항식의 근의 공식을 발견한 이후 거의 삼백 년의 세월이 또 흘렀다. 라그랑주가 희미한 불빛을 비추었지만, 문제는 여전히 풀리지 않고 있었다. 루피니는 문제의 풀이에 관한 한 기존의 기대에 정반대되는 주장을 하였다. 오차다항식은 일반적으로 풀릴 수 없다는 것이었다.

얼마 지나지 않아서, 이 문제를 생각하던 20대 전후의 두 청년은 문제를 완벽하게 해결하였다. 오차다항식과 그 이상 차수의 다항식의 경우에는 근의 공식이 존재하지 않는다는 사실을 말끔하게 증명한 것이다. 근의 작도는 일차다항식과 이차다항식까지만 가능하고, 근의 공식은 일차, 이차, 삼차, 사차다항식까지만 가능하다는 것이다.

여광: 작도 가능성에 관한 한 2와 3의 차이가 크고, 공식의 유무에 관한 한 4와 5의 차이가 크군요.

여휴: 유리수체의 확장 필요성에 관한 한 1과 2의 차이이죠. 유리 계수 일차다항식의 근은 유리수체에 있으나, 유리 계수 이차다항식의 근은 유리수체에 있지 않으므로 실수 또는 복소수까지 확장하여야 합니다.

여광: 1과 2, 2와 3, 4와 5, 5와 6의 차이로 무엇을 생각할 수 있을까요?

여휴: 우리가 이상한 문제를 풀고 있군요. 위수가 1, 2, 3, 4, 5인 군은 모두 가환군이지만 위수가 6인 군은 비가환군일 수 있습니다. S_3은 위수가 6인 비가환군입니다. 즉, 가장 작은 비가환군이죠. 내친김에 더 가봅시다. 6과 7의 차이로 무엇이 있을까요?

여광: 정삼, 사, 오, 육각형은 작도가 가능하지만 정칠각형은 작도가 가능하지 않

습니다. 그렇다면 7과 8의 차이로는 무엇을 생각할 수 있을까요?

여휴: 이거 완전히 게임이 되어 버렸네요. 다행히 생각나는 것이 있습니다.

여광: 그렇다면 큰일이네요. 다음은 제가 수비를 하여야 할 텐데 말입니다. 좌우 지간 무엇인지요?

여휴: 앞[III]장에서 군 $\mathbb{Z}_m^*$을 언급하였습니다.

여광: 기억납니다. 오일러 ϕ함수의 뜻을 설명하기 위해서 언급했습니다.

여휴: $\mathbb{Z}_1^*$, $\mathbb{Z}_2^*$, $\mathbb{Z}_3^*$, $\mathbb{Z}_4^*$, $\mathbb{Z}_5^*$, $\mathbb{Z}_6^*$, $\mathbb{Z}_7^*$은 모두 순환군^{cyclic group}이지만 $\mathbb{Z}_8^*$은 순환군 이 아닙니다.

여광: 하지만 이 책은 순환군 개념을 소개하지 않으니 그 답은 무효입니다.

여휴: 그렇기는 하지만 여광 선생은 순환군이 무엇인지 아시니 인정해 주세요.

여광: 난감합니다. 인정하지 않으려니 비겁한 느낌이 들고, 인정하려니 다음 질 문이 걱정됩니다.

여휴: 1과 2, 2와 3, 4와 5, 5와 6, 6과 7, 7과 8. 여기까지 했나요? 3과 4를 안 했군요. 3과 4의 차이로는 무엇이 있을까요?

여광: 결국 사건이 터졌네요. 이건 어때요? 인간은 삼차원까지는 인식이 가능하 나 사차원부터는 인식할 수 없습니다. 이것이 바로 해밀턴의 사원수를 우리가 시 각적으로 표현하기 어려운 이유입니다.

여휴: 너무 생뚱맞지 않나요?

여광: 저도 그런 느낌이 듭니다. 그러나 나름의 의미는 있는 것 같습니다. 이차방정식 과 삼차방정식 문제는 문장제로 나타내기 쉽습니다. 그러나 사차방정식에 관한 문장 제는 없습니다. 왜냐하면 인식할 수 없는 상황을 문장제로 꾸미기 어렵기 때문입니다.

여휴: 여전히 억지스럽습니다.

여광: 그럼 이건 어떤가요? 4는 첫 합성수입니다. 3은 소수인데 4는 합성수입니 다. 이차다항식의 근은 제곱근으로 표현되고, 삼차다항식의 근은 제곱근과 세제 곱근으로 표현됩니다. 사차다항식의 근을 표현할 때 네제곱근이 꼭 필요한 것은 아닙니다. 사차다항식의 근 역시 제곱근과 세제곱근으로 표현됩니다. 4가 소수 가 아니기 때문입니다.

여휴: 그 정도라면 만족스럽습니다.

갈루아의 생각을 따라가기 위해 몇 가지를 다시 유념할 필요가 있다.

- 다항식의 '근과 계수의 관계[주?]'를 통해서 다항식의 계수는 그 다항식의 근에 의한 기본 대칭다항식임을 알 수 있다. 또한 모든 대칭다항식은 기본 대칭다항식의 다항식이므로, 어떤 식이 근에 의한 대칭다항식이면 그 식은 다항식 계수의 다항식으로 표현될 수 있다.
- 대수학의 기본정리에 의하면 n차다항식은 n개의 근을 가진다. 논의의 편의를 위하여, 여기서 논의하는 다항식은 서로 다른 근을 가지는 것으로 하겠다.
- 이차다항식의 근은 두 개이다. 원소가 두 개인 집합 $\{1, 2\}$를 변하지 않게 하는 치환은 $\{1, 2\}$에서 $\{1, 2\}$로의 일대일대응으로서 1, (12) 두 개가 있다. 따라서 집합 $\{1, 2\}$의 대칭 전체의 집합은 $S_2 = \{1, (12)\}$이다. 이차다항식과 관련 있는 대칭군은 S_2이다.
- 마찬가지로, 근이 세 개인 삼차다항식과 관련 있는 대칭군은 S_3이고, 사차다항식과 관련 있는 대칭군은 S_4이며, 오차다항식과 관련 있는 대칭군은 S_5이다.

주어진 다항식과 관련 있는 대칭군에 관한 보다 자세한 설명은 IX장에서 다시 할 것이다.

1. 해집합의 대칭성

앞에서 다음을 확인하였다.

- 이차다항식의 두 개의 근 α, β로 이루어진 집합 $\{\alpha, \beta\}$의 대칭군은 S_2이다. 대칭군 S_2는 자체가 가환군^{아벨}이다.

- 삼차다항식의 세 개의 근 α, β, γ로 이루어진 집합 $\{\alpha, \beta, \gamma\}$의 대칭군은 S_3이다. S_3은 가환군이 아닌 군 중에서 제일 작지만, 가환군이 아니기 때문에 삼차다항식을 푸는 데 많은 시간이 필요하였던 것이다.

대칭군 S_3은 가환군이 아니지만 정규부분군 A_3을 가지므로 상군 S_3/A_3을 얻을 수 있다. 오랜 시간이 걸렸지만 삼차다항식을 풀 수 있는 이유이다. 그렇다면 다음을 주목해 보자.

A_3과 $S_3/A_3 \simeq \mathbb{Z}_2$는 모두 가환군이다.

A_3의 위수는 3이고, $S_3/A_3 \simeq \mathbb{Z}_2$의 위수는 2로, 3과 2는 모두 소수이다.

그림 VIII-1

- 사차다항식의 네 개의 근 α, β, γ, δ로 이루어진 집합 $\{\alpha, \beta, \gamma, \delta\}$의 대칭군은 S_4이다. 대칭군 S_4는 가환군이 아니기 때문에 사차다항식을 푸는 데 많은 시간이 필요하였던 것이다.

대칭군 S_4는 가환군은 아니지만 정규부분군 V_4가 존재하여 상군 S_4/V_4를 얻을 수 있다. 오랜 시간이 걸렸지만 사차다항식을 풀 수 있는 이유이다. 다음을 주목하자.

S_4는 가환군이 아니지만 정규부분군 V_4를 가진다.

V_4는 가환군이다.

상군 S_4/V_4는 S_3과 동형이다.

한편, 다음을 알 수 있다.

S_4의 정규부분군 V_4는 가환군이고, V_4는 정규부분군 $\{1, (12)(34)\}$를 가진다.

S_4/V_4와 동형인 S_3은 가환군이 아니지만 정규부분군 A_3을 가진다.

A_3과 상군 $S_3/A_3 \simeq \mathbb{Z}_2$는 모두 가환군이다.

이상으로부터 아래 그림을 얻을 수 있다.

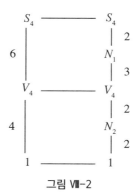

그림 VIII-2

상군 $S_4/V_4 \simeq S_3$의 정규부분군 A_3에 대응하는 S_4의 정규부분군을 N_1로 표기했고, V_4의 정규부분군 $\{1, (12)(34)\}$를 N_2로 표기했다. 사실 N_1은 교대군 A_4이다. 그

림 Ⅷ-2 오른쪽에서 네 개의 상군 S_4/N_1, N_1/V_4, V_4/N_2, $N_2/1 = N_2$ 각각의 위수는 2, 3, 2, 2로 모두 소수이다.

- 오차다항식의 다섯 개의 근 $\alpha, \beta, \gamma, \delta, \epsilon$으로 이루어진 집합 $\{\alpha, \beta, \gamma, \delta, \epsilon\}$의 대칭군은 S_5이다.

대칭군 S_5에 대하여 다음이 성립한다.

S_5는 가환군이 아니다.

S_5의 정규부분군은 $\{1\}$, A_5, S_5뿐이다.

상군 S_5/A_5는 $\mathbb{Z}_2$와 동형이므로 가환군이다.

A_5는 가환군이 아니고 $\{1\}$과 자신 외의 정규부분군을 가지지 않는다.

따라서 S_5의 경우에 얻을 수 있는 그림겍짜또은 다음과 같다.

그림 Ⅷ-3

정규부분군이 많지 않으니 그림이 허전하다. 여기서 다음을 주목해 보자.

A_5는 가환군이 아니다.

A_5는 {1}과 자신 외의 정규부분군을 가지지 않는다.

A_5의 위수는 $60 = 2 \times 2 \times 3 \times 5$이지만 A_5는 소수 위수를 가지는 상군을 얻을 수 없다.

이것이 일반적인 오차다항식에 근의 공식이 없는 이유이다. 이제 이와 관련하여 일차, 이차, 삼차, 사차다항식의 경우에는 오차다항식의 경우와 다르다는 것을 다시 살펴보자.

가. 일차다항식

일차다항식 $ax+b$의 한 근 α로 이루어진 집합 $\{\alpha\}$의 대칭성은 원소가 한 개인 집합의 대칭군 S_1의 성질이다. S_1은 항등원 하나로 이루어진 자명한[trivial] 군으로서 더 이상의 논의가 필요하지 않다. 실제로 $ax+b=0$의 해는 $x = -\dfrac{b}{a}$임을 금방 알 수 있다.

나. 이차다항식

이차다항식 x^2+ax+b의 두 근 α, β로 이루어진 집합 $\{\alpha, \beta\}$의 대칭성은 원소가 두 개인 집합의 대칭군 S_2의 성질이다. $S_2 = \{1, (12)\}$는 가환군인데, 이는 이차방정식 $x^2+ax+b=0$의 풀이는 항상 $X^2=A$ 꼴의 이차방정식의 풀이로 바뀐다는 것을 뜻한다. 실제로 이차방정식 $ax^2+bx+c=0 (a \neq 0)$의 풀이는 다음과 같이 $X^2=A$ 꼴의 풀이로 바뀐다.

$$\left(x + \frac{b}{2a}\right)^2 = \frac{b^2 - 4ac}{4a^2}$$

$$X = x + \frac{b}{2a} \longrightarrow X^2 = \frac{b^2 - 4ac}{4a^2}$$

이를 통해 잘 알려진 공식 $x = \dfrac{-b \pm \sqrt{b^2 - 4ac}}{2a}$를 얻게 된다.

다. 삼차다항식

삼차다항식 $x^3 + ax^2 + bx + c$의 세 근 α, β, γ로 이루어진 집합 $\{\alpha, \beta, \gamma\}$의 대칭성은 원소가 세 개인 집합의 대칭군 S_3의 성질이다.

$$S_3 = \{1, (12), (13), (23), (123), (132)\}$$

S_3은 정규부분군 $N = A_3 = \{1, (123), (132)\}$를 가지고, N에 의한 S_3의 상군은 $S_3/N = \{N, (12)N\}$이다. 여기에는 다음과 같이 두 개의 잉여류coset가 있다.

$$N = \{1, (123), (132)\}$$

$$(12)N = \{(12), (23), (13)\}$$

앞에서 살펴보았듯, $s^3 = (\alpha + \omega\beta + \omega^2\gamma)^3$은 정규부분군 N에 의하여 불변이다. 즉, N에 속한 모든 대칭에 관하여 s^3은 변하지 않는다. 또한, $(12)N = \{(12), (23), (13)\}$에 속하는 모든 대칭에 의해서는 s^3이 $t^3 = (\alpha + \omega^2\beta + \omega\gamma)^3$으로 변한다. 여기서 $t = \alpha + \omega^2\beta + \omega\gamma$이다. 한편, t^3은 N에 속하는 모든 대칭에 의하여 불변이고, $(12)N = \{(12), (23), (13)\}$에 속하는 모든 대칭에 의해서는 s^3으로 변한다. 그렇다면 다음의 표를 보자.

	N	$(12)N$
s^3	s^3	t^3
t^3	t^3	s^3

집합 $\{s^3, t^3\}$ 위에는 다음과 같은 두 개의 대칭이 있다.

$$1 = \begin{cases} s^3 \mapsto s^3 \\ t^3 \mapsto t^3 \end{cases} \quad (12) = \begin{cases} s^3 \mapsto t^3 \\ t^3 \mapsto s^3 \end{cases}$$

가환군이 아닌 군 S_3에 관한 원래의 상황이 이렇게 간단하게 변할 수 있는 것은

N이 S_3의 정규부분군이고 s^3과 t^3 각각이 N에 의해 불변이기 때문이다. 실제로 S_3/N은 $\mathbb{Z}_2$와 동형이고, N은 $\mathbb{Z}_3$과 동형이므로 삼차방정식의 풀이는 $X^2 = A$ 꼴과 $X^3 = B$ 꼴의 풀이로 바뀌게 된다. 이는 갈루아 이론의 핵심 내용이기 때문에 나중에 다시 설명할 것이다.

여광: 앞에서 여러 차례 언급했지만 왜 이차다항식은 S_2와 관련이 있고 삼차다항식은 S_3과 관련이 있나요?

여휴: 그 이유는 갈루아 이론의 주요 내용이라서 필자가 다시 자세하게 설명할 것입니다. 간단히 이야기하면 이렇습니다. 주어진 다항식의 모든 근을 품는 '특별한' 체field에서 '특별한' 함수들을 생각합니다. 그 특별한 함수들은 주어진 다항식의 근을 그 다항식의 근으로 대응시킵니다. 따라서 다항식의 근 전체로 이루어진 집합에서의 치환permutation이 나옵니다. 예를 들어, 삼차다항식이 주어지면 그 다항식의 세 개의 근 전체의 집합 $\{\alpha, \beta, \gamma\}$에서 치환을 얻게 되는 겁니다. 따라서 삼차다항식의 세 개의 근 사이에 존재하는 대칭성은 대칭군 S_3의 성질에 의하여 결정됩니다.

라. 사차다항식

사차다항식 $x^4 + ax^3 + bx^2 + cx + d$의 네 근 $\alpha, \beta, \gamma, \delta$로 이루어진 집합 $\{\alpha, \beta, \gamma, \delta\}$의 대칭성은 원소가 네 개인 집합의 대칭군 S_4의 성질이다. S_4는 자명한 부분군 S_4와 1 외에 자명하지 않은 정규부분군을 두 개 갖는다. 하나는 S_4에 있는 우치환even permutation 전체의 집합 A_4이고, 다른 하나는 $V_4 = \{1, (12)(34), (13)(24), (14)(23)\}$이다. V_4에 의한 S_4의 상군 S_4/V_4는 다음과 같다.

$$S_4/V_4 = \{V_4, (12)V_4, (23)V_4, (13)V_4, (123)V_4, (132)V_4\}$$

각각의 잉여류, 즉 S_4의 V_4에 의한 잉여류는 다음과 같다.

$$V_4 = \{1, (12)(34), (13)(24), (14)(23)\}$$

$$(12)V_4 = \{(12), (34), (1324), (1423)\}$$

$$(23)V_4 = \{(23), (1342), (1243), (14)\}$$

$$(13)V_4 = \{(13), (1234), (24), (1432)\}$$

$$(123)V_4 = \{(123), (134), (243), (142)\}$$

$$(132)V_4 = \{(132), (234), (124), (143)\}$$

앞에서 $s = \alpha\beta + \gamma\delta$, $t = \alpha\gamma + \beta\delta$, $u = \alpha\delta + \beta\gamma$를 생각했고, s, t, u 각각은 임의의 $\sigma \in V_4$에 대하여 s, t, u는 변하지 않으며, 임의의 $\sigma \in S_4$에 대하여 s, t, u 중 하나로 변한다는 것을 언급하였다. 실제로 각 잉여류에 따른 s, t, u 각각의 변화는 다음 표와 같다.

	V_4	$(12)V_4$	$(13)V_4$	$(23)V_4$	$(123)V_4$	$(132)V_4$
s	s	s	u	t	u	t
t	t	u	t	s	s	u
u	u	t	s	u	t	s

여광: 필자의 계산을 믿지만 하나라도 확인해 보면 어떨까요?

여휴: 좋은 생각입니다. 어느 경우를 확인하고 싶으세요?

여광: 아무거나 좋습니다. t가 잉여류 $(123)V_4$에 의해 s로 변환된다는 것을 확인할까요?

여휴: 좋습니다. 여광 선생이 직접 계산해 보세요.

여광: $(123)V_4 = \{(123), (134), (243), (142)\}$입니다. $(123)V_4$의 원소 (123)의 경우를 봅시다. 치환 (123)은 사차다항식의 네 개의 근 $\alpha, \beta, \gamma, \delta$로 구성된 집합 $\{\alpha, \beta, \gamma, \delta\}$의 치환 중에서 α를 β로 보내고 β를 γ로 보내며 γ를 α로 보내

고 δ는 변화시키지 않습니다. 따라서 $t=\alpha\gamma+\beta\delta$를 $s=\alpha\beta+\gamma\delta$로 변환시킵니다. 다음으로 $(123)V_4$의 원소 (134)의 경우를 확인하겠습니다.

여휴: 잠깐만요. 잉여류 $(123)V_4$의 모든 원소 각각을 확인하려고 하시는군요.

여광: 그럴 계획입니다. $(123)V_4$의 원소는 네 개밖에 없으므로 금방 끝날 것입니다.

여휴: 그렇습니다. 그러나 이미 알고 있는 사실을 이용하면 더 쉽습니다.

여광: 그럴 수 있겠지만 지금 바로 떠오르는 방안이 없습니다.

여휴: 계산을 많이 하다 보면 나중에는 새로운 방안도 떠오를 것입니다. 먼저, V_4는 정규부분군이므로 $(123)V_4=V_4(123)$입니다. 또한, t는 V_4에 의하여 불변입니다. 따라서 $(123)V_4$에 의한 t의 변환은 (123)에 의한 t의 변환입니다. 그런데 t는 (123)에 의해 s가 된다는 것은 이미 확인하였습니다.

여광: 그렇군요. 제 계산의 $\frac{1}{4}$ 분량이면 되는군요. 정규부분군의 힘입니다. 하나 더 확인해 보고 싶군요. $(12)V_4$에 의한 t의 변환을 생각하겠습니다. t는 V_4의 원소에 의해서는 변하지 않고, (12)에 의해서는 u로 변합니다. 따라서 t의 $(12)V_4$에 의한 변환은 u입니다.

여휴: 아주 훌륭합니다. s나 u 등 다른 경우도 t의 경우와 똑같이 설명할 수 있습니다. 여러 사실을 활용하면 계산이 간단해져서 유용할 뿐만 아니라 계산하는 즐거움이 커집니다.

따라서 집합 $\{s, t, u\}$에는 다음과 같은 여섯 개의 대칭이 있다.

$$1=\begin{cases}s\mapsto s\\t\mapsto t\\u\mapsto u\end{cases} \qquad (12)=\begin{cases}s\mapsto t\\t\mapsto s\\u\mapsto u\end{cases} \qquad (13)=\begin{cases}s\mapsto u\\t\mapsto t\\u\mapsto s\end{cases}$$

$$(23)=\begin{cases}s\mapsto s\\t\mapsto u\\u\mapsto t\end{cases} \qquad (123)=\begin{cases}s\mapsto t\\t\mapsto u\\u\mapsto s\end{cases} \qquad (132)=\begin{cases}s\mapsto u\\t\mapsto s\\u\mapsto t\end{cases}$$

앞의 표에서 $(12)V_4$에 치환 (12)가 등장하는데, 방금 살핀 여섯 개의 대칭 중에도 (12)가 있다. 이때 두 치환은 서로 다른 뜻임을 유념해야 한다. 실제로 $(12)V_4$에 등장하는 치환 (12)는 사차다항식의 네 개의 근 $\alpha, \beta, \gamma, \delta$로 구성된 집합

$\{\alpha, \beta, \gamma, \delta\}$의 치환 중에서 α를 β로 보내고 β를 α로 보내며 다른 두 근 γ, δ는 변화시키지 않는 치환을 나타낸다.

한편, 여섯 개의 대칭치환 중에 (12)는 s를 t로 보내고 t를 s로 보내며 u를 변화시키지 않는 치환을 나타낸다. 대칭군 S_4의 상황이 S_3의 상황으로 간단하게 변한 이유는 $V_4 = \{1, (12)(34), (13)(24), (14)(23)\}$이 S_4의 정규부분군이기 때문이다. $S_4/V_4 = \{V_4, (12)V_4, (23)V_4, (13)V_4, (123)V_4, (132)V_4\}$에서 다음을 주목해야 한다.

- 임의의 $\sigma \in S_4$에 대하여 $\sigma V_4 = V_4 \sigma$이다. 이는 V_4가 S_4의 정규부분군이라는 말과 같다.
- 상군 S_4/V_4는 S_3과 동형이다.

이제 상군 $S_4/V_4 \simeq S_3$에서 다음을 알 수 있다.

사차다항식의 풀이 과정에서 일단 삼차다항식 하나를 풀어야 한다. 앞에서 언급하였듯이, 삼차다항식의 풀이는 간단한 형태의 삼차다항식 하나와 이차다항식 하나를 푸는 문제로 귀착된다. 즉, $X^2 = A$ 꼴 하나와 $X^3 = B$ 꼴 하나의 풀이로 귀착된다.

위수가 4인 가환군 V_4는 위수가 소수 2인 정규부분군 $N_2 = \{1, (12)(34)\}$를 가지므로 다음을 알 수 있다.

사차다항식의 풀이 과정에서 두 개의 이차다항식 풀이가 추가로 필요하다.

결국 사차방정식의 풀이는 $X^2 = A$ 꼴 세 개와 $X^3 = B$ 꼴 하나를 푸는 것으로 바뀐다. 이게 갈루아 이론이 말하는 바이다.

여광: 다항식의 풀이는 신기神技이고 신비神祕입니다.

여휴: 동감입니다. 다항식의 풀이는 '하나님의 기술'이고 '하나님의 비밀'이라는 느낌이 들어요.

여광: 하나님의 비밀을 알아내고 하나님의 기술을 습득한 갈루아의 느낌은 어땠을까요? 일차다항식과 이차다항식에 대한 대칭군은 모두 가환군이라서 어려움 없이 쉽게 풀렸고, 삼차다항식에 대한 대칭군은 비가환군이라서 오랜 세월이 걸린 것 같아요.

여휴: 그렇게 이해하여도 틀리지 않을 겁니다.

여광: 신비를 알아내고, 습득한 갈루아가 그렇게 허망하게 죽은 것도 신비해요.

여휴: 그렇습니다. 아직도 그의 죽음을 초래한 그날의 결투 원인도 신비랍니다.

지금까지는 S_4의 정규부분군 V_4를 중심으로 생각하였다. 따라서 앞에서 다음 그림을 얻었다.

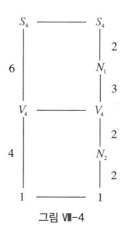

그림 VIII-4

그림 VIII-4의 오른쪽에 있는 정규부분군 N_1은 A_4이다. 이제 A_4를 중심으로 지금까지의 이야기를 다시 해 보자. 먼저, 다음과 같은 계산을 할 수 있다.

$A_4 = \{1, (12)(34), (13)(24), (14)(23), (123), (134), (243), (142), (132), (234), (124), (143)\}$

$(12)A_4 = \{(12), (34), (1324), (1423), (23), (14), (1342), (1243), (13), (24), (1234), (1432)\}$

S_4/A_4는 위수가 소수 2인 가환군이다. 이는 $X^2 = A$ 꼴의 이차방정식을 하나 풀어야 한다는 것을 의미한다. 다음은 $N_1/V_4 = A_4/V_4$이다. 이는 위수가 소수 3인 가환군이다. 이는 $X^3 = B$ 꼴의 삼차방정식을 하나 풀어야 한다는 것을 의미한다. 셋째는 V_4/N_2인데, 이때 $N_2 = \{1, (12)(34)\}$이다. V_4/N_2는 위수가 소수 2인 가환군이다. 이는 $X^2 = A$ 꼴의 이차방정식을 하나 풀어야 한다는 것을 의미한다. 마지막으로, $N_2/1 \simeq N_2$이다. N_2도 위수가 소수 2인 가환군이다. 이는 $X^2 = A$ 꼴의 이차방정식을 하나 풀어야 한다는 것을 의미한다.

2. 정규부분군의 역할

정규부분군의 중요성을 살펴보기 위해 다음 몇 가지 예를 생각해 보자.

- 삼차방정식과 관련하여 S_3은 정규부분군 A_3이 존재하므로 일반적으로 주어진 삼차방정식은 $X^2 = A$ 꼴과 $X^3 = B$ 꼴의 방정식 풀이로 귀착된다.

- 앞에서 사차다항식 $x^4 + ax^3 + bx^2 + cx + d$의 네 근을 $\alpha, \beta, \gamma, \delta$라고 하고, $v = \alpha + \beta i + \gamma i^2 + \delta i^3 = \alpha + \beta i - \gamma - \delta i$를 생각하였을 때, v^4의 값은 S_4에 속하는 24개의 치환에 의해 여섯 개가 되기 때문에 방정식을 푸는 데 아무런 도움이 되지 못한다. 그 이유는 v^4을 변하지 않게 하는, 즉 v^4을 고정시키는 S_4의 정규부분군이 1 외에는 없기 때문이다. 이와 다르게, $s = \alpha\beta + \gamma\delta$를 고정시키는 S_4의 정규부분군 V_4가 존재한다. 바로 V_4가 사차다항식을 푸는 열쇠이다. 먼저, $S_4/V_4 \simeq S_3$이므로 일반적인 삼차다

항식 한 개를 푸는 것을 뜻한다. 이는 $X^2 = A$ 꼴의 이차방정식 한 개와 $X^3 = B$ 꼴의 삼차방정식 한 개를 푸는 것으로 귀착된다. 한편, V_4는 위수가 4인 가환군으로서 위수가 2인 정규부분군을 가지므로 $X^2 = A$ 꼴의 이차방정식 두 개를 푸는 것으로 귀착된다. 결국, 일반적인 사차다항식은 $X^3 = B$ 꼴의 삼차방정식 한 개와 $X^2 = A$ 꼴의 이차방정식 세 개를 푸는 문제로 귀착된다.

이상의 과정에서 $|S_4| = 24 = 2 \times 2 \times 2 \times 3$임을 주목할 필요가 있다. 여기서 $|S_4|$는 S_4의 위수를 나타낸다.

3. 분해체

근의 공식 문제는 주어진 다항식의 모든 근을 적절한 형태인 수들의 덧셈, 뺄셈, 곱셈, 나눗셈 그리고 거듭제곱근을 사용하여 나타낼 수 있는지를 살피는 문제이다. 따라서 우리가 생각하는 집합은 덧셈, 뺄셈, 곱셈, 나눗셈을 계산함에 전혀 지장이 없어야 한다.

유리수 전체의 집합은 그러한 집합이다. 즉, $\mathbb{Q}$는 체field의 구조를 가진다. 이런 의미에서 $\mathbb{Q}$를 '유리수체 $\mathbb{Q}$'라고 한다. 이처럼 집합 $\mathbb{Q}$가 '좋은' 또는 '편리한' 대수적 구조를 가지기 때문에 유리수는 작도 가능성과 다항식의 가해성 문제 등에서 출발점이 된다.

이제 풀고자 하는 다항식이 있다고 생각해 보자. 우리가 생각하는 다항식은 유리수를 계수로 가지는 이차 이상의 다항식이므로 주어진 다항식의 근이 유리수가 아닐 가능성이 크다. 다시 말하여, 유리수체 $\mathbb{Q}$는 주어진 다항식의 근을 가지고 있지 않을 수 있다. 예를 들어, $x^2 - 2 = 0$의 해는 $\mathbb{Q}$에 있지 않다.

따라서 ℚ를 확장하여 주어진 다항식의 모든 근을 갖도록 할 때 두 가지를 유념해야 한다.

- 확장된 집합은 체가 되어야 한다.
- 그 체는 다항식의 근을 모두 가지는 체 중에서 가장 작아야 한다.

이러한 조건을 만족시키는 체를 주어진 다항식의 '분해체$^{\text{splitting field}}$'라고 한다. 다항식은 그 다항식의 분해체 안에서 모든 근을 가지므로 일차인수들의 곱으로 '분해^{split}'된다. 이 책에서 분해체는 중요한 개념이므로 여러 예를 보겠다.

가. 이차다항식

이차다항식 $x^2-2 \in \mathbb{Q}[x]$의 두 근은 $\sqrt{2}, -\sqrt{2}$이다. 그렇다면 유리수체 ℚ에 이 두 개의 근을 첨가한 체^{field}를 생각해 보자. 복소수체 ℂ도 유리수체 ℚ와 $\sqrt{2}, -\sqrt{2}$를 모두 포함하는 체이지만 너무 크다. 우리가 찾는 것은 ℚ와 $\sqrt{2}, -\sqrt{2}$를 모두 포함하는 체 중에서 가장 작은 것이다. ℚ와 $\sqrt{2}, -\sqrt{2}$를 모두 포함하는 체 중에서 가장 작은 체, 즉 다항식 $x^2-2 \in \mathbb{Q}[x]$의 분해체를 찾는 것이다. 다항식 $x^2-2 \in \mathbb{Q}[x]$의 분해체를 K로 나타내면, K는 모든 유리수와 $\sqrt{2}$를 품고 있으며 덧셈과 곱셈에 관하여 닫혀 있으므로, $a+b\sqrt{2}\,(a, b \in \mathbb{Q})$ 꼴의 모든 수를 포함한다. 한편 $a+b\sqrt{2}\,(a, b \in \mathbb{Q})$ 꼴의 수들로만 이루어진 집합 $\{a+b\sqrt{2} \mid a, b \in \mathbb{Q}\}$는 체가 된다는 것을 쉽게 알 수 있다.

집합 $\{a+b\sqrt{2} \mid a, b \in \mathbb{Q}\}$가 체가 된다는 것을 증명하는 과정에서 약간의 계산이 필요한 부분은 $a+b\sqrt{2}$가 0이 아닐 때 곱셈에 관한 역원을 가지는 것을 보이는 부분이다. 이 과정을 '분모의 유리화'라고 하는데, 이는 고등학교 수학 시간에 배우는 내용이다.

지금까지의 논의를 통해서 다항식 $x^2-2 \in \mathbb{Q}[x]$의 분해체는 $\{a+b\sqrt{2} \,|\, a, b \in \mathbb{Q}\}$라는 것을 알 수 있다. 이 체는 유리수 전체 $\mathbb{Q}$와 $\sqrt{2}$를 가지는 가장 작은 체로서 $\mathbb{Q}(\sqrt{2})$로 나타난다. 한편, 체 $\mathbb{Q}(\sqrt{2})$는 $\mathbb{Q}$ 위의 확대체이므로 $\mathbb{Q}$ 위에서 벡터공간으로 볼 수 있다. $\mathbb{Q}(\sqrt{2})$의 모든 원소^{벡터}는 $a+b\sqrt{2}\,(a, b \in \mathbb{Q})$ 꼴이므로 $\mathbb{Q}(\sqrt{2})$ 속에 있는 두 원소^{벡터} 1, $\sqrt{2}$로 얻을 수 있다. 이런 의미에서 $\mathbb{Q}(\sqrt{2})$는 $\mathbb{Q}$ 위에서 이차원 벡터공간이다. 한편, 이차다항식 $x^2-1 \in \mathbb{Q}[x]$의 분해체는 $\mathbb{Q}$ 자체라는 것은 분명하다.

나. 삼차다항식

삼차다항식의 예도 살펴보자. 다항식 $x^3-2 \in \mathbb{Q}[x]$는 세 개의 근 $\sqrt[3]{2}, \sqrt[3]{2}\,\omega,$ $\sqrt[3]{2}\,\omega^2$을 가지므로 x^3-2의 분해체는 $\mathbb{Q}$와 $\sqrt[3]{2}, \sqrt[3]{2}\,\omega, \sqrt[3]{2}\,\omega^2$을 가지는 가장 작은 체이다. 이는 $\mathbb{Q}, \sqrt[3]{2}$ 그리고 ω를 가지는 가장 작은 체로서 $\mathbb{Q}(\sqrt[3]{2}, \omega)$이다. 여기서 잠시 계산을 더 해 보자.

- $\mathbb{Q}(\sqrt[3]{2}, \omega) = \mathbb{Q}(\sqrt[3]{2})(\omega)$라는 사실에 유념하면, $\mathbb{Q}(\sqrt{2})$가 체라는 것을 증명한 똑같은 방법으로 $\mathbb{Q}(\sqrt[3]{2}, \omega)$가 체임을 알 수 있다.
- $\mathbb{Q}$는 $\mathbb{Q}(\sqrt[3]{2}, \omega)$의 부분집합이고, $\sqrt[3]{2}, \sqrt[3]{2}\omega, \sqrt[3]{2}\omega^2$은 모두 $\mathbb{Q}(\sqrt[3]{2}, \omega)$에 속한다. 따라서 $\mathbb{Q}(\sqrt[3]{2}, \omega)$는 $\mathbb{Q}, \sqrt[3]{2}, \sqrt[3]{2}\omega, \sqrt[3]{2}\omega^2$을 가지는 체이다.
- K를 $\mathbb{Q}, \sqrt[3]{2}, \sqrt[3]{2}\omega, \sqrt[3]{2}\omega^2$ 모두를 포함하는 체라고 하면, $\omega = \frac{1}{2} \times (\sqrt[3]{2})^3 \omega$ 이므로 $\omega \in K$이다. 따라서 $\mathbb{Q}(\sqrt[3]{2}, \omega) \subset K$이다.

위의 내용을 종합하여 보면 $\mathbb{Q}$와 $\sqrt[3]{2}, \sqrt[3]{2}\omega, \sqrt[3]{2}\omega^2$을 가지는 가장 작은 체는 $\mathbb{Q}(\sqrt[3]{2}, \omega)$라는 사실을 알 수 있다. 그러므로 다항식 $x^3 - 2 \in \mathbb{Q}[x]$의 분해체는 $\mathbb{Q}(\sqrt[3]{2}, \omega)$이다. 한편, 체 $\mathbb{Q}(\sqrt[3]{2}, \omega)$는 다음과 같은 꼴의 수 전체 집합이다.

$$a + \sqrt[3]{2}b + \sqrt[3]{4}c + \omega d + \sqrt[3]{2}\omega e + \sqrt[3]{4}\omega f (a, b, c, d, e, f \in \mathbb{Q})$$

$\mathbb{Q}(\sqrt[3]{2}, \omega)$의 모든 원소는 $1, \sqrt[3]{2}, \sqrt[3]{4}, \omega, \sqrt[3]{2}\omega, \sqrt[3]{4}\omega$로 얻을 수 있다. 따라서 $\mathbb{Q}(\sqrt[3]{2}, \omega)$는 $\mathbb{Q}$ 위에서 6차원 벡터공간이다.

삼차다항식 $(x-1)(x-2)(x-3) \in \mathbb{Q}[x]$의 분해체는 $\mathbb{Q}$이고, 삼차다항식 $x^3 - 1 = (x-1)(x^2 + x + 1) \in \mathbb{Q}[x]$의 분해체는 $x^2 + x + 1 \in \mathbb{Q}[x]$의 분해체 $\mathbb{Q}(\omega)$인 것은 분명하지 않은가? 마지막으로 다음을 기억하자.

$$\mathbb{Q}(\sqrt[3]{2})(\omega) = \mathbb{Q}(\sqrt[3]{2}, \omega) = \mathbb{Q}(\omega)(\sqrt[3]{2})$$

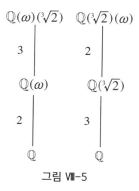

그림 Ⅷ-5

다. 사차다항식

사차다항식 $(x^2-2)(x^2-3)\in\mathbb{Q}[x]$의 분해체는 $\mathbb{Q}(\sqrt{2},\sqrt{3})$이고, $x^4-1\in\mathbb{Q}[x]$의 분해체는 $\mathbb{Q}(i)$이다. 그럼 $x^4-2\in\mathbb{Q}[x]$의 분해체를 계산해 보자. x^4-2의 네 근은 $\sqrt[4]{2},\ -\sqrt[4]{2},\ \sqrt[4]{2}\,i,\ -\sqrt[4]{2}\,i$이다. 다항식 x^3-2의 경우와 같은 방법으로 x^4-2의 분해체는 다음과 같다.

$$\mathbb{Q}(\sqrt[4]{2})(i)=\mathbb{Q}(\sqrt[4]{2},i)=\mathbb{Q}(i)(\sqrt[4]{2})$$

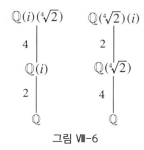

그림 VIII-6

라. 오차다항식

오차다항식 $(x-1)^2(x^3-2) \in \mathbb{Q}[x]$의 분해체는 x^3-2의 분해체 $\mathbb{Q}(\sqrt[3]{2}, \omega)$이다. x^5-1의 분해체는 $x^4+x^3+x^2+x+1$의 분해체와 같이 $\mathbb{Q}(\zeta)$이다. 여기서 ζ는 $\zeta = e^{\frac{2\pi i}{5}} = \cos\frac{2\pi}{5} + i\sin\frac{2\pi}{5}$이다. 그 이유는 $x^4+x^3+x^2+x+1$의 네 근이 $\zeta, \zeta^2, \zeta^3, \zeta^4$이기 때문이다.

여광: 일반적인 오차다항식의 분해체를 자세히 계산하려면 엄청난 계산을 해야 할 것 같은데요?

여휴: 저도 아직 그 계산을 해 본 적이 없지만, 아마 그럴 겁니다.

여광: 고생을 하고 나면 뿌듯한 기분이 들지 않을까요?

여휴: S_5의 경우는 다를 것 같아요. 일단 대칭군 S_5의 구조에 관한 모든 계산을 참고 끝까지 한다는 것은 최소한 저에겐 불가능할 것 같아요. 그런데 중요한 것은 다항식의 가해성 측면에서는 그러한 계산이 필요가 없습니다.

여광: 왜 그렇죠?

여휴: 갈루아가 그 계산이 필요하지 않다는 것을 알려 줄기 때문입니다. 이유는 다음 장IX장에서 알게 될 것입니다.

4. 갈루아 군

이번에는 갈루아의 멋진 생각을 살펴보자. 체field에 관한 문제를 군group에 관한 문제로 바꾸는 기술이다.

예를 들어 K가 체라고 할 때, K에서 K로의 동형사상 전체의 집합 $\text{Aut}(K) = \{\delta \mid \delta : K \to K$는 동형사상$\}$을 생각해 보자. 이 집합 $\text{Aut}(K)$에 사상함수의 합성

연산을 생각하면 $\mathrm{Aut}(K)$는 군을 이룸을 쉽게 알 수 있다.

다항식 $x^2-2 \in \mathbb{Q}[x]$의 분해체 $K=\mathbb{Q}(\sqrt{2})$에서 $K=\mathbb{Q}(\sqrt{2})$로의 동형사상 전체의 집합 $\mathrm{Aut}(K)$를 생각해 보자. 임의의 $\sigma \in \mathrm{Aut}(K)$에 대하여 $\sigma(1)=1$이므로 σ는 모든 유리수를 변화시키지 않는다. 그 이유를 다음과 같이 설명할 수 있다.

$\sigma(1)=1$이므로 σ는 모든 자연수를 고정시킨다. $\sigma(0)=0$인 것도 분명하다. 이제 n을 자연수라고 하면 $0=\sigma(0)=\sigma(n-n)=\sigma(n)+\sigma(-n)$이다. 따라서 $\sigma(-n)=-\sigma(n)=-n$이다. 즉, σ는 모든 정수를 고정시킨다.

한편, 자연수 n에 대하여 σ는 $\frac{1}{n}$을 고정시킨다. 즉 $\sigma\left(\frac{1}{n}\right)=\frac{1}{n}$이다. 이유는 다음과 같다.

$$1=\sigma(1)=\sigma\left(n \times \frac{1}{n}\right)=\sigma(n) \times \sigma\left(\frac{1}{n}\right)=n \times \sigma\left(\frac{1}{n}\right)$$

또, 임의의 유리수 $\frac{m}{n}$에 대하여 다음이 성립한다.

$$\sigma\left(\frac{m}{n}\right)=\sigma\left(m \times \frac{1}{n}\right)=\sigma(m) \times \sigma\left(\frac{1}{n}\right)=m \times \frac{1}{n}=\frac{m}{n}$$

음의 유리수도 σ에 의해 변하지 않는다는 것을 확인할 수 있다. 결국 σ는 모든 유리수를 고정시킨다.

$\mathrm{Aut}(K)$의 원소 중에서 유리수를 변화시키지 않는 것 전체의 집합을 $G(K/\mathbb{Q})$라고 하자. 즉, $G(K/\mathbb{Q})$의 원소는 K 위에서의 동형사상 σ 중에서 모든 유리수 x에 대하여 $\sigma(x)=x$인 성질을 만족시킨다. 따라서 $G(K/\mathbb{Q})=\mathrm{Aut}(K)$이다. 이때 군 $G(K/\mathbb{Q})$를 다항식 $x^2-2 \in \mathbb{Q}[x]$의 갈루아 군Galois group이라고 한다.

여광: 앞에서 아벨 군을 소개하였는데 갈루아 군도 있군요.

여휴: 갈루아 이론에서 두 군은 결정적인 역할을 합니다.

여광: 그렇군요. 혹시 다른 수학자 이름이 붙은 군도 있나요?

여휴: 그럼요. 아벨과 갈루아 이후 군론이 발전하면서 그 과정에 크게 기여한 수학자들의 이름을 가진 군이 많습니다. 예를 들어, 이 책의 마지막 장에 등장하는 두 명의 수학자의 이름을 붙인 실로우 군Sylow group과 리 군Lie group이 있습니다.

임의의 체 F에 대하여 다항식 $f(x) \in F[x]$의 갈루아 군 $G(K/F)$를 생각할 수 있다.

여광: 다항식 x^2-2가 유리수 계수이므로 갈루아 군은 $G(K/\mathbb{Q})$인데 다항식 $f(x) \in F[x]$의 갈루아 군은 $G(K/F)$이군요.

여휴: 그렇습니다. F가 유리수체 $\mathbb{Q}$와 다르면 $\mathrm{Aut}(K)$와 $G(K/F)$는 다를 수 있습니다.

여광: $K=\mathbb{Q}(\sqrt{2})$라고 할 때, 다항식 x^2-2를 K 계수 다항식으로도 볼 수 있잖아요?

여휴: 매우 좋은 지적입니다. x^2-2를 K 계수 다항식으로 볼 때의 갈루아 군은 $G(K/K)=1$이 됩니다. 주어진 다항식을 어떤 계수 다항식으로 보느냐에 따라 갈루아 군이 달라질 수 있습니다.

다음 사실은 갈루아 이론에서 자주 이용된다.

$F \leq K$이고 $f(x) \in F[x]$라고 하자.

$u \in K$가 $f(x)$의 근이고 $\delta \in G(K/F)$이면, $\delta(u)$도 $f(x)$의 근이다.

여휴: 앞에서 이차다항식, 삼차다항식, 사차다항식, 오차다항식과 관련이 있는 대칭군은 S_2, S_3, S_4, S_5라고 여러 번 이야기하였습니다. 이제는 이 사실을 어렵지 않게 설명할 수 있습니다. 이차다항식 $f(x) \in \mathbb{Q}[x]$의 두 근을 α, β라고 하면 $f(x)$의 분해체는 $\mathbb{Q}(\alpha, \beta)$입니다. 갈루아 군 $G(K/\mathbb{Q})$에 속하는 임의의 δ에 대하여 $\delta(\alpha)$는 α이거나 β이죠. 즉, δ를 집합 $\{\alpha, \beta\}$에서 생각하면 대칭군 S_2의 원소입니다. 따라서 갈루아 군 $G(K/\mathbb{Q})$는 대칭군 S_2이거나 S_2의 부분군입니다.

여광: 같은 방법으로, 삼차다항식의 갈루아 군은 대칭군 S_3이거나 S_3의 부분군으로 볼 수 있겠군요.

여휴: 그렇습니다. 여기서 갈루아 군의 정의를 다시 주목합시다. 임의의 $\delta \in G(K/\mathbb{Q})$와 임의의 $x \in \mathbb{Q}$에 대하여 $\delta(x) = x$입니다. 즉, $\delta \in G(K/\mathbb{Q})$는 $\mathbb{Q}$의 모든 원소를 고정시킵니다.

여광: n차다항식의 가해성이 S_n과 관련이 있는 것은 갈루아 군의 정의 때문이군요.

몇 가지 예를 들어 보자.

- $K = \mathbb{Q}(\sqrt{2})$는 $f(x) = x^2 - 2 \in \mathbb{Q}[x]$의 분해체이고 $\sqrt{2}$는 $f(x)$의 근이다. 임의의 $\delta \in G(K/\mathbb{Q})$에 대하여 $\delta(\sqrt{2})$도 $f(x)$의 근이므로 $\delta(\sqrt{2})$는 $\sqrt{2}$이든가 $-\sqrt{2}$이다. 즉, δ는 다음과 같이 두 가지 경우만 있다.

$$\sqrt{2} \mapsto \sqrt{2} \ \text{ 또는 } \ \sqrt{2} \mapsto -\sqrt{2}$$

  첫 번째 경우는 항등사상을 나타낸다. 두 번째 $\delta \in G(K/\mathbb{Q})$의 경우에는 임의의 $\alpha = a + b\sqrt{2} \in \mathbb{Q}\sqrt{2}$에 대하여 다음이 성립한다.

$$\delta(\alpha)$$
$$= \delta(a + b\sqrt{2}) = \delta(a) + \delta(b\sqrt{2}) = \delta(a) + \delta(b)\delta(\sqrt{2})$$
$$= a + b\delta(\sqrt{2}) = a - b\sqrt{2}$$
$$\delta^2(\alpha)$$
$$= \delta(a - b\sqrt{2}) = a + b\sqrt{2}$$

  따라서 $G(K/\mathbb{Q})$는 위수가 2인 가환군 $\mathbb{Z}_2$이다.

- $K = \mathbb{Q}(\omega)$는 $f(x) = x^2 + x + 1 \in \mathbb{Q}[x]$의 분해체이고 ω는 $f(x)$의 근이다. 임의의 $\delta \in G(K/\mathbb{Q})$에 대하여 $\delta(\omega)$도 $f(x)$의 근이므로 $\delta(\omega)$는 ω이든가 ω^2이다. 즉, δ는 다음과 같이 두 가지 경우만 있다.

$$\omega \mapsto \omega \ \text{ 또는 } \ \omega \mapsto \omega^2$$

  $G(K/\mathbb{Q})$는 위수가 2인 가환군 $\mathbb{Z}_2$임을 알 수 있다.

- $K = \mathbb{Q}(\sqrt[3]{2}, \omega)$는 $x^3 - 2 \in \mathbb{Q}[x]$의 분해체이다. $\sqrt[3]{2}, \sqrt[3]{2}\omega, \sqrt[3]{2}\omega^2$은 $x^3 - 2$

의 근이므로 임의의 $\delta \in G(K/\mathbb{Q})$에 대하여 $\delta(\sqrt[3]{2})$는 $\sqrt[3]{2}, \sqrt[3]{2}\omega,$ $\sqrt[3]{2}\omega^2$ 중 하나이다. 한편, ω와 ω^2은 x^2+x+1의 근이므로 $\delta(\omega)$는 ω, ω^2 중 하나이다.

결국 $\delta \in G(K/\mathbb{Q})$는 다음의 여섯 가지 경우 중 하나이다.

$$1 = \begin{cases} \sqrt[3]{2} \mapsto \sqrt[3]{2} \\ \omega \mapsto \omega \end{cases} \qquad \sigma = \begin{cases} \sqrt[3]{2} \mapsto \sqrt[3]{2}\omega \\ \omega \mapsto \omega \end{cases} \qquad \sigma^2 = \begin{cases} \sqrt[3]{2} \mapsto \sqrt[3]{2}\omega^2 \\ \omega \mapsto \omega \end{cases}$$

$$\tau = \begin{cases} \sqrt[3]{2} \mapsto \sqrt[3]{2} \\ \omega \mapsto \omega^2 \end{cases} \qquad \tau\sigma = \begin{cases} \sqrt[3]{2} \mapsto \sqrt[3]{2}\omega^2 \\ \omega \mapsto \omega^2 \end{cases} \qquad \tau\sigma^2 = \begin{cases} \sqrt[3]{2} \mapsto \sqrt[3]{2}\omega \\ \omega \mapsto \omega^2 \end{cases}$$

갈루아 군 $G(K/\mathbb{Q}) = \{1, \sigma, \sigma^2, \tau, \tau\sigma, \tau\sigma^2\}$은 S_3과 동형이라는 것을 확인해 보자. 이를 위해, $G(K/\mathbb{Q}) = \{1, \sigma, \sigma^2, \tau, \tau\sigma, \tau\sigma^2\}$ 각각의 원소가 x^3-2의 세 근 $\sqrt[3]{2}, \sqrt[3]{2}\omega, \sqrt[3]{2}\omega^2$을 어떻게 치환시키는지 살피자.

관례에 따라 $\sqrt[3]{2}$를 $\sqrt[3]{2}\omega$로 대응시키고 $\sqrt[3]{2}\omega$를 $\sqrt[3]{2}\omega^2$으로 대응시키며 $\sqrt[3]{2}\omega^2$을 $\sqrt[3]{2}$로 대응시키는 치환을 (123)으로 표현한다. 마찬가지로 $\sqrt[3]{2}$는 고정시키고 $\sqrt[3]{2}\omega$를 $\sqrt[3]{2}\omega^2$으로 대응시키고 $\sqrt[3]{2}\omega^2$을 $\sqrt[3]{2}\omega$로 대응시키는 치환은 (23)으로 표현한다. 실제로 $G(K/\mathbb{Q})$의 원소와 $S_3 = \{1, (123), (132), (12), (13), (23)\}$의 원소의 관계는 다음과 같다.

$$1 = \begin{cases} \sqrt[3]{2} \mapsto \sqrt[3]{2} \\ \sqrt[3]{2}\omega \mapsto \sqrt[3]{2}\omega \\ \sqrt[3]{2}\omega^2 \mapsto \sqrt[3]{2}\omega^2 \end{cases} \qquad \tau = (23) = \begin{cases} \sqrt[3]{2} \mapsto \sqrt[3]{2} \\ \sqrt[3]{2}\omega \mapsto \sqrt[3]{2}\omega^2 \\ \sqrt[3]{2}\omega^2 \mapsto \sqrt[3]{2}\omega \end{cases}$$

$$\sigma = (123) = \begin{cases} \sqrt[3]{2} \mapsto \sqrt[3]{2}\omega \\ \sqrt[3]{2}\omega \mapsto \sqrt[3]{2}\omega^2 \\ \sqrt[3]{2}\omega^2 \mapsto \sqrt[3]{2} \end{cases} \qquad \tau\sigma = (13) = \begin{cases} \sqrt[3]{2} \mapsto \sqrt[3]{2}\omega^2 \\ \sqrt[3]{2}\omega \mapsto \sqrt[3]{2}\omega \\ \sqrt[3]{2}\omega^2 \mapsto \sqrt[3]{2} \end{cases}$$

$$\sigma^2 = (132) = \begin{cases} \sqrt[3]{2} \mapsto \sqrt[3]{2}\omega^2 \\ \sqrt[3]{2}\omega \mapsto \sqrt[3]{2} \\ \sqrt[3]{2}\omega^2 \mapsto \sqrt[3]{2}\omega \end{cases} \qquad \tau\sigma^2 = (12) = \begin{cases} \sqrt[3]{2} \mapsto \sqrt[3]{2}\omega \\ \sqrt[3]{2}\omega \mapsto \sqrt[3]{2} \\ \sqrt[3]{2}\omega^2 \mapsto \sqrt[3]{2}\omega^2 \end{cases}$$

삼차다항식 $(x-1)(x-2)(x-3) \in \mathbb{Q}[x]$의 갈루아 군은 $G(\mathbb{Q}/\mathbb{Q}) = 1$이고, 삼차 다항식 $x^3-1 = (x-1)(x^2+x+1) \in \mathbb{Q}[x]$의 갈루아 군은 이차다항식 $x^2+x+1 \in$

$\mathbb{Q}[x]$의 갈루아 군 $\mathbb{Z}_2$이다.

- $K=\mathbb{Q}(\sqrt{2}, \sqrt{3})$은 다항식 $(x^2-2)(x^2-3)\in\mathbb{Q}[x]$의 분해체이다. $\sqrt{2}$와 $-\sqrt{2}$는 x^2-2의 근이므로 임의의 $\delta\in G(K/\mathbb{Q})$에 대하여 $\delta(\sqrt{2})$는 $\sqrt{2}$이거나 $-\sqrt{2}$이다. 또 $\sqrt{3}$과 $-\sqrt{3}$은 x^2-3의 근이므로 임의의 $\delta\in G(K/\mathbb{Q})$에 대하여 $\delta(\sqrt{3})$은 $\sqrt{3}$이거나 $-\sqrt{3}$이다. 따라서 $\delta\in G(K/\mathbb{Q})$는 다음의

네 가지 경우 중 하나이다.

$$1 = \begin{cases} \sqrt{2} \mapsto \sqrt{2} \\ \sqrt{3} \mapsto \sqrt{3} \end{cases} \qquad \sigma = \begin{cases} \sqrt{2} \mapsto \sqrt{2} \\ \sqrt{3} \mapsto -\sqrt{3} \end{cases}$$

$$\tau = \begin{cases} \sqrt{2} \mapsto -\sqrt{2} \\ \sqrt{3} \mapsto \sqrt{3} \end{cases} \qquad \tau\sigma = \begin{cases} \sqrt{2} \mapsto -\sqrt{2} \\ \sqrt{3} \mapsto -\sqrt{3} \end{cases}$$

즉, $G(K/\mathbb{Q})$는 위수가 4인 군이고 이 군이 가환군 V_4인 것을 쉽게 알 수 있다.

- $K = \mathbb{Q}(\sqrt[4]{2}, i)$는 다항식 $x^4 - 2 \in \mathbb{Q}[x]$의 분해체이다. 삼차다항식 $x^3 - 2 \in \mathbb{Q}[x]$의 분해체 $\mathbb{Q}(\sqrt[3]{2}, \omega)$의 경우와 똑같은 절차로 $G(K/\mathbb{Q})$는 D_4임을 알 수 있다.

직접 계산해 보자. $\sqrt[4]{2}, \sqrt[4]{2}\,i, -\sqrt[4]{2}, -\sqrt[4]{2}\,i$는 $x^4 - 2$의 근으로서 K의 원소이고, $i, -i$는 $x^2 + 1$의 근으로서 역시 K의 원소이다. 임의의 $\delta \in G(K/\mathbb{Q})$에 대하여 $\delta(\sqrt[4]{2})$는 $\sqrt[4]{2}, \sqrt[4]{2}\,i, -\sqrt[4]{2}, -\sqrt[4]{2}\,i$ 중 하나이고, $\delta(i)$는 $i, -i$ 중 하나이다. 따라서 $\delta \in G(K/\mathbb{Q})$는 다음의 여덟 가지 경우 중 하나이다.

$$1 = \begin{cases} \sqrt[4]{2} \mapsto \sqrt[4]{2} \\ i \quad \mapsto i \end{cases} \qquad \tau = \begin{cases} \sqrt[4]{2} \mapsto \sqrt[4]{2} \\ i \quad \mapsto -i \end{cases}$$

$$\sigma = \begin{cases} \sqrt[4]{2} \mapsto \sqrt[4]{2}\,i \\ i \quad \mapsto i \end{cases} \qquad \tau\sigma = \begin{cases} \sqrt[4]{2} \mapsto -\sqrt[4]{2}\,i \\ i \quad \mapsto -i \end{cases}$$

$$\sigma^2 = \begin{cases} \sqrt[4]{2} \mapsto -\sqrt[4]{2} \\ i \quad \mapsto i \end{cases} \qquad \tau\sigma^2 = \begin{cases} \sqrt[4]{2} \mapsto -\sqrt[4]{2} \\ i \quad \mapsto -i \end{cases}$$

$$\sigma^3 = \begin{cases} \sqrt[4]{2} \mapsto -\sqrt[4]{2}\,i \\ i \quad \mapsto i \end{cases} \qquad \tau\sigma^3 = \begin{cases} \sqrt[4]{2} \mapsto \sqrt[4]{2}\,i \\ i \quad \mapsto -i \end{cases}$$

이들을 $x^4 - 2$의 네 근 $\sqrt[4]{2}, \sqrt[4]{2}\,i, -\sqrt[4]{2}, -\sqrt[4]{2}\,i$에 대한 치환으로 나타내 보자. 관례에 따라 $\sqrt[4]{2}$를 $\sqrt[4]{2}\,i$로, $\sqrt[4]{2}\,i$를 $-\sqrt[4]{2}$로, $-\sqrt[4]{2}$를 $-\sqrt[4]{2}\,i$로, $-\sqrt[4]{2}\,i$를 $\sqrt[4]{2}$로 대응시키는 치환을 (1234)로 표현한다. 마찬가지로 $\sqrt[4]{2}$와 $\sqrt[4]{2}\,i$는 고정시키고, $-\sqrt[4]{2}$는 $-\sqrt[4]{2}\,i$로, $-\sqrt[4]{2}\,i$는 $-\sqrt[4]{2}$로 대응시키는 치환을 (34)로 표현한다.

실제로 $G(K/\mathbb{Q})$의 원소와 $D_4 = \{1, (1234), (13)(24), (1432), (24), (14)(23),$

(13), (12)(34)}의 원소의 관계는 다음과 같다.

$$1 = \begin{cases} \sqrt[4]{2} \mapsto \sqrt[4]{2} \\ \sqrt[4]{2}\,i \mapsto \sqrt[4]{2}\,i \\ -\sqrt[4]{2} \mapsto -\sqrt[4]{2} \\ -\sqrt[4]{2}\,i \mapsto -\sqrt[4]{2}\,i \end{cases}$$

$$\tau = (24) = \begin{cases} \sqrt[4]{2} \mapsto \sqrt[4]{2} \\ \sqrt[4]{2}\,i \mapsto -\sqrt[4]{2}\,i \\ -\sqrt[4]{2} \mapsto -\sqrt[4]{2} \\ -\sqrt[4]{2}\,i \mapsto \sqrt[4]{2}\,i \end{cases}$$

$$\sigma = (1234) = \begin{cases} \sqrt[4]{2} \mapsto \sqrt[4]{2}\,i \\ \sqrt[4]{2}\,i \mapsto -\sqrt[4]{2} \\ -\sqrt[4]{2} \mapsto -\sqrt[4]{2}\,i \\ -\sqrt[4]{2}\,i \mapsto \sqrt[4]{2} \end{cases}$$

$$\tau\sigma = (14)(23) = \begin{cases} \sqrt[4]{2} \mapsto -\sqrt[4]{2}\,i \\ \sqrt[4]{2}\,i \mapsto -\sqrt[4]{2} \\ -\sqrt[4]{2} \mapsto \sqrt[4]{2}\,i \\ -\sqrt[4]{2}\,i \mapsto \sqrt[4]{2} \end{cases}$$

$$\sigma^2 = (13)(24) = \begin{cases} \sqrt[4]{2} \mapsto -\sqrt[4]{2} \\ \sqrt[4]{2}\,i \mapsto -\sqrt[4]{2}\,i \\ -\sqrt[4]{2} \mapsto \sqrt[4]{2} \\ -\sqrt[4]{2}\,i \mapsto \sqrt[4]{2}\,i \end{cases}$$

$$\tau\sigma^2 = (13) = \begin{cases} \sqrt[4]{2} \mapsto -\sqrt[4]{2} \\ \sqrt[4]{2}\,i \mapsto \sqrt[4]{2}\,i \\ -\sqrt[4]{2} \mapsto \sqrt[4]{2} \\ -\sqrt[4]{2}\,i \mapsto -\sqrt[4]{2}\,i \end{cases}$$

$$\sigma^3 = (1432) = \begin{cases} \sqrt[4]{2} \mapsto -\sqrt[4]{2}\,i \\ \sqrt[4]{2}\,i \mapsto \sqrt[4]{2} \\ -\sqrt[4]{2} \mapsto \sqrt[4]{2}\,i \\ -\sqrt[4]{2}\,i \mapsto -\sqrt[4]{2} \end{cases}$$

$$\tau\sigma^3 = (12)(34) = \begin{cases} \sqrt[4]{2} \mapsto \sqrt[4]{2}\,i \\ \sqrt[4]{2}\,i \mapsto \sqrt[4]{2} \\ -\sqrt[4]{2} \mapsto -\sqrt[4]{2}\,i \\ -\sqrt[4]{2}\,i \mapsto -\sqrt[4]{2} \end{cases}$$

여광: 삼차다항식에 따라 갈루아 군이 다르네요.

여휴: 그렇습니다. 삼차다항식 x^3-2의 갈루아 군은 S_3이지만 삼차다항식 x^3-1의 갈루아 군은 이차다항식 x^2+x+1의 갈루아 군과 같이 $\mathbb{Z}_2$입니다. 여기서 주목할 것은 $\mathbb{Z}_2$는 S_3의 부분군과 동형이라는 것입니다. 사실 임의의 삼차다항식의 갈루아 군은 항상 S_3의 부분군과 동형입니다.

여광: 갈루아 군의 구조가 간단할수록 그 다항식을 풀기가 쉽다고 생각하면 되겠죠? 예를 들어, 갈루아 군이 S_3인 삼차다항식의 풀이가 삼차다항식 중에서는 제일 복잡한 것이죠?

여휴: 직관적으로 그렇게 생각해도 됩니다. 예로, 삼차다항식 $(x-1)(x-2)(x-3)$의 갈루아 군은 1로서 자명한 군이죠. 삼차방정식 $(x-1)(x-2)(x-3)=0$은 정말 쉽게 풀 수 있잖아요.

여광: 사차다항식의 경우도 똑같이 성립하겠죠? 즉, 사차다항식 각각에 따라 갈루아 군이 다르겠지만 그 모두는 S_4의 부분군과 동형이겠군요.

여휴: 맞습니다. 예를 들어 다항식 $(x^2-2)(x^2-3)$의 갈루아 군은 V_4이고, 다항식 x^4-2의 갈루아 군은 D_4이죠. 둘 다 S_4의 부분군과 동형입니다.

여광: 오차다항식의 갈루아 군도 모두 S_5의 부분군과 동형이겠습니다.

여휴: 그럼요. 오차다항식의 갈루아 군이 S_5이거나 A_5인 경우에는 그 다항식이 거듭제곱근을 사용하여 풀리지 않습니다.

갈루아 군이 S_4인 사차다항식 $x^4+2x+\dfrac{3}{4}\in\mathbb{Q}[x]$의 분해체와 갈루아 군에 관하여 자세히 살피기 위해서는 약간의 계산을 해야 한다. 이것은 뒤 IX장에 가서 꼼꼼하게 할 것이다.

- 오차다항식 $(x-1)^2(x^3-2)\in\mathbb{Q}[x]$의 갈루아 군은 삼차다항식 x^3-2의 갈루아 군 S_3이다. 그러나 일반적인 오차다항식의 갈루아 군 계산은 쉽지 않다.

5. 불변체

K가 F의 확대체일 때 군 $G(K/F)$를 얻을 수 있다. 다시 말해서, 확대체가 있으면 그로부터 군을 얻을 수 있는 것이다. 이 과정의 반대 방향을 생각해 보자. 이를 위해 체 E가 K와 F 사이에 있을 때, 즉 $F\leq E\leq K$일 때 체 E를 K와 F의 중간체라고 부르자. $F\leq K$이고 H가 $G(K/F)$의 부분군일 때, $K_H=\{k\in K\mid \delta(k)=k, \forall\delta\in H\}$는 F를 품는 K의 부분체라는 것을 쉽게 알 수 있다. 이때 K_H를 H에 의한 K의 '불변체$^{\text{fixed field}}$'라고 한다. K의 원소 중에서 H에 속하는 모든 사상에 의하여 불변인^{고정된} 것들의 집합이 K_H인 것이다. 몇 개의 예를 들어 보자.

- 다항식 $f(x) = x^3 - 2 \in \mathbb{Q}[x]$의 분해체는 $K = \mathbb{Q}(\sqrt[3]{2}, \omega)$이다. 앞에서 한 계산에 따르면 $f(x)$의 갈루아 군 $S_3 = \{1,\ \sigma = (123),\ \sigma^2 = (132),\ \tau = (23),\ \tau\sigma = (13),\ \tau\sigma^2 = (12)\}$의 부분군 $I = \{1, \sigma, \sigma^2\}$에 의한 불변체 K_I는 $\mathbb{Q}(\omega)$이고, 부분군 $J = \{1, \tau\}$에 의한 불변체 K_J는 $\mathbb{Q}(\sqrt[3]{2})$이다.

- 다항식 $f(x) = (x^2 - 2)(x^2 - 3) \in \mathbb{Q}[x]$의 분해체는 $K = \mathbb{Q}(\sqrt{2}, \sqrt{3})$이다. 앞에서 계산한 바에 따르면 $f(x)$의 갈루아 군 $V_4 = \{1, \tau, \sigma, \tau\sigma\}$의 부분군 $I = \{1, \sigma\}$에 의한 불변체 K_I는 $\mathbb{Q}(\sqrt{2})$이고, 부분군 $H = \{1, \tau\}$에 의한 불변체 K_H는 $\mathbb{Q}(\sqrt{3})$이며, 부분군 $J = \{1, \tau\sigma\}$에 의한 불변체 K_J는 $\mathbb{Q}(\sqrt{6})$이다.

갈루아 군과 불변체 사이에서 다음 사실을 알 수 있다.

- K의 부분체이고 F의 확대체 L, M에 대하여 $L \leq M$이면 $G(K/F) \geq G(K/L) \geq G(K/M) \geq 1$이다.

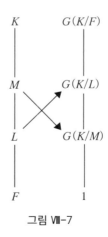

그림 VIII-7

- $G(K/F)$의 부분군 I, J에 대하여 $I \geq J$이면 $F \leq K_I \leq K_J \leq K$이다.

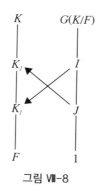

그림 Ⅷ-8

좋은 결과를 기대하며 먼저, 다음의 상황을 생각해 보자.

K의 부분체이고 F의 확대체 L에 대하여 $G(K/L)$를 계산한다.

$G(K/L)$는 $G(K/F)$의 부분군이다.

$G(K/L)$에 의한 K의 불변체 $K_{G(K/L)}$를 계산한다.

$K_{G(K/L)}$가 L이면 좋겠다.

L이 왔던 곳으로 되돌아가는 것이다.

다음과 같은 상황도 기대해 보자.

> $G(K/F)$의 부분군 I에 대하여 불변체 K_I를 계산한다.
>
> K_I는 K의 부분체이고 F의 확대체이다.
>
> 군 $G(K/K_I)$를 계산한다.
>
> $G(K/K_I)$가 I면 좋겠다.
>
> 앞에서와 같이 I가 왔던 곳으로 되돌아가는 것이다.

> **여광:** 방금 말한 상황이 일어나면 좋겠어요. 앞의 과정에서 다항식의 문제를 분해체의 문제로 바꾸고, 분해체의 문제를 군의 문제로 바꿨습니다. 이처럼 두 가지 상황으로 바꿀 때 유용한 규칙이 있기 때문에 다항식의 문제를 여러 측면에서 살필 수 있겠군요.
>
> **여휴:** 정확합니다. 그것이 바로 갈루아 이론의 전체 얼개입니다. '왔던 곳으로 되돌아가는' 멋진 상황이 언제 조성되는지 알면 놀랄 것입니다. '정규부분군' 개념이 이때 가치를 과시합니다.

6. 분해체의 성질

항상 $F \leq K_{G(K/F)} \leq K$라는 사실은 분명하다. 그렇다면 극단적인 상황으로 $F = K_{G(K/F)}$ 또는 $K_{G(K/F)} = K$일 수 없을까? $F = K_{G(K/F)}$일 때, K를 '갈루아 확대체Galois extension'라고 한다.

여광: $K=K_{G(K/F)}$인 경우도 특별한데, 이런 경우에 해당하는 용어도 있나요?

여휴: 좋은 질문입니다. $K=K_{G(K/F)}$라는 말은 무엇을 뜻할까요?

여광: K의 모든 원소가 $G(K/F)$의 모든 원소에 의해 고정된다ᵇᵘⁿᵇᵉⁿᵈᵃᵉ는 뜻입니다.

여휴: 그렇다면 $G(K/F)$에는 항등원 이외의 원소가 없다는 말 아닌가요?

여광: 그런가요? 잠시 생각해 보겠습니다. $G(K/F)$에 항등원 이외의 원소 σ가 있다면 무슨 일이 일어나나요?

여휴: σ는 항등함수가 아니므로 $\sigma(x) \neq x$인 x가 K에 있어야 합니다. 하지만 K의 모든 원소가 $G(K/F)$의 모든 원소에 의해 고정될 수 없습니다. 즉, $K=K_{G(K/F)}$라는 말은 $G(K/F)=1$이라는 말입니다. 따라서 $K=K_{G(K/F)}$인 경우는 생각할 필요가 없습니다.

그럼 갈루아 확대체의 예를 들어 보자.

- 다항식 $x^2-2 \in \mathbb{Q}[x]$의 분해체 $K=\mathbb{Q}(\sqrt{2})$에 대해 $K_{G(K/\mathbb{Q})}=\mathbb{Q}$이므로 $\mathbb{Q}(\sqrt{2})$는 $\mathbb{Q}$의 갈루아 확대체이다.

- 다항식 $x^3-2 \in \mathbb{Q}[x]$의 분해체 $K=\mathbb{Q}(\sqrt[3]{2}, \omega)$에 대해 $K_{G(K/\mathbb{Q})}=\mathbb{Q}$이므로 $\mathbb{Q}(\sqrt[3]{2}, \omega)$는 $\mathbb{Q}$의 갈루아 확대체이다.

앞에서 제시한 갈루아 확대체의 예는 모두 어떤 다항식의 분해체이다. 사실은 항상 그렇다. 갈루아 확대체와 분해체는 같은 의미라고 보면 된다. 분해체를 '정규확대체normal extension'라고도 한다. Ⅸ장에서 정규부분군과 정규확대체 사이의 밀접한 관계를 알게 될 것이다.

여광: 수학이 참 신기하다는 생각이 들어요.

여휴: 왜 그런 생각이 갑자기 드셨나요? 새삼스럽습니다.

여광: 수학에서 어떤 개념의 정의를 보면 참 자연스럽다는 생각이 들어요. 군더더기가 전혀 없이 뜻을 정한 것처럼 말입니다.

여휴: 그렇게 정의하지 않으면 수학 생태계에서 살아남지 못하죠. 정의가 새롭게 다듬어지거나 아니면 도태되어 버릴 것입니다. 수학은 철저히 이성적 진화의 산물이라고 보아야 하거든요.

여광: 분해체의 정의도 그렇습니다. '주어진 다항식의 모든 근을 다 가지고 있는 가장 작은 체'는 얼마나 자연스럽습니까?

여휴: 그 정의가 그렇게 신기하나요?

여광: 정의가 신기한 게 아닙니다. 그렇게 자연스럽게 정의된 수학적 개념은 한결같이 멋진 성질을 가진다는 것이 신기합니다. 분해체의 다양한 성질처럼 말입니다.

여휴: 분해체는 확대체가 가지고 싶은 성질은 모두 가지고 있는 것 같네요. 분해체는 정규확대체이고 갈루아 확대체이니 말입니다.

여광: 분해체를 논의하니 갑자기 질문이 하나 생겼습니다.

여휴: 오늘 여광 선생의 수학적 호기심이 활화산 같습니다.

여광: 갈루아 군이 S_3인 삼차다항식이 있고, 갈루아 군이 $\mathbb{Z}_2$인 삼차다항식이 있으며, 갈루아 군이 1인 삼차다항식이 있습니다. S_3의 부분군은 $\mathbb{Z}_3$과 동형인 부분군도 있잖아요? 그렇다면 갈루아 군이 $\mathbb{Z}_3$인 삼차다항식의 예는 무엇인가요?

여휴: 좋은 질문이네요.

여광: 그게 의미 있는 질문인가요?

여휴: 그렇게 생각합니다.

여광: 왜죠?

여휴: 그전에 나도 질문 하나 합시다. 그 문제하고 분해체는 무슨 관계가 있나요?

여광: 어떤 다항식의 갈루아 군을 계산하려면 그 다항식의 분해체를 먼저 알아야 하지 않습니까?

여휴: 선생의 질문은 다음 조건을 만족시키는 삼차다항식 $f(x) \in \mathbb{Q}[x]$를 찾으라

는 거군요.

다항식 $f(x)$의 분해체를 K라고 하면 $G(K/\mathbb{Q}) \simeq \mathbb{Z}_3$이다.

여광: 그렇습니다.

여휴: 좋은 질문입니다. 갈루아 군이 $\mathbb{Z}_3$인 유리 계수 삼차다항식을 제시하기 위해서는 약간의 수고를 좀 하여야 하거든요.

여광: 그렇습니까? 자세한 이야기는 다음 기회로 미룹시다. 그런데 갈루아 군이 $\mathbb{Z}_3$인 유리 계수 삼차다항식이 있기는 합니까?

여휴: 그럼요. 다항식 $x^3 - 3x - 1$의 갈루아 군이 $\mathbb{Z}_3$입니다. 이차다항식에도 판별식이 있듯이 삼차다항식에도 판별식이 있습니다. 주어진 다항식의 판별식을 계산하면 그 다항식의 갈루아 군도 알 수 있습니다. 제가 '수고'하여야 한다고 말한 이유는 판별식 이야기를 하여야 하기 때문입니다.

여광: '약간의 수고'가 아니고 '많은 수고'를 해야 할 것 같으니 다음으로 미룹시다.

여휴: 그게 좋겠어요. 좌우지간 갈루아 이론을 향하여 제법 많이 왔습니다. 지나온 길을 되돌아보면 어떨까요?

여광: 그렇게 하고 싶던 참입니다. 수학자들은 다항식의 풀이 가능성 문제의 관건은 대칭이라는 것을 분명하게 인지하였습니다. 아름다움의 코드인 대칭이 이 깊은 비밀의 열쇠임을 깨달은 것이죠.

여휴: 대칭의 언어는 군론입니다. 군론의 기본적인 내용은 이미 앞에서 소개하였지만, 갈루아 이론의 멋을 제대로 이해하려면 언어를 좀 더 정교하게 사용해야 하겠습니다. 대칭과 관련된 단어의 수도 더 늘려 표현을 정확하게 해야 합니다. 특히 분해체와 갈루아 군 사이의 절묘한 관계를 효과적으로 설명할 단어들이 필요할 것 같습니다.

여광: 유리 계수 다항식의 분해체 K와 유리수체 $\mathbb{Q}$ 사이에 여러 개의 중간체가 있을 수 있고, 갈루아 군 $G(K/\mathbb{Q})$는 여러 개의 부분군을 가질 수 있습니다. K와 $\mathbb{Q}$ 사이의 중간체 하나에 $G(K/\mathbb{Q})$의 부분군 하나가 대응합니다. 역으로, $G(K/\mathbb{Q})$의 부분군 하나에 K와 $\mathbb{Q}$ 사이의 중간체 하나가 대응합니다. 사실 $G(K/\mathbb{Q})$의 부분군을 H라고 하면, H에 대응하는 중간체는 H에 의해 불변인 체 K_H입니다. 이 대응이 꽤 흥미롭습니다. 한쪽에서 커지면 대응하는 쪽에서는 작아지니 말입니다.

여휴: 중간체 중에 특별한 것이 있습니다. 바로 어떤 다항식의 분해체인 경우입니다. 이 경우에 중간체는 갈루아 확대체이자 정규확대체입니다. 이는 아주 편리한 여건을 조성합니다. 부분군 중에도 특별한 것이 있습니다. 바로 정규부분군입니다. 사실 정규부분군에서 '정규'는 정규확대체의 정규에서 온 것입니다.

여광: 앞에서 정규부분군의 중요성을 여러 차례 강조하였는데 결국은 정규확대체의 중요성을 강조한 것이군요.

여휴: 그렇습니다. 정규확대체가 있으면 원래의 다항식을 보다 간단한 다항식으로 나누어 풀 수 있다는 뜻이거든요.

오차다항식의 가해성에 관한 갈루아의 생각이 윤곽을 드러냈다. 다음과 같다.

- 유리수체 $\mathbb{Q}$의 확대체로서 주어진 다항식 $f(x)$의 모든 근을 가지고 있으며 가장 작은 것을 생각한다. 그 확대체 K를 $f(x)$의 분해체라고 한다. 다항식의 가해성 문제를 체^{field}에 관한 문제로 바꾸는 것이다. 다시 말하면 다항식의 가해성 문제를 대수적 구조에 관한 언어로 표현하는 것이다.

- 다항식 $f(x)$의 분해체 K로부터 군의 구조를 추출한다. 이 과정을 통해 얻는 군을 $f(x)$의 갈루아 군이라고 한다. 다음 사실이 중요한 역할을 한다.

  K가 F의 확대체이고 $f(x)$가 F의 원소들을 계수로 가지는 다항식이라고 하자. $u \in K$가 $f(x)$의 근이고 $\sigma \in G(K/F)$이면, $\sigma(u)$도 $f(x)$의 근이다. 실제로 n차다항식의 갈루아 군은 S_n의 부분군과 동형이다. 예를 들어 3, 4, 5차다항식의 갈루아 군은 각각 S_3, S_4, S_5와 관련된다.

- 분해체는 여러 가지 편리한 성질을 가진다. 그런 의미에서 분해체는 정규확대체이고 갈루아 확대체이다.

다항식의 풀이에 관한 문제가 확대체의 문제가 되었고,
확대체의 문제는 군의 문제가 되었다.
두 상황의 관계가 범상치 않다.
뭔가 좋은 일이 있을 것 같다.

이에 관한 답은 갈루아가 한다.
유언을 쓰기 전, 갈루아는 세 차례나 유언이 아닌 논문으로 자기의 깨달음을 말했다.
그러나 그의 논문은 분실되거나 반송되었다.

결국 그는 삶의 마지막 순간에 유언으로 말한다.
죽기 3년 전부터 발표하려고 그렇게 노력했던 논문 세 편도 남겼다.
이 유언은 분실되지 않았다. 참 다행이다.
과거엔 무시되거나 분실되었던 논문을 죽음으로 말하니
그 무게가 달랐나 보다.

자, 다시 떠나도록 하자. 이제 그의 비장한 유언이 세상에 소개될 것이다.

갈루아 이론이 무엇인가?

깊은 대칭

뉴턴과 라이프니츠는 미적분학을 동시에 발견하였다. 그러나 라이프니츠의 기호가 효율적이었나 보다. 지금 미적분학에서 주로 사용하는 기호는 라이프니츠의 것이기 때문이다. 라이프니츠는 언어학과 기호논리의 전문가였다. 그의 언어적 감각과 능력은 그의 수학을 효과적으로 표현할 수 있게 하였다.

여광: 라이프니츠는 동양철학에도 관심이 많았다고 들었습니다.

여휴: 네. 라이프니츠는 주역周易에 많은 관심이 있었고 그가 창안한 이진법은 괘卦를 수학적으로 표현하기 위한 개념이라고 볼 수 있습니다.

여광: 태극기에 그려져 있는 괘卦를 말씀하시는 건가요?

여휴: 그렇습니다. 4괘, 8괘, 16괘, 64괘 등을 이진법으로 표현하면 매우 흥미롭습니다. 괘의 표현에서 라이프니츠의 언어적 감각을 느낄 수 있어요.

라그랑주는 어린 코시를 만났을 때 그의 탁월한 수학적 재능을 금방 알아봤다. 그때 라그랑주가 코시 아버지에게 엄히 권한 것은 '수학 조기교육'이나 '영재교육'

이 아니었다. 코시가 언어를 충분히 익히기 전에는 절대로 수학을 접하게 하지 말라는 것이었다. 라그랑주는 언어능력이 수학과 무관하지 않기 때문에 언어능력의 발달이 수학보다 선행되어야 한다고 생각하였다.

갈루아는 고등학교에 다닐 때 수학 우등생은 아니었어도 라틴어와 헬라어에는 우등생이었다. 갈루아의 수학적 재능은 인정받기 어려웠지만, 그의 언어적 재능은 수학적 재능을 활짝 피어나게 한 것 같다.

대칭에 관한 갈루아의 생각을 더욱 다듬어, 체계적이고 간편하게 확립한 사람은 케일리A. Cayley, 1821-1895이다. 케일리는 행렬matrix의 현대적 정의를 부여하고 행렬의 연산과 기본적인 성질을 정립한 사람이다. 그는 군group의 개념을 결합법칙, 항등원, 역원의 성질로 형식화한 사람이기도 하다. 케일리의 본업은 변호사였다. 그는 언어능력에서 뛰어났고, 헬라어, 이탈리아어, 독일어, 프랑스어를 공부한 사람이다. 그의 탁월한 언어적 감각은 또 하나의 언어인 수학에서도 유감없이 발휘되었다.

수천 년간 감춰져 있던 오차다항식의 비밀을 해독할 갈루아의 수학적 언어를 보자. 대칭은 깊이 묻힌 보화였고, 갈루아의 언어는 깊은 대칭을 효과적이며 아름답게 설명한다. 이 언어가 종국에는 오차다항식 풀이의 비밀을 드러나게 했다.

1. 가해군

우리는 앞에서 이미 새로운 언어를 소개하였다. 수학에 특별히 관심을 가지는 사람이 아니면 사용하지 않는 단어와 개념이다. 그 정도의 단어를 이해하고 익히는 것도 만만치 않은 일인데 보다 더 고급 언어를 익혀야 한다. 갈루아의 깊은 생각, 갈루아의 유언을 제대로 읽기 위해서는 달리 방법이 없다. 갈루아는 이 땅에서의 마지막 날 저녁, 후세 사람들이 자신의 수학을 이해하길 바랐고, 그 수학을 이해하기 위한 수고는 큰 유익을 줄 것이라고 확신했다.

> Après cela, il se trouvera, j'espère, des gens
>
> qui trouveront leur profit à déchiffrer tout ce gâchis.
>
> Later there will be, I hope, some people who will find it
>
> to their advantage to understand the deep meaning of all this mess.
>
> 훗날, 이러한 깊은 내용을 이해하여
>
> 큰 유익을 얻는 사람이 있기를 바라네.

대칭은 아름다움의 핵심 코드이다. 갈루아가 유언으로 남긴 대칭은 음악이나 미술, 문학이나 자연과학이 노래하는 그 어느 대칭보다 더 깊은 대칭이다.

갈루아는 다항식의 근의 공식 문제를 확대체의 문제로 바꾸고, 확대체의 문제를 군의 문제, 즉 대칭에 관한 문제로 바꿨다. 이제 갈루아는 다항식의 근의 공식이 존재해야 할 조건을 대칭의 언어로 표현하여야 한다.

이 책의 주요 주제는 다항식이고 다항식의 갈루아 군은 유한군이므로 특별한 이유가 없는 한 유한군을 생각하자. 유한군 G가 다음 세 가지 조건 모두를 만족시키는 부분군 열series을 가지면 G를 가해군可解群, solvable group이라고 한다.

- $G = G_0 \geq G_1 \geq \cdots \geq G_{t-1} \geq G_t = 1$
- 각각의 $i(i=1, \cdots, t)$에 대하여 G_i는 G_{i-1}의 정규부분군이다.
- 각각의 $i(i=1, \cdots, t)$에 대하여 상군 G_{i-1}/G_i은 소수^{prime number} 위수이다.

상군 G_{i-1}/G_i이 소수 위수이면 G_{i-1}/G_i은 당연히 가환군^{아벨군}이다. 가해군의 정의에서 '정규부분군'과 '가환군^{아벨군}'의 중요성을 주목하여야 한다. 가해군에서 '가해 ^{solvable}'의 의미는 다항식에서 '가해성', 즉 '근의 공식으로 풀 수 있다'는 의미와 통한다. 즉, 다항식을 근의 공식으로 풀기 위해서는 그 다항식의 갈루아 군이 가해군이어야 하고, 이는 곧 갈루아 군이 위의 정의를 만족시킬 수 있도록 정규부분군을 가져야 한다는 의미이다. 몇 가지 가해군의 예를 살펴보자.

- 모든 가환군은 가해군이다. 그 이유를 간단한 예를 통하여 살펴보자. 먼저, 다음을 기억하자. 유한가환군 G의 위수를 n이라고 하고 k가 n의 약수이면 G는 위수가 k인 부분군을 가진다. 가환군의 모든 부분군은 정규부분군이다. 예를 들어, 위수가 $24 = 2^3 \times 3$인 가환군 G를 생각해 보자. G는 위수가 8인 정규부분군 G_1을 가지고, G_1은 위수가 4인 정규부분군 G_2를 가지며, G_2는 위수가 2인 정규부분군 G_3을 가진다. 이제 부분군 열 $G = G_0 \geq G_1 \geq G_2 \geq G_3 \geq G_4 = 1$은 가해군의 정의를 만족시킨다. 이때 등장하는 소수는 3, 2, 2, 2이다.

$$|G_0/G_1| = 3,$$
$$|G_1/G_2| = 2,$$
$$|G_2/G_3| = 2,$$
$$|G_3/G_4| = |G_3/1| = |G_3| = 2$$

다음과 같이 설명할 수도 있다.

위수가 24인 가환군 G는 위수가 12인 정규부분군 G_1'을 가지고, G_1'은 위수가 6인 정규부분군 G_2'을 가지며, G_2'은 위수가 3인 정규부분군 G_3'을 가진다. 이제 부분군 열 $G=G_0 \geq G_1' \geq G_2' \geq G_3' \geq G_4=1$은 가해군의 정의를 만족시킨다.

이때 등장하는 소수는 2, 2, 2, 3이다.

$$|G_0/G_1'|=2,$$
$$|G_1'/G_2'|=2,$$
$$|G_2'/G_3'|=2,$$
$$|G_3'/G_4|=|G_3'/1|=|G_3'|=3$$

이상의 예로부터, 가해군의 정의를 만족시키는 부분군 열이 유일하지 않을 수 있다는 것을 알 수 있다.

위수가 4인 가환군 $V_4=\{1, (12)(34), (13)(24), (14)(23)\}$의 부분군 열도 다음과 같이 다양하게 제시할 수 있다. 여기서 1은 $\{1\}$을 나타낸다.

$$V_4 \geq \{(12)(34)\} \geq 1$$
$$V_4 \geq \{(13)(24)\} \geq 1$$
$$V_4 \geq \{(14)(23)\} \geq 1$$

가해군의 정의를 만족시키는 열이 하나라도 존재하면 그 군은 가해군이다. 임의의 자연수 n에 관해서 위수가 n인 가환군은 가해군이라는 것도 동일한 절차를 적용하여 증명할 수 있다.

- $S_3(=D_3)$은 가해군이다. $G_0=S_3$이라고 하고 $G_1=A_3$이라고 하면 위의 조건을 만족시키는 다음과 같은 부분군 열을 생각할 수 있다.

$$G_0 \geq G_1 \geq 1$$

이때 등장하는 소수는 2와 3이다. $|G_0/G_1|=2$이고 $|G_1/1|=|G_1|=3$인 것이다.

- S_4는 가해군이다. 만약 $G_0=S_4$, $G_1=A_4$, $G_2=V_4=\{1, (12)(34), (13)(24), (14)(23)\}$ 그리고 $G_3=\{1, (12)(34)\}$라고 하면 위의 조건을 만족시키는

다음과 같은 부분군 열을 생각할 수 있다.

$$G_0 \geq G_1 \geq G_2 \geq G_3 \geq 1$$

이때 등장하는 소수는 2, 3, 2, 2이다. 실제로 다음을 알 수 있다.

$$|G_0/G_1|=2, \quad |G_1/G_2|=3,$$

$$|G_2/G_3|=2, \quad |G_3/1|=|G_3|=2$$

- 군 G가 가해군이면 G의 부분군 H도 가해군이다. 또 군 G가 가해군이면 G의 정규부분군 N에 의한 상군 G/N도 가해군이다. 이 두 사실에 대한 증명을 여기서 꼼꼼하게 하지 않아도 동의할 수 있을 것이다.

> 여광: 다항식의 풀이 가능성이 가해군의 개념으로 분석되겠군요. '가해'라는 뜻을 '풀이가 가능하다'라고 이해해야 하고 여기서의 '풀이' 대상은 다항식이겠습니다.
> 여휴: 좋은 지적입니다. 여기서 특히 주목할 것은 가해군의 정의에서 가환군과 정규부분군의 역할입니다.
> 여광: 가해군은 좋은 성질을 가지고 있군요. 가해군의 부분군도 가해군이고 가해군의 상군도 가해군이니 말입니다. 마치 엄마의 아름다운 성품이 자식에게 유전되는 듯한 느낌이 들어요.
> 여휴: 그럴듯한 설명입니다.

가. 단순군

S_5는 가해군일까? 정답을 미리 이야기하자면 S_5는 가해군이 아니다. S_5에 있는 수 '5'가 '오차다항식'에 있는 '5'라고 하자. 다시 말해, S_5가 가해군이 아니므로 일반적인 오차다항식은 근의 공식으로 풀 수 없는 것이다. 이게 갈루아 유언의 핵심이고 지금 하고 있는 수학^{數學}여행의 종착역이다.

군 G의 두 개의 부분군 G와 $\{e\}$는 정규부분군이다. 앞에서 $\{e\}$를 $\{1\}$ 또는 1로 표기하기도 하였다. 이 두 부분군은 자명하기 때문에 특별히 중요하다고 할 수 없다. 그런 의미에서 두 정규부분군을 '자명한 정규부분군trivial normal subgroup'이라고 한다. 자명하지 않은 정규부분군을 갖지 않는 군을 '단순군simple group'이라고 한다. 위수가 소수prime number인 유한군은 당연히 단순군이다. 그러나 이러한 단순군은 가환군이므로 이름 그대로 '단순'하다.

단순군 중에서 유의미한 것은 비가환non-Abelian단순군이다. 앞으로 알게 되겠지만 비가환단순군은 다른 측면에서는 결코 단순하지 않다. 자명하지 않은non-trivial 정규부분군이 없어 '단순'하지만, 이 군이 하는 행동은 복잡하여 다루기가 매우 까다롭다. 구조가 단순하여 성질이 복잡한 것이다.

비가환단순군 중에서 위수가 가장 작은 것은 '위수가 60인 A_5'라는 사실이 알려져 있다. S_5의 부분군 A_5 말이다. 여기서 수 '5'에 주목하여야 한다. 이 사실이 일반적인 오차다항식은 근의 공식을 가지지 않는다는 사실과 긴밀히 연계되기 때문이다. A_5의 위수는 $60 = 2^2 \times 3 \times 5$이다. 이 군이 가해군이면 다음 조건을 만족시키는 A_5의 정규부분군들이 있어야 한다.

- $A_5 = G_0 \geq G_1 \geq \cdots \geq G_{t-1} \geq G_t = 1$
- 각각의 $i(i = 1. \cdots, t)$에 대하여 G_i는 G_{i-1}의 정규부분군이다.
- 각각의 $i(i = 1. \cdots, t)$에 대하여 상군 G_{i-1}/G_i은 소수 위수이다.

비가환군인 A_5가 단순군이라는 말은 A_5와 1 사이에 위 정의에서 요구하는 '사다리'를 놓을 수 없다는 말이다.

나. A_5의 단순성

A_5가 왜 단순군인지 궁금할 것이다. 이 증명은 제법 많은 계산을 요구한다. 기

억하여야 할 것은 갈루아가 이러한 사실을 알았다는 것이다. 이미 여러 번 강조하였지만 한 번 더 강조하겠다.

A_3은 가환군이므로 일반적인 삼차다항식의 근의 공식이 존재하고, A_4는 비가환군이지만 단순군이 아니므로 일반적인 사차다항식의 근의 공식도 존재한다. 그러나 A_5는 비가환단순군이므로 일반적인 오차다항식의 근의 공식이 존재하지 않게 된다.

여광: '교대군$^{\text{alternating group}}$'이나 '단순군$^{\text{simple group}}$' 등과 같은 용어를 갈루아가 사용하지는 않았지만 개념에 관해서는 어느 정도 인지하였겠죠?

여휴: 갈루아 이론에 등장하는 용어와 개념은 갈루아 이후 많은 수학자들에 의해 정제되고 진화한 것이지만 그 핵심 개념은 갈루아가 인식하였습니다. 갈루아가 사용한 용어와 수학은 요즈음 우리가 사용하는 것과는 많이 달랐을 것이 분명합니다. 여러 가지가 궁금한데, 그중 하나가 교대군 A_5가 단순군이라는 사실을 언급한 것입니다.

여광: A_5가 비가환단순군 중에서 가장 작은 것인데 그 사실도 알았을까요?

여휴: 그렇지는 않았겠죠? 위수가 60 미만인 모든 군은 단순군이 아니라는 것을 증명하기 위해서는 실로우 정리 등 많은 수고를 하여야 하잖아요?

여광: 맞아요. 예를 들어, 위수가 32, 48, 56인 군이 자명하지 않은 정규부분군을 가진다는 증명은 결코 간단하지 않습니다.

여휴: 갈루아는 그 문제에는 관심이 없었을 겁니다. S_3, S_4는 단순군이 아닌데 반해 S_5는 단순군이라는 사실만으로 충분했으니까요.

다. S_5의 비가해성

S_5의 정규부분군은 1, A_5, S_5뿐이라는 것을 알 수 있다. 그리고 이 사실로부터 S_5는 가해군이 아님을 알 수 있다. 왜 그럴까? 대칭군 S_5가 가해군이면 S_5의 부분

군 A_5도 가해군이어야 하지만 그렇지 않다는 것을 앞에서 말했다. 이 사실은 매우 중요하다. A_5가 비가환단순군이기 때문에 S_5는 가해군이 아니다. 따라서 갈루아 군이 S_5와 동형인 오차다항식은 거듭제곱근을 사용하여 풀 수 없다.

다음은 갈루아 군이 S_5와 동형인 오차다항식의 예이다.

$$2x^5 - 5x^4 + 5 \in \mathbb{Q}[x]$$

$$x^5 - 4x + 2 \in \mathbb{Q}[x]$$

$$x^5 - 10x + 2 \in \mathbb{Q}[x]$$

근의 공식이 존재하지 않는 다항식들인 것이다. 별로 특별해 보이지 않지만 대칭의 관점에서는 매우 특별하다.

여광: 저는 근의 공식이 없는 다항식을 처음 보았습니다.

여휴: 전문적으로 연구하는 수학자가 아닌 대부분의 독자들도 그럴 것입니다.

여광: 오차다항식 $2x^5 - 5x^4 + 3 \in \mathbb{Q}[x]$, $x^5 - 4x + 3 \in \mathbb{Q}[x]$, $x^5 - 10x + 9 \in \mathbb{Q}[x]$ 각각은 위에 제시된 오차다항식들과 크게 달라 보이지 않지만, 이들 모두는 근의 공식을 가지는 가해다항식입니다. 세 다항식은 모두 $x=1$을 근으로 가지기 때문이죠. 이처럼 대수학적으로 섬세하게 분석하지 않고는 다항식의 근의 형태를 구별하기 어렵군요.

여휴: 정확한 지적입니다. 갈루아가 개발한 고도의 현미경을 통하지 않고는 구별하기 어렵습니다.

2. 갈루아 이론의 기본정리

정상을 밟기 위한 마지막 큰 고개가 남았다. '갈루아 이론의 기본정리fundamental theorem of Galois theory'라는 것이다. 우선 이 정리가 무엇을 말하는지 이해하여야 한다.

갈루아의 기본정리는 주어진 다항식이 풀리는지 풀리지 않는지 결정하는 문제를 그 다항식 해집합의 대칭군이 가해군인지 아닌지로 살피는 것이다.

> **여광:** 당시 갈루아의 생각이 소위 '정리[theorem]'로서 잘 표현되지는 않았을 테지만, 참 기막힌 일입니다. 다항식의 풀이에 관한 문제가 완전히 대칭의 문제, 즉 군의 문제로 바뀌니 말입니다.
>
> **여휴:** 스무 세기 이상이나 묻혀 있던 비밀을 알고 있던 갈루아는 내일이 이 땅에서의 마지막 날임을 압니다. 자기가 밝힌 아름다운 비밀을 아직 세상에 알리지 못했는데 말이죠.
>
> **여광:** 마음이 조급했겠습니다.
>
> **여휴:** 그렇다고 오늘 밤 잔뜩 술이나 마시고 내일 일을 잊을 수는 없었습니다. 유서를 써야 했습니다. 이 땅에서 마지막으로 쓰는 글이지만 다른 내용을 쓸 수가 없었어요. 수학을 써야 했습니다. 자신이 밝힌 아름다운 비밀을 알려야 했습니다.
>
> **여광:** 비슷한 예로, 목성의 위성을 최초로 본 사람은 갈릴레오였죠? 그는 얼마나 짜릿했을까요. 얼마나 행복했으면 누구도 못 본 것을 그로 하여금 보게 하신 하나님께 감사드렸겠어요.
>
> **여휴:** 갈릴레오는 자기가 본 것을 남에게 알리기 쉽습니다. 그의 망원경 속을 보게 하면 됩니다. 그러나 갈루아의 경우는 달랐습니다. 갈루아가 본 것은 매우 깊은 대칭의 아름다움이었습니다. 고도로 섬세한 수학은 눈으로 보는 것이 아니라 명징한 정신으로 보아야 합니다. 그래서 갈루아는 마음이 조급했습니다.

갈루아 이론의 기본정리는 크게 세 부분으로 이루어져 있다. 이제 갈루아 이론의 기본정리를 차근차근 이해하여 보자.

가. 체를 군으로

- 다항식 $f(x)$가 주어진다. 처음에 주어진 다항식은 유리 계수 다항식으로서 $f(x) \in \mathbb{Q}[x]$이지만 유리수체보다 더 큰 체^{field} F의 계수라고 해도 된다. 따라서 $f(x) \in F[x]$라고 생각하자.
- $f(x) \in F[x]$의 분해체 K를 생각하자. 체 K는 $f(x)$의 모든 근을 품고 있는 F의 확대체 중에서 가장 작은 것이다. K는 복소수체 $\mathbb{C}$보다 작다는 것은 기억할 것이다.
- K와 F 사이에는 여러 개의 중간체가 있을 수 있다. 다시 말하자면, $F \leq L \leq K$인 체 L이 여러 개 있을 수 있다.
- K와 F 사이에 있는 두 중간체 L, M이 $L \leq M$의 관계를 가진다면 M은 L 위에서의 벡터공간이다. 확대체는 기초체 위에서 벡터공간인 것을 앞에서 살폈다. L 위에서의 벡터공간 M의 차원^{dimension}을 $[M : L]$로 나타내자.

> **여광**: $F \leq L \leq M \leq K$인 상황에서 여러 개의 벡터공간을 생각할 수 있겠습니다.
> **여휴**: 그렇습니다. 여러 개의 기초체와 확대체가 있으니 말입니다.
> **여광**: 그러한 모든 경우의 차원을 계산할 수 있으니 여러 차원들 사이에 어떤 관계가 있겠네요.
> **여휴**: 바로 그 점에 주목할 것입니다.

K와 F 사이에 있는 두 중간체 L, M 각각에 대하여 $G(K/L)$, $G(K/M)$를 계산할 수 있다. $G(K/L)$, $G(K/M)$는 $G(K/F)$의 두 부분군이다. 먼저, 다음을 쉽게 알 수 있다.

$$L \leq M \text{이면 } G(K/M) \leq G(K/L)\text{이다.}$$

M이 L의 확대체이면 $G(K/M)$가 $G(K/L)$의 부분군이 된다. 아주 편하게 말하면, M이 L보다 크면 $G(K/M)$는 $G(K/L)$보다 작아진다. K와 F 사이에 있는 중간체들과 $G(K/F)$의 부분군들 사이에 어떤 관계를 예상할 수 있을까? 다음이 성립한다.

$$[M : L] = |G(K/L) : G(K/M)|$$

나. 군을 체로

앞에서는 K와 F 사이에 있는 중간체에서 이야기를 시작하였다. 이제 $G(K/F)$의 부분군에서 이야기를 시작해 보자.

- 다항식 $f(x)$의 갈루아 군 $G(K/F)$를 생각하자. 여기서 K는 $f(x) \in F[x]$의 분해체이다. $G(K/F)$는 여러 개의 부분군을 가질 수 있다. 다시 말하여, $1 \leq I \leq G(K/F)$인 군 I가 여러 개 있을 수 있다.

- $G(K/F)$의 두 부분군 J, I가 $J \leq I$의 관계를 가진다면, 당연히 J는 I의 부분군이다. J에 의한 I의 잉여류의 개수를 $|I : J|$로 나타내자. $|I : J|$를 지수^{index}라고 부르는 것은 알 것이다[VI장].

- $G(K/F)$의 두 부분군 J, I 각각에 대하여 불변체 K_J, K_I는 K와 F 사이에 있는 중간체이다.

- $J \leq I$이면 $K_I \leq K_J$이다. 즉, I가 J보다 크면 K_I는 K_J보다 작아진다.

$G(K/F)$의 두 부분군과 이들 각각에 의한 불변체 사이에는 다음 관계가 성립한다.

$$|I : J| = [K_J : K_I]$$

다. 그림으로

지금까지의 이야기를 그림으로 나타내면 다음과 같다.

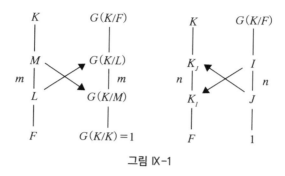

그림 IX-1

라. 정규확대체와 정규부분군

K와 F 사이의 중간체 E가 F의 정규확대체이면, 갈루아 군 $G(K/F)$의 구조를 더욱 간단하게 살필 수 있다. $G(K/F)$의 정규부분군을 얻어 $G(K/F)$의 상군을 얻을 수 있기 때문이다. 반대로 갈루아 군 $G(K/F)$가 정규부분군을 가져도 마찬가지이다. 즉, 갈루아 군이 자명하지 않은 정규부분군을 가지고 있으면 다항식의 분해체정규확대체와 기초체 사이에 중간체를 하나 얻을 수 있고 그 중간체는 기초체 위에서 분해체가 되어 문제를 원래보다 간단하게 할 수 있는 것이다. 실제로 다음이 성립한다.

$G(K/E)$가 $G(K/F)$의 정규부분군이면 상군 $G(K/F)/G(K/E)$를 만들 수 있고, 이 상군은 $G(E/F)$와 동형isomorphic이다.

$$G(K/F)/G(K/E) \simeq G(E/F)$$

여광: a, b, c 모두가 0이 아닐 때 다음이 성립합니다.

$$\frac{\dfrac{a}{b}}{\dfrac{a}{c}} = \frac{c}{b}$$

이 식은 $G(K/F)/G(K/E) \simeq G(E/F)$를 기억할 때 도움이 되겠는데요?

여휴: 그렇습니다. '상군商群'에서 '상商'은 나눗셈을 뜻합니다. 그래서 상군의 성질은 나눗셈과 비슷한 점이 많아요.

여광: 어떠한 예를 더 들 수 있을까요?

여휴: 유한군 G와 G의 정규부분군 N이 있다고 합시다. 상군 G/N의 원소 개수는 'G의 원소 개수 나누기 N의 원소 개수'입니다. 따라서 군 G의 원소 개수, 즉 군 G의 위수order를 $|G|$로 나타낸다면 다음이 성립합니다.

$$|G/N| = \frac{|G|}{|N|}$$

여기서 $|G/N|$는 상군 G/N의 위수이고, $\dfrac{|G|}{|N|}$는 '$|G|$ 나누기 $|N|$'입니다.

관계식 $G(K/F)/G(K/E) \simeq G(E/F)$를 그림 IX-2로 기억하면 좋다.

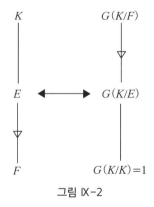

그림 IX-2

위 그림 왼쪽에서 E와 F 사이에 있는 '$\triangledown$'은 E가 F의 정규확대체라는 뜻이고, 위 그림 오른쪽에서 $G(K/F)$와 $G(K/E)$ 사이에 있는 '$\triangledown$'은 $G(K/E)$가 $G(K/F)$의 정규부분군이라는 뜻이다.

여광: 갈루아 이론의 기본정리 마지막 부분을 다시 정리해 보겠습니다. 우선 다항식의 가해성 문제를 군의 문제로 바꿉니다. 주어진 다항식의 갈루아 군이 정규부분군을 가지면 그 다항식의 풀이를 간단한 다항식의 풀이로 나누어 풀 수 있게 합니다.

여휘: '간단한 다항식'이란 주어진 다항식보다 차수가 적은 다항식 또는 풀이가 쉬운 특별한 형태의 다항식을 뜻하죠?

여광: 예, 그렇습니다. 예를 들어, $X^3+qX+r=0$ 꼴의 삼차방정식의 풀이 과정을 기억하여 봅시다. 이 다항식의 갈루아 군은 S_3입니다. S_3은 정규부분군 A_3을 가지므로 $X^3+qX+r=0$ 꼴의 삼차방정식의 풀이는 $X^2=A$ 꼴의 이차방정식 하나와 $X^3=B$ 꼴의 삼차방정식 하나의 풀이로 나뉩니다. 실제로 S_3/A_3의 위수가 2인 것은 $X^2=A$ 꼴의 이차방정식을 푸는 것을 뜻하고, $A_3/1 \simeq A_3$의 위수가 3인 것은 $X^3=B$ 꼴의 삼차방정식을 푸는 것을 뜻합니다.

여휘: 사차다항식의 경우도 기억하여 봅시다. 갈루아 군이 S_4인 $W^4+qW^2+rW+s=0$ 꼴의 사차방정식의 풀이를 생각합시다. S_4는 정규부분군 A_4를 가집니다. 상군 S_4/A_4는 위수가 2이므로 $X^2=A$ 꼴의 이차방정식 한 개를 푸는 과정을 뜻합니다. 이때 A_4는 정규부분군 V_4를 가집니다. 그리고 상군 A_4/V_4는 위수가 3이므로 $X^3=B$ 꼴의 삼차방정식 한 개를 푸는 과정을 뜻합니다. V_4는 위수가 2인 정규부분군 $N_2=\{1, (12)(34)\}$를 가집니다. V_4/N_2와 $N_2/1 \simeq N_2$ 각각의 위수가 2이므로 $X^2=A$ 꼴의 이차방정식 두 개를 푸는 과정이 또 필요합니다.

여광: 다소 다르게 이해할 수도 있습니다. S_4/V_4는 S_3과 동형입니다. 이는 사차방정식의 풀이를 삼차방정식의 풀이와 이차방정식의 풀이로 나눌 수 있음을 뜻합니다.

여휘: S_4/V_4는 $X^3+qX+r=0$ 꼴의 삼차방정식 풀이를 뜻하며, $X^2=A$ 꼴의 이차방정식 하나와 $X^3=B$ 꼴의 삼차방정식 하나를 푸는 과정을 요구합니다. 한편 V_4는 $X^2=A$ 꼴의 이차방정식 두 개를 푸는 과정을 요구합니다.

3. 갈루아 이론의 기본정리의 예

갈루아 이론의 기본정리가 무엇을 뜻하는지 몇 가지 예를 통하여 알아보자.

가. 매우 간단한 경우

다항식 $(x^2-2)(x^2-3) \in \mathbb{Q}[x]$의 분해체는 $\mathbb{Q}(\sqrt{2}, \sqrt{3})$이고, 갈루아 군은 $V_4 = \{1, \sigma, \tau, \tau\sigma\}$이다.

$$I = \begin{cases} \sqrt{2} \mapsto \sqrt{2} \\ \sqrt{3} \mapsto \sqrt{3} \end{cases} \qquad \sigma = \begin{cases} \sqrt{2} \mapsto \sqrt{2} \\ \sqrt{3} \mapsto -\sqrt{3} \end{cases}$$

$$\tau = \begin{cases} \sqrt{2} \mapsto -\sqrt{2} \\ \sqrt{3} \mapsto \sqrt{3} \end{cases} \qquad \tau\sigma = \begin{cases} \sqrt{2} \mapsto -\sqrt{2} \\ \sqrt{3} \mapsto -\sqrt{3} \end{cases}$$

갈루아 이론의 기본정리는 그림 Ⅸ-3으로 나타낼 수 있다.

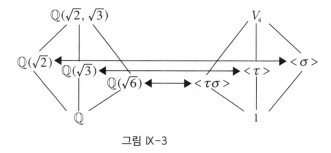

그림 Ⅸ-3

그림 오른쪽에서 $<\sigma>, <\tau>, <\tau\sigma>$ 각각은 다음을 나타낸다.

$$<\sigma> = \{1, \sigma\}$$

$$<\tau> = \{1, \tau\}$$

$$<\tau\sigma> = \{1, \tau\sigma\}$$

V_4는 가환군이므로 $<\sigma>, <\tau>, <\tau\sigma>$ 모두 정규부분군이다. 따라서 어느 부분군을 택하여 N이라고 하면 V_4/N과 N은 위수가 2인 군이 된다.

여광: 갈루아 이론은 다항식의 가해성 문제를 그 다항식 근들 사이에 존재하는 대칭성의 문제로 바꾼 것이라고 할 수 있겠죠?

여휴: 그렇다고 할 수 있습니다.

여광: $(x^2-2)(x^2-3)$의 갈루아 군은 V_4이므로 $(x^2-2)(x^2-3)$의 풀이는 $X^2=A$ 꼴의 이차방정식 두 개의 풀이로 귀착됩니다.

여휴: 이 경우에 두 개의 이차다항식은 x^2-2와 x^2-3입니다.

여광: 갈루아 이론을 설명하려고 그림을 그리니 그림 자체에도 대칭이 보이는 것 같습니다.

여휴: 잘 보셨습니다. 그림은 정리한 내용을 시각적으로 표현하므로 쉽게 이해하고 잘 기억하는 데 도움이 됩니다. 그림 Ⅸ-3을 그리는 방법은 여러 가지가 있겠지만 좌우반사대칭이 되도록 그리는 것이 가장 보기 좋은 것 같아요.

여광: 저도 그렇게 생각합니다. 대칭이 드러나게 그리면 보기도 좋거니와 기억하기도 좋은 것 같아요.

여휴: 그렇습니다. 그것이 바로 대수학에서 격자도나 대응관계 그림을 그릴 때 대부분 대칭이 드러나도록 하는 이유입니다. 그림 Ⅸ-3은 적당한 점을 축으로 하는 $180°$ 회전대칭이 있도록 다음과 같이 그릴 수도 있습니다.

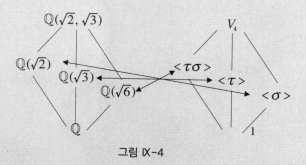

그림 Ⅸ-4

여광: 그렇군요. 회전대칭이 더 좋아 보입니다. 체에서의 관계와 군에서의 관계는 회전대칭적이잖아요.

여휴: 그렇습니다. 대칭이 있도록 그린다는 것이 중요합니다. 이것도 수학 원리에 존재하는 법칙의 깊은 대칭성이라고 할 수 있습니다.

나. 비교적 간단한 삼차식의 경우

다항식 $f(x) = x^3 - 2 \in \mathbb{Q}[x]$의 분해체는 $K = \mathbb{Q}(\omega, \sqrt[3]{2})$이고 $f(x)$의 갈루아 군은 $G(K/\mathbb{Q}) = S_3 = \{1, \sigma, \sigma^2, \tau, \tau\sigma, \tau\sigma^2\}$이다. 여기서 σ와 τ는 다음과 같다.

$$\sigma = \begin{cases} \sqrt[3]{2} \mapsto \sqrt[3]{2}\,\omega \\ \omega \;\; \mapsto \omega \end{cases} \qquad \tau = \begin{cases} \sqrt[3]{2} \mapsto \sqrt[3]{2} \\ \omega \;\; \mapsto \omega^2 \end{cases}$$

부분군 $<\sigma> = A_3$은 S_3의 정규부분군이다. 이제 $K = \mathbb{Q}(\omega, \sqrt[3]{2})$, $E = \mathbb{Q}(\omega)$, $F = \mathbb{Q}$로 나타내면 그림 Ⅸ-5가 나온다.

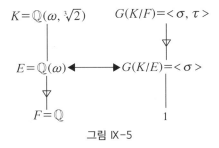

그림 Ⅸ-5

참고로 그림 오른쪽에서 $<\sigma, \tau>$는 $\{1, \sigma, \sigma^2, \tau, \tau\sigma, \tau\sigma^2\}$을 나타낸다. 따라서 다항식 $f(x) \in \mathbb{Q}[x]$의 가해성 문제는 다음과 같이 좀 더 간단한 가해성 문제 두 개로 바뀐다.

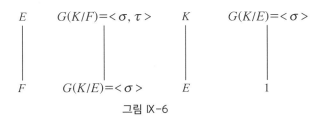

그림 Ⅸ-6

위의 왼쪽 그림에서 $G(E/F) \simeq F(K/F)/G(K/E) \simeq <\sigma, \tau>/<\sigma> \simeq <\tau>$는 $\mathbb{Z}_2$와 동형이고, 오른쪽 그림에서 $G(K/E)$는 $\mathbb{Z}_3$과 동형이다. 왼쪽 그림은 이차방

정식을 풀어 ω를 구하는 과정을 나타낸다. 사실 ω를 구하기 위해서는 이차방정식 $x^2+x+1=0$을 풀어야 한다. 그러나 x 대신에 $X-\frac{1}{2}$을 대입함으로써 $X^2=-\frac{3}{4}$을 풀면 된다. 즉, $X=\pm\frac{\sqrt{3}}{2}i$를 구하여 $x=-\frac{1}{2}\pm\frac{\sqrt{3}}{2}i$를 구할 수 있는 것이다. 이두 개의 근 중에서 보통 $-\frac{1}{2}+\frac{\sqrt{3}}{2}i=\frac{-1+\sqrt{3}i}{2}$를 ω라고 한다.

이제 삼차다항식 x^3-2의 근을 구하는 과정을 좀 더 자세히 살펴보자. 이미 알고 있는 사실이지만, $\sqrt[3]{2}$가 x^3-2의 근이므로 $\sqrt[3]{2}\,\omega$와 $\sqrt[3]{2}\,\omega^2$도 x^3-2의 근임을 금방 알 수 있다.

이제, 다항식 $f(x)=x^3-2\in\mathbb{Q}[x]$의 갈루아 군 S_3의 원소는 다음과 같다.

$$1=\begin{cases}\sqrt[3]{2}\mapsto\sqrt[3]{2}\\ \sqrt[3]{2}\,\omega\mapsto\sqrt[3]{2}\,\omega\\ \sqrt[3]{2}\,\omega^2\mapsto\sqrt[3]{2}\,\omega^2\end{cases}\qquad \tau=(23)=\begin{cases}\sqrt[3]{2}\mapsto\sqrt[3]{2}\\ \sqrt[3]{2}\,\omega\mapsto\sqrt[3]{2}\,\omega^2\\ \sqrt[3]{2}\,\omega^2\mapsto\sqrt[3]{2}\,\omega\end{cases}$$

$$\sigma=(123)=\begin{cases}\sqrt[3]{2}\mapsto\sqrt[3]{2}\,\omega\\ \sqrt[3]{2}\,\omega\mapsto\sqrt[3]{2}\,\omega^2\\ \sqrt[3]{2}\,\omega^2\mapsto\sqrt[3]{2}\end{cases}\qquad \tau\sigma=(13)=\begin{cases}\sqrt[3]{2}\mapsto\sqrt[3]{2}\,\omega^2\\ \sqrt[3]{2}\,\omega\mapsto\sqrt[3]{2}\,\omega\\ \sqrt[3]{2}\,\omega^2\mapsto\sqrt[3]{2}\end{cases}$$

$$\sigma^2=(132)=\begin{cases}\sqrt[3]{2}\mapsto\sqrt[3]{2}\,\omega^2\\ \sqrt[3]{2}\,\omega\mapsto\sqrt[3]{2}\\ \sqrt[3]{2}\,\omega^2\mapsto\sqrt[3]{2}\,\omega\end{cases}\qquad \tau\sigma^2=(12)=\begin{cases}\sqrt[3]{2}\mapsto\sqrt[3]{2}\,\omega\\ \sqrt[3]{2}\,\omega\mapsto\sqrt[3]{2}\\ \sqrt[3]{2}\,\omega^2\mapsto\sqrt[3]{2}\,\omega^2\end{cases}$$

앞에서 이미 계산하였으나 편의를 위해 다시 나타낸다. 이제 분해체 $\mathbb{Q}(\omega,\sqrt[3]{2})$와 $f(x)$의 갈루아 군 S_3 사이의 관계를 통하여 갈루아 이론의 기본정리를 그림으로 나타내 보자.

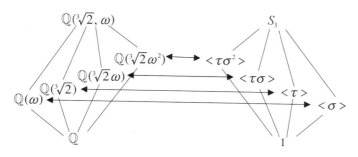

그림 IX-7

그림 오른쪽에서 $<\sigma>$, $<\tau>$, $<\tau\sigma>$ 각각은 다음을 나타낸다.

$$<\sigma>=\{1, \sigma, \sigma^2\}, \quad <\tau>=\{1, \tau\},$$

$$<\tau\sigma>=\{1, \tau\sigma\}, \quad <\tau\sigma^2>=\{1, \tau\sigma^2\}$$

여기서 $<\sigma>$는 A_3으로, S_3의 정규부분군이다. $S_3/<\sigma>\simeq S_3/A_3$은 위수가 2인 순환군^{가환군}으로서 이차방정식 $x^2+x+1=0$을 풀어 ω를 구하는 과정을 나타낸다. $x^2+x+1=0$의 풀이는 $X^2=A$ 꼴의 방정식 풀이이다.

이제 다항식 x^3-2를 유리 계수 다항식, 즉 $x^3-2\in\mathbb{Q}[x]$로 보는 대신에 $\mathbb{Q}(\omega)$ 계수 다항식, 즉 $x^3-2\in\mathbb{Q}[x]$로 보면 $<\sigma>/1\simeq<\sigma>$는 위수가 3인 가환군으로, $X^3=B$ 꼴의 방정식 풀이 과정을 나타낸다.

> **여광**: 여기에서도 대칭에 관한 관계를 그림으로 나타내니 그림 자체에 대칭이 나타납니다. 좌우반사대칭 말입니다.
>
> **여휴**: 필자가 좌우반사대칭이 나타나도록 그린 거죠.
>
> **여광**: 보기 좋고 기억에 잘 남는다니 그렇게 그리지 않으면 안 되죠. 이 경우에도 적당한 점을 축으로 하는 $180°$ 회전대칭이 있도록 그릴 수도 있겠습니다.
>
> **여휴**: 그게 더 좋을 것 같군요.

다. 약간 복잡한 삼차다항식의 경우

이제 일반적인 형태, 즉 약간 복잡한 경우를 살펴보자. 삼차다항식 x^3-3x-4의 세 근은 다음과 같다.

$$\alpha=\sqrt[3]{2-\sqrt{3}}+\sqrt[3]{2+\sqrt{3}}$$
$$\beta=\sqrt[3]{2-\sqrt{3}}\,\omega+\sqrt[3]{2+\sqrt{3}}\,\omega^2$$
$$\gamma=\sqrt[3]{2-\sqrt{3}}\,\omega^2+\sqrt[3]{2+\sqrt{3}}\,\omega$$

편의상 $\sqrt[3]{2-\sqrt{3}}$을 a, $\sqrt[3]{2+\sqrt{3}}$을 b로 나타내면, 세 근 $\alpha=a+b$, $\beta=a\omega+b\omega^2$,

$\gamma = a\omega^2 + b\omega$에 관하여 $(\alpha-\beta)(\alpha-\gamma)(\beta-\gamma)$를 다음과 같이 계산하여 $-18i$를 얻을 수 있다. 여기서 $b = \dfrac{1}{a}$임을 유념한다.

$$(\alpha-\beta)(\alpha-\gamma)(\beta-\gamma)$$

$$= (a+b-a\omega-b\omega^2)(a+b-a\omega^2-b\omega)(a\omega+b\omega^2-a\omega^2-b\omega)$$

$$= \omega\{a(1-\omega)+b(1-\omega^2)\}\{a(1-\omega^2)+b(1-\omega)\}\{a(1-\omega)-b(1-\omega)\}$$

$$= \omega(1-\omega)^3\{a+b(1+\omega)\}\{a(1+\omega)+b\}(a-b)$$

$$= \omega(1-\omega)^3(-\omega^2)(a^2+1+b^2)(a-b)$$

$$= -(1-\omega)^3(a^3-b^3)$$

$$= -18i$$

$(\alpha-\beta)(\alpha-\gamma)(\beta-\gamma)$는 A_3에 의하여 불변임을 알 수 있는가? 참고로 $A_3 = \{1, (123), (132)\}$에서 (123)은 α를 β로, β를 γ로, γ를 α로 대응시키는 치환이다. 따라서 다음 그림을 얻을 수 있다.

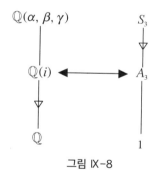

그림 IX-8

앞에서와 마찬가지로, 이 그림의 왼쪽 아랫부분$^{오른쪽\ 윗부분}$은 이차방정식을 푸는 과정을 뜻하고, 왼쪽 윗부분$^{오른쪽\ 아랫부분}$은 삼차방정식을 푸는 과정을 뜻한다. 그러나 우리가 구한 세 개의 근 α, β, γ는 실수$^{\text{real number}}$와 i를 기준으로 표현되지 않고, 실수와 ω를 기준으로 표현되어 있다. 따라서 그림 IX-8로 우리가 구한 세 근을 설명하기는 불편하다. 따라서 뒤에서 적절한 환경을 만들어 다시 설명할 것이다.

여광: 여기서 잠깐 쉬시죠.

여휴: 그럽시다. 서두를 것 없어요.

여광: 바로 앞에서 '갑자기' $(\alpha-\beta)(\alpha-\gamma)(\beta-\gamma)$를 계산하였어요.

여휴: 이 값을 계산한 것은 '갑자기'가 아닙니다. 이는 아벨이 주목한 값이거든요.

여광: 아벨이 왜 주목하였을까요?

여휴: 저는 당시 아벨의 마음을 정확히 몰라요. 그러나 다음을 주목할 수 있습니다.

> 유리 계수 이차다항식 x^2+ax+b의 두 근을 α, β라고 하고 갈루아
> 군을 S_2라고 하자. '두 근의 차 $\alpha-\beta$'에 주목한다. $(\alpha-\beta)^2$은 S_2에
> 불변이기 때문에 $(\alpha-\beta)^2 \in \mathbb{Q}$이다. 실제로 $(\alpha-\beta)^2=(\alpha+\beta)^2-4\alpha\beta=$
> $(-a)^2-4b=a^2-4b \in \mathbb{Q}$이다. 이제 $\alpha-\beta=\pm\sqrt{a^2-4b}$이고 $\alpha+\beta=$
> $-a$이므로 두 근 α, β를 구할 수 있다. 이차방정식의 경우에는 '두
> 근의 차 $\alpha-\beta$'를 구함으로써 이차방정식을 풀 수 있는 것이다.

여광: 삼차다항식의 경우에도 그 값이 유용하겠죠?

여휴: 그렇습니다. 그러나 다음과 같이 상황이 약간 달라요. 갈루아 군이 S_3인 삼차방정식의 세 근을 α, β, γ라고 하고, '세 근의 차의 곱 $X=(\alpha-\beta)(\alpha-\gamma)(\beta-\gamma)$'를 주목합니다. X^2은 S_3에 의해 불변이고, X는 A_3에 의해 불변입니다. 따라서 $(\alpha-\beta)(\alpha-\gamma)(\beta-\gamma)$는 삼차다항식의 분해체와 갈루아 군을 이해하는 데 유용합니다. 여기서 하나 언급하여야 할 것은 $(\alpha-\beta)(\alpha-\gamma)(\beta-\gamma)$의 값을 구했다고 하더라도 삼차방정식을 푸는 데 큰 도움을 받지 못한다는 것입니다. 이차방정식의 경우와는 달리, $(\alpha-\beta)(\alpha-\gamma)(\beta-\gamma)$가 α, β, γ 각각에 관한 이차식이기 때문에 삼차방정식을 실제로 푸는 데에는 큰 기여를 하지 못합니다.

여광: 아벨이 주목한 것은 $(\alpha-\beta)(\alpha-\gamma)(\beta-\gamma)$가 가지는 대칭성이군요.

여휴: 아벨에게 '대칭성'은 지금처럼 명료한 개념은 아니었을 겁니다. 그러나 그는 $(\alpha-\beta)(\alpha-\gamma)(\beta-\gamma)$가 가지는 특별한 성질을 인지했던 것 같습니다.

여광: 많은 계산을 통하여 습득된 느낌이었을 겁니다.

여휴: 저도 그렇게 생각해요. 가끔 불필요하게 보일지라도 궁금하면 계산해서 궁

금증을 해소하는 것은 유익한 것 같아요. 계산의 수고는 어느 것 하나 헛되지 않는다고 저는 생각합니다. 어떤 수학자는 그가 사용하는 암호를 기억하지 않고, 적절한 문제를 풀어야 그 암호를 얻도록 하였답니다. 매일 계산의 노동을 즐긴 거죠.

여광: 사차다항식의 경우에는 어떠한가요?

여휴: 갈루아 군이 S_4인 사차방정식의 네 개의 근 $\alpha, \beta, \gamma, \delta$에 대하여 '네 근의 차의 곱' $(\alpha-\beta)(\alpha-\gamma)(\alpha-\delta)(\beta-\gamma)(\beta-\delta)(\gamma-\delta)$는 A_4에 의해 불변입니다. 따라서 이 값은 사차다항식의 분해체와 갈루아 군을 이해하는 데 유용합니다.

여광: 갑자기 중학교에서 배운 수학이 생각납니다. 이차다항식 x^2+ax+b의 경우 $\alpha-\beta=\sqrt{a^2-4b}$입니다. 중학교 수학에서 $(\alpha-\beta)^2=a^2-4b$를 x^2+ax+b의 판별식discriminant이라고 합니다.

여휴: 마찬가지로, 삼차다항식 x^3+ax^2+bx+c의 경우에도 $((\alpha-\beta)(\alpha-\gamma)(\beta-\gamma))^2$이 x^3+ax^2+bx+c의 판별식이죠.

여광: 사차다항식의 경우도 마찬가지이겠습니다. 이차다항식의 경우에는 판별식이 실근인지 허근인지를 판별하잖아요? 삼차다항식의 경우에도 그렇죠? 판별식에 따라 세 개의 실근을 가지는지 두 개의 허근과 하나의 실근을 가지는지를 판별할 수 있겠습니다.

여휴: 그렇습니다. 판별식은 해당 다항식의 갈루아 군도 판별할 수 있어요. 예를 들어, 이차다항식의 경우, 판별식 D에 대하여 $\sqrt{D}$가 유리수이면 갈루아 군은 1이고 $\sqrt{D}$가 유리수가 아니면 갈루아 군은 S_2입니다. 한편, 삼차 기약 다항식의 경우에는 $\sqrt{D}$가 유리수이면 갈루아 군은 A_3이고 $\sqrt{D}$가 유리수가 아니면 갈루아 군은 S_3입니다.

여광: 계산해 보면 x^3+qx+r의 판별식은 $-4q^3-27r^2$이라는 것을 알 수 있습니다. 기약 다항식 x^3-3x-1의 판별식 $D=-4q^3-27r^2=81=3^4$에 대하여 $\sqrt{D}=9$가 유리수이므로 x^3-3x-1의 갈루아 군은 A_3이라는 것이군요.

여휴: 그렇습니다. 판별식의 군의 형태, 판별식과 갈루아 군의 관계를 설명하기는 어렵지 않으나 관련된 이야기를 제법 해야 합니다.

라. 비교적 간단한 사차다항식의 경우

다항식 $x^4 - 2 \in \mathbb{Q}[x]$의 갈루아 군은 D_4이며 각각의 원소는 다음과 같다. 앞에서 이미 계산하였으나 편의를 위해 다시 나타낸다.

$$1 = \begin{cases} \sqrt[4]{2} \mapsto \sqrt[4]{2} \\ \sqrt[4]{2}\,i \mapsto \sqrt[4]{2}\,i \\ -\sqrt[4]{2} \mapsto -\sqrt[4]{2} \\ -\sqrt[4]{2}\,i \mapsto -\sqrt[4]{2} \end{cases} \qquad \tau = (24) = \begin{cases} \sqrt[4]{2} \mapsto \sqrt[4]{2} \\ \sqrt[4]{2}\,i \mapsto -\sqrt[4]{2}\,i \\ -\sqrt[4]{2} \mapsto -\sqrt[4]{2} \\ -\sqrt[4]{2}\,i \mapsto \sqrt[4]{2}\,i \end{cases}$$

$$\sigma = (1234) = \begin{cases} \sqrt[4]{2} \mapsto \sqrt[4]{2}\,i \\ \sqrt[4]{2}\,i \mapsto -\sqrt[4]{2} \\ -\sqrt[4]{2} \mapsto -\sqrt[4]{2}\,i \\ -\sqrt[4]{2}\,i \mapsto \sqrt[4]{2} \end{cases} \qquad \tau\sigma = (14)(23) = \begin{cases} \sqrt[4]{2} \mapsto -\sqrt[4]{2}\,i \\ \sqrt[4]{2}\,i \mapsto -\sqrt[4]{2} \\ -\sqrt[4]{2} \mapsto \sqrt[4]{2}\,i \\ -\sqrt[4]{2}\,i \mapsto \sqrt[4]{2} \end{cases}$$

$$\sigma^2 = (13)(24) = \begin{cases} \sqrt[4]{2} \mapsto -\sqrt[4]{2} \\ \sqrt[4]{2}\,i \mapsto -\sqrt[4]{2}\,i \\ -\sqrt[4]{2} \mapsto \sqrt[4]{2} \\ -\sqrt[4]{2}\,i \mapsto \sqrt[4]{2}\,i \end{cases} \qquad \tau\sigma^2 = (13) = \begin{cases} \sqrt[4]{2} \mapsto -\sqrt[4]{2} \\ \sqrt[4]{2}\,i \mapsto \sqrt[4]{2}\,i \\ -\sqrt[4]{2} \mapsto \sqrt[4]{2} \\ -\sqrt[4]{2}\,i \mapsto -\sqrt[4]{2}\,i \end{cases}$$

$$\sigma^3 = (1432) = \begin{cases} \sqrt[4]{2} \mapsto -\sqrt[4]{2}\,i \\ \sqrt[4]{2}\,i \mapsto \sqrt[4]{2} \\ -\sqrt[4]{2} \mapsto \sqrt[4]{2}\,i \\ -\sqrt[4]{2}\,i \mapsto -\sqrt[4]{2} \end{cases} \qquad \tau\sigma^3 = (12)(34) = \begin{cases} \sqrt[4]{2} \mapsto \sqrt[4]{2}\,i \\ \sqrt[4]{2}\,i \mapsto \sqrt[4]{2} \\ -\sqrt[4]{2} \mapsto -\sqrt[4]{2}\,i \\ -\sqrt[4]{2}\,i \mapsto -\sqrt[4]{2} \end{cases}$$

갈루아 이론의 기본정리는 그림 IX−9로 나타낼 수 있다. 다음 그림은 $\mathbb{Q}(\sqrt[4]{2}, i)$의 부분체와 D_4의 부분군 사이의 관계를 나타내는 것이다.

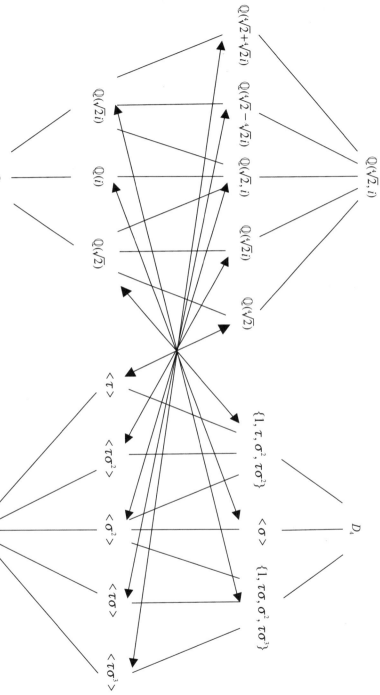

그림 9-6

그림에 나타난 D_4의 부분군 각각은 다음을 나타낸다.

$$<\sigma>=\{1, \sigma, \sigma^2, \sigma^3\}, \quad <\sigma^2>=\{1, \sigma^2\},$$

$$<\tau>=\{1, \tau\}, \quad\quad\quad <\tau\sigma>=\{1, \tau\sigma\},$$

$$<\tau\sigma^2>=\{1, \tau\sigma^2\}, \quad\quad <\tau\sigma^3>=\{1, \tau\sigma^3\}$$

여휴: 그림이 어떤가요?

여광: 그림의 한가운데 여러 선이 만나는 점을 축으로 180° 회전대칭이군요.

여휴: 이 그림은 쉽게 얻은 것이 아닙니다.

여광: 그랬을 것 같습니다. 180° 회전대칭이 드러나도록 노력하였을 것 같아요.

여휴: 그림을 예쁘게 그리는 수고를 한 것도 사실이지만 왼쪽의 확대체와 오른쪽의 부분군들 하나하나 사이의 관계를 확인하기 위해 계산을 많이 한 것입니다.

여광: 저도 모든 계산을 꼼꼼하게 해 볼 참입니다. 기쁨도 보람도 클 것 같아요.

마. 환경의 개선

이번에는 여러 계산을 편하게 하며 갈루아 이론의 내용을 살필 수 있는 방법을 알아보자. 일반적으로 삼차방정식의 풀이에서는 x^2+x+1의 근인 ω가 유용하다. 예를 들어, ω는 x^3-1의 근이므로 x^3-2의 근은 $\sqrt[3]{2}, \sqrt[3]{2}\omega, \sqrt[3]{2}\omega^2$이다. 복소수 ω는 거듭제곱근을 사용하여 나타낼 수 있으므로, 다항식의 가해성을 논의할 때 유리수체 $\mathbb{Q}$에 처음부터 ω를 포함시켜 생각할 수 있다.

여광: 작도 가능성이나 다항식의 풀이를 살필 때 보통은 유리수체 $\mathbb{Q}$에서 시작합니다. 다항식 x^2+x+1을 풀 수 있고, ω는 이 다항식의 근이기 때문에 $\mathbb{Q}$에서 ω를 포함시킨 확대체 $\mathbb{Q}(\omega)$에서 다항식의 가해성 논의를 시작하는군요.

삼차다항식 x^3-3x-4의 경우를 살펴보면 $\mathbb{Q}(\omega)$ 계수 다항식으로 보는 것이 보다 편리하고 명료하다는 것을 알 수 있다. $\sqrt[3]{2-\sqrt{3}}$ 을 a, $\sqrt[3]{2+\sqrt{3}}$ 을 b로 나타내면 다항식의 세 근은 다음과 같다.

$$s=a+b$$
$$t=a\omega+b\omega^2$$
$$u=a\omega^2+b\omega$$

$F=\mathbb{Q}(\omega)$라고 하고 $f(x)\in F[x]$로 생각한다. 다음과 같이 요약할 수 있다.

- $f(x)=x^3-3x-4\in F[x](F=\mathbb{Q}(\omega))$의 가해성 문제는 $f(x)$의 갈루아 군의 가해성 문제이다.

- $f(x)$의 갈루아 군은 S_3이며, S_3은 지수가 2인 정규부분군 A_3을 갖는다.

- A_3에 의한 불변체는 $F(\sqrt{3})$이다. $\omega\in F$이므로 $F(i)=F(\sqrt{3})$임을 유념한다. 따라서 $X^2=3$을 풀어야 한다. 이 과정은 상군 $S_3/A_3\simeq\mathbb{Z}_2$에 해당한다.

- 마지막으로 $X^3=2-\sqrt{3}$, 즉 $X^3-2+\sqrt{3}=0$을 풀어야 한다. 이는 $A_3\simeq\mathbb{Z}_3$에 해당한다. 여기서 다항식 $X^3-2+\sqrt{3}$의 계수는 $F(\sqrt{3})$의 원소임에 주목하자.

그림으로 나타내면 다음과 같다.

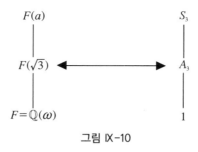

그림 IX-10

그림 IX-10의 왼쪽 아랫부분^{오른쪽 윗부분}은 이차방정식 $X^2=3$을 푸는 과정을 나타내고, 왼쪽 윗부분^{오른쪽 아랫부분}은 삼차방정식 $X^3=2-\sqrt{3}$ 을 푸는 과정을 나타낸다.

여광: 갈루아 이론의 기본정리 내용이 참으로 신기합니다.

여휴: 저도 볼수록 신통하다는 느낌이 들어요. 갈루아 이론의 기본정리는 참 예쁜 수학의 전형입니다.

여광: 앞에서 푼 삼차다항식 $x^3-3x-4 \in F[x]$($F=\mathbb{Q}(\omega)$)를 예로 하여 갈루아 이론의 기본정리 내용을 다시 살펴봅시다. $x^3-3x-4 \in F[x]$의 갈루아 군은 S_3입니다. 이제 x^3-3x-4의 세 근을 s, t, u라고 하고 $(s+\omega t+\omega^2 u)^3$을 생각합니다. $(s+\omega t+\omega^2 u)^3$은 S_3의 정규부분군 A_3에 의하여 불변입니다.

여휴: 그렇습니다. 이는 $(s+\omega t+\omega^2 u)^3$이 A_3의 불변체 $F(\sqrt{3})$에 속한다는 것을 뜻합니다. 이것이 삼차다항식 $X^3-2+\sqrt{3} \in F(\sqrt{3})=\mathbb{Q}(\omega, \sqrt{3})$을 푸는 과정입니다.

여광: 주어진 다항식의 갈루아 군이 자명하지 않은 정규부분군을 가지면 원래 다항식의 차수보다 작은 차수의 다항식을 푸는 문제로 귀착시킬 수 있다는 것이 갈루아 이론의 핵심인 것 같습니다.

여휴: 그렇게 말할 수 있습니다.

유리 계수 삼차다항식을 풀 때 기초체로서 유리수체 $\mathbb{Q}$ 대신에 $F=\mathbb{Q}(\omega)$로 하면 여러 면에서 편리하다는 것을 알았다. 그중의 하나가 일반적인 삼차방정식의 풀이는 $X^2=A$ 꼴의 이차방정식 하나와 $X^3=B$ 꼴의 삼차방정식 하나를 푸는 것으로 귀착된다는 것을 쉽게 설명할 수 있다는 것이다.

여광: 삼차다항식의 경우에는 x^3-1의 근인 ω를 $\mathbb{Q}$에 포함시켜 생각하면 일반적인 삼차방정식의 풀이는 $X^2=A$ 꼴의 이차방정식 하나와 $X^3=B$ 꼴의 삼차방정식 하나를 푸는 것으로 귀착되는데 이차다항식의 경우는 그런 과정이 필요 없나요?

여휴: 이차다항식의 경우에는 x^2-1의 근인 -1이 관건일 텐데 -1은 이미 유리수체에 속하기 때문에 특별한 조작 없이 항상 $X^2=A$ 꼴 하나로 귀착됩니다.

여광: 앞으로 논의를 하겠지만 사차다항식의 경우는 어떨까요?

여휴: 사차다항식의 경우에는 4 이하의 소수prime number인 2와 3이 관건입니다. 즉, 사차방정식의 풀이는 -1과 ω를 기초체에 속하게 하면 됩니다. 그러나 -1은 이미 유리수체에 속하기 때문에 ω를 기초체에 속하게 하면 일반적인 사차다항식은 $X^2=A$, $X^3=B$, $X^2=A$, $X^2=A$ 각각의 꼴을 순서대로 푸는 것으로 귀착됩니다.

바. 사차식의 경우

다항식 $f(x)=x^4+2x+\dfrac{3}{4}\in\mathbb{Q}[x]$의 경우를 생각해 보자. $f(x)\in\mathbb{Q}[x]$의 분해체를 K로 나타내면 다음을 알 수 있다.

- $f(x)$의 네 근 $\alpha, \beta, \gamma, \delta$에 대하여 $s=\alpha\beta+\gamma\delta=\sqrt[3]{2-\sqrt{3}}+\sqrt[3]{2+\sqrt{3}}$ 은 K의 원소이다.

- $x^4+2x+\dfrac{3}{4}$의 네 근 $\alpha, \beta, \gamma, \delta$는 다음과 같다[VI장].

$$\alpha=-\frac{1}{2}\sqrt{s}+\frac{1}{2}\sqrt{-s+\frac{4}{\sqrt{s}}}$$

$$\beta=-\frac{1}{2}\sqrt{s}-\frac{1}{2}\sqrt{-s+\frac{4}{\sqrt{s}}}$$

$$\gamma = \frac{1}{2}\sqrt{s} - \frac{1}{2}\sqrt{-s - \frac{4}{\sqrt{s}}}$$

$$\delta = \frac{1}{2}\sqrt{s} + \frac{1}{2}\sqrt{-s - \frac{4}{\sqrt{s}}}$$

- i는 K의 원소이다. 앞에서 살펴본 바와 같이, 삼차다항식 $W^3 - 3W - 4$ $\in \mathbb{Q}[x]$의 세 근을 s, t, u라고 하면 $(s-t)(s-u)(t-u)$는 A_4에 의하여 불변이다. $s = a+b$, $t = a\omega + b\omega^2$, $u = a\omega^2 + b\omega$, $b = \frac{1}{a}$이다. $(s-t)(s-u)(t-u)$를 계산하면 $-18i$임을 앞에서 확인하였다. 한편, 사차다항식 $x^4 + 2x + \frac{3}{4}$의 네 개의 근 α, β, γ, δ에 대하여 다음을 알 수 있다.

$$(\alpha - \beta)(\alpha - \gamma)(\alpha - \delta)(\beta - \gamma)(\beta - \delta)(\gamma - \delta)$$
$$= \{(\alpha\beta + \gamma\delta) - (\alpha\gamma + \beta\delta)\}\{(\alpha\beta + \gamma\delta) - (\beta\gamma + \alpha\delta)\}$$
$$\quad \{(\alpha\gamma + \beta\delta) - (\beta\gamma + \alpha\delta)\}$$
$$= (s-t)(s-u)(t-u)$$
$$= -18i$$

- 다음을 알 수 있다.

$$\frac{1}{s} = \frac{1}{a+b} = \frac{a^2 - ab + b^2}{a^3 + b^3} = \frac{a^2 + 2ab - b^2 - 3ab}{4} = \frac{s^2 - 3}{4}$$

여광: $(\alpha - \beta)(\alpha - \gamma)(\alpha - \delta)(\beta - \gamma)(\beta - \delta)(\gamma - \delta)$는 A_4에 의해 불변이므로 i는 A_4에 의해 불변이겠습니다.

여휴: 잘 보셨습니다.

여광: 위에서 $(\alpha - \beta)(\alpha - \gamma)(\alpha - \delta)(\beta - \gamma)(\beta - \delta)(\gamma - \delta)$와 $\{(\alpha\beta + \gamma\delta) - (\alpha\gamma + \beta\delta)\}$ $\{(\alpha\beta + \gamma\delta) - (\beta\gamma + \alpha\delta)\}\{(\alpha\gamma + \beta\delta) - (\beta\gamma + \alpha\delta)\}$가 같다는 것을 어떻게 설명할까요?

여휴: $\{(\alpha\beta + \gamma\delta) - (\alpha\gamma + \beta\delta)\}\{(\alpha\beta + \gamma\delta) - (\beta\gamma + \alpha\delta)\}\{(\alpha\gamma + \beta\delta) - (\beta\gamma + \alpha\delta)\}$에서 출발하면 쉬울 겁니다. 예를 들어, $(\alpha\beta + \gamma\delta) - (\alpha\gamma + \beta\delta)$는 $(\alpha - \delta)(\beta - \gamma)$입니다.

- 두 확대체 $\mathbb{Q}(i)$와 $\mathbb{Q}\left(s, \sqrt{s^2-\dfrac{16}{s}}\right)$은 $\mathbb{Q}$ 위의 정규확대체이다.

여광: $\mathbb{Q}(i)$는 다항식 $x^2+1 \in \mathbb{Q}[x]$의 분해체이므로 $\mathbb{Q}$ 위의 정규확대체라는 것은 알겠습니다. 그런데 $\mathbb{Q}\left(s, \sqrt{s^2-\dfrac{16}{s}}\right)$은 왜 $\mathbb{Q}$ 위의 정규확대체이죠? 어떤 다항식의 분해체인가요?

여휴: $W^3-3W-4 \in \mathbb{Q}[x]$의 분해체는 $\mathbb{Q}(s, t, u)$입니다. 이때 s는 W^3-3W-4의 근이고 $W^3-3W-4=(W-s)(W^2+sW+s^2-3)$이며 $W^2+sW+s^2-3=W^2+sW+\dfrac{4}{s}$의 두 근은 $-\dfrac{1}{2}s-\dfrac{1}{2}\sqrt{s^2-\dfrac{16}{s}}$과 $-\dfrac{1}{2}s+\dfrac{1}{2}\sqrt{s^2-\dfrac{16}{s}}$입니다. 따라서 $\mathbb{Q}\left(s, \sqrt{s^2-\dfrac{16}{s}}\right)$은 $W^3-3W-4 \in \mathbb{Q}[x]$의 분해체이므로 $\mathbb{Q}$ 위의 정규확대체입니다.

- $\sqrt{s^2-\dfrac{16}{s}}$은 V_4에 의해 불변이다.

여광: $\sqrt{s^2-\dfrac{16}{s}}$이 V_4에 의해 불변인 걸 어떻게 알죠?

여휴: $\mathbb{Q}\left(s, \sqrt{s^2-\dfrac{16}{s}}\right)$은 $\mathbb{Q}$ 위의 정규확대체이므로 갈루아 이론의 기본정리에 의하여 이 확대체의 갈루아 군은 S_4의 정규부분군입니다. $\mathbb{Q}\left(s, \sqrt{s^2-\dfrac{16}{s}}\right)$은 $\mathbb{Q}$ 위에서 차수가 6인 확대체이므로 이 확대체의 갈루아 군은 S_4에서 지수index가 6인 정규부분군입니다. 즉, S_4에서 지수index가 6인 정규부분군은 V_4입니다.

- V_4의 원소 중에서 $(12)(34)$가 $\sqrt{s}$를 고정시킨다^{불변시킨다}.

여광: 왜죠?

여휴: 좋습니다. 이 주장도 짚고 갑시다. 다항식 $f(x)=x^4+2x+\dfrac{3}{4}$의 네 근 α, β

γ, δ에 대하여 $\alpha+\beta-(\gamma+\delta)=-2\sqrt{s}$ 임을 쉽게 확인할 수 있습니다.

여광: 치환 (12)(34)는 α를 β, β는 α, γ는 δ, δ는 γ로 대응시키는 치환을 나타냅니다. 따라서 $\alpha+\beta-(\gamma+\delta)$는 치환 (12)(34)에 의해 불변이므로 $-2\sqrt{s}$가 불변이고 따라서 $\sqrt{s}$가 불변이군요.

여휴: 그렇습니다.

여광: $\alpha\beta-\gamma\delta=-\dfrac{2}{\sqrt{s}}=-\dfrac{2\sqrt{s}}{s}$인데 s는 (12)(34)에 의해 이미 고정되므로^{불변이므로} $\sqrt{s}$도 (12)(34)에 의하여 고정됩니다.

여휴: 그렇게 설명해도 되는군요.

여광: 조금 전에 s와 $\sqrt{s^2-\dfrac{16}{s}}$이 V_4에 의하여 고정된다는 것을 정규확대체와 정규부분군을 이용하여 설명하였는데 이렇게 직접 계산을 해서도 알 수 있습니다.

여휴: 다항식 $x^4+2x+\dfrac{3}{4}$의 근을 구한 덕분입니다.

여광: $V_4=\{1, (12)(34), (13)(24), (14)(23)\}$의 정규부분군 중에서 지수가 2인 것은 $\{1, (12)(34)\}$, $\{1, (13)(24)\}$, $\{1, (14)(23)\}$입니다. 이 세 개 중에서 어느 것이 $\sqrt{s}$를 불변^{고정}시키는지는 계산을 해 봐야 알겠군요.

여휴: V_4의 부분군 각각에 관하여 어떤 원소가 불변인지 계산하는 것은 의미 있는 일입니다.

여광: 다항식 $x^4+2x+\dfrac{3}{4}$의 갈루아 군은 S_4입니다. S_4의 부분군 A_4, V_4 그리고 $\{1, (12)(34)\}$를 구하면 이때 나오는 지수^{index}가 2, 3, 2, 2입니다.

여휴: 각각의 지수에 대응하는 불변체의 차수^{degree}에 주목할 필요가 있습니다.

이상의 계산 결과에 근거하여 갈루아 이론의 기본정리를 그림 Ⅸ-11로 나타낼 수 있다. 여기서 S_4의 부분군들과 그에 대응하는 불변체의 지수와 차수 각각에 주목할 필요가 있다.

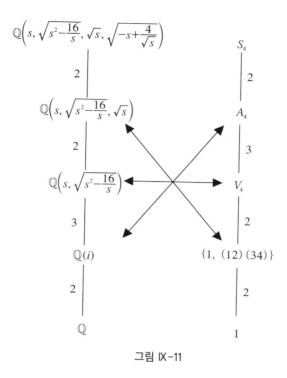

그림 IX-11

사차다항식 $x^4+2x+\dfrac{3}{4}$을 푸는 과정에서 삼차다항식 $x^3-3x-4 \in \mathbb{Q}[x]$를 풀어야 한다는 것에 주목할 필요가 있다. 이 기회에 갈루아 이론을 삼차다항식의 경우로 다시 설명해 보자. 다음을 알 수 있다.

- 다항식 $x^3-3x-4 \in \mathbb{Q}[x]$의 세 근은 다음과 같다.

$$\sqrt[3]{2-\sqrt{3}}+\sqrt[3]{2+\sqrt{3}}$$

$$\sqrt[3]{2-\sqrt{3}}\,\omega+\sqrt[3]{2+\sqrt{3}}\,\omega^2$$

$$\sqrt[3]{2-\sqrt{3}}\,\omega^2+\sqrt[3]{2+\sqrt{3}}\,\omega$$

앞에서 사차다항식 $x^4+2x+\dfrac{3}{4}$을 풀 때 x^3-3x-4의 세 근 각각을 s, t, u로 나타냈다. 다시 말하면, $x^4+2x+\dfrac{3}{4}$의 네 근을 α, β, γ, δ라고 하고 $s=\alpha\beta+\gamma\delta$, $t=\alpha\gamma+\beta\delta$, $u=\alpha\delta+\beta\gamma$라고 놓으면 s, t, u는 W^3-3W-4의

근이다.

- $S_4/V_4 \simeq S_3$이고, $A_4/V_4 \simeq \mathbb{Z}_3$이다.
- $A_4/V_4 \simeq \mathbb{Z}_3$의 불변체는 $\mathbb{Q}(i)$이다.

이제 앞에서 살펴본 그림 IX-11을 이용하여 갈루아 이론의 기본정리를 그림 IX-12로 나타낼 수 있다.

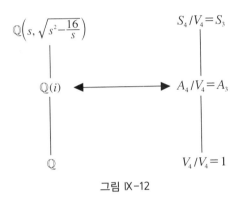

그림 IX-12

이는 그림 IX-11 왼쪽의 아랫부분과 오른쪽의 윗부분이다. 그림 IX-12의 왼쪽 아랫부분은 이차방정식을 푸는 것으로서, 오른쪽 위에서 위수가 2인 상군 $(S_4/V_4)/(A_4/V_4) \simeq S_4/A_4 \simeq S_3/A_3$으로 나타난 것이다. 그리고 그림 IX-12의 왼쪽 윗부분은 삼차방정식을 푸는 것으로, 오른쪽 아래에서 위수가 3인 상군 $(A_4/V_4)/(V_4/V_4) \simeq A_4/V_4 \simeq A_3$으로 나타난 것이다.

여광: 필자가 '자랑'하는 부분인데 다소 힘이 드네요. 어느 정도는 이해를 하였지만 훗날 한 번 더 읽어야겠어요.
여휴: 제가 지금까지 갈루아 이론을 설명한 책을 많이 보았지만, 이 책처럼 갈루

아 군이 S_4인 사차다항식을 자세히 풀고 분석하는 경우는 흔치 않습니다.

여광: 사차다항식 $x^4+2x+\dfrac{3}{4}$을 자세히 풀고 이를 통하여 갈루아 이론을 이해하는 것이 이 여행의 매력이군요.

여휴: '매력'이라고까지 할 수 있을지는 모르겠으나 갈루아 이론의 모든 것을 설명할 수 있는 좋은 예입니다.

여광: 이보다 더 복잡한 예는 없잖아요?

여휴: 그렇습니다. 이보다 더 복잡한 경우는 갈루아 군이 S_5인 어떤 오차다항식 예를 들어, x^5-4x+2입니다. 그러나 이 경우는 풀이가 가능하지 않다고 갈루아가 보장하지 않습니까?

여광: 그렇다면 질문 하나 더 하겠습니다. 사차다항식의 갈루아 군이 S_4의 부분군인 것은 알겠습니다. 하지만 사차다항식 $x^4+2x+\dfrac{3}{4}$의 갈루아 군이 정확히 S_4라는 것을 짚고 넘어가지 않은 것 같은데요.

여휴: 좋은 질문입니다. 저도 그 부분을 분명하게 짚고 싶었습니다. 사실은 이미 정확히 계산하였습니다. 사차다항식은 물론이거니와 삼차다항식의 갈루아 군을 계산하는 것은 일반적으로 쉽지 않습니다. 그러나 주어진 다항식을 완벽하게 풀어서 그 근을 모두 안다면 어렵지 않습니다.

여광: 삼차다항식 x^3-3x-4의 근을 모두 알기 때문에 갈루아 군이 S_3임을 직접 계산할 수 있었군요.

여휴: 사차다항식 $f(x)=x^4+2x+\dfrac{3}{4}\in\mathbb{Q}[x]$의 근도 모두 알기 때문에 기초체 $\mathbb{Q}$에서 시작하여 확대체 $\mathbb{Q}(i)$를 구하고, 다음에는 $\mathbb{Q}\left(s,\sqrt{s^2-\dfrac{16}{s}}\right)$을 구합니다. 이 과정을 반복하여 $f(x)$의 분해체 K까지 확장하고 각 단계에서 갈루아 군을 계산할 수 있습니다. $f(x)=x^4+2x+\dfrac{3}{4}$의 경우에 최종적으로 얻은 군은 S_4입니다. $f(x)$의 갈루아 군을 직접 계산한 것이죠.

사. 개선된 환경에서의 $x^4+2x+\dfrac{3}{4}$

지금까지의 논의를 보다 편리한 상황에서 생각해 보자. 다항식 $x^4+2x+\dfrac{3}{4}$을 유리 계수 다항식으로 보는 대신 $\mathbb{Q}(\omega)$ 계수 다항식으로 보자는 것이다. 이렇게 하

면 사차다항식의 근을 갈루아 이론의 기본정리에 따라 잘 설명할 수 있다. 그림
Ⅸ−13의 왼쪽에 각 단계마다 푸는 방정식을 표시하였다. 그림을 살펴보면
$x^4+2x+\dfrac{3}{4}$의 다음 근을 구하는 과정을 알 수 있다. 그림에서 s는 $\sqrt[3]{2-\sqrt{3}}+\sqrt[3]{2+\sqrt{3}}$
이다.

$$-\frac{1}{2}\sqrt{\sqrt[3]{2-\sqrt{3}}+\sqrt[3]{2+\sqrt{3}}}+\frac{1}{2}\sqrt{\sqrt[3]{2-\sqrt{3}}\,\omega+\sqrt[3]{2+\sqrt{3}}\,\omega^2}+\frac{1}{2}\sqrt{\sqrt[3]{2-\sqrt{3}}\,\omega^2+\sqrt[3]{2+\sqrt{3}}\,\omega}$$

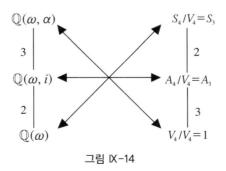

그림 Ⅸ−13

그림 Ⅸ−13에서 삼차다항식 $x^3-3x-4\in\mathbb{Q}(\omega)[x]$의 풀이 과정은 왼쪽의 아
랫부분으로서 다음과 같다.

그림 Ⅸ−14

여기서 S_4/V_4에서의 A_4/V_4의 지수 2는 S_4에서의 A_4의 지수 2이고, 이는 다시 상 군 S_4/A_4의 위수이다. 또, 항등원 하나로 이루어진 군 $1 (=V_4/V_4)$의 A_4/V_4에서의 지수 3은 V_4의 A_4에서의 지수 3이고 이는 다시 상군 A_4/V_4의 위수이다.

여광: 이 책에서 주로 논의하는 다항식은 삼차다항식과 사차다항식입니다. 두 경우 모두, 푸는 과정에서 특수한 형태의 삼차다항식을 풀어야 합니다. 그렇기 때문에 x^3-1의 근인 $\omega = \dfrac{-1+\sqrt{3}}{2}$을 유리수체 $\mathbb{Q}$에 포함시켜 $\mathbb{Q}$ 계수 다항식을 $\mathbb{Q}(\omega)$ 계수 다항식으로 보면 갈루아 이론을 적용하기가 편리합니다.

여휴: 그렇습니다. 이때 기억할 점은 ω는 거듭제곱근을 사용하여 나타낼 수 있는 수이기 때문에 $\mathbb{Q}$를 $\mathbb{Q}(\omega)$로 대체하여도 전혀 문제되지 않는다는 것입니다.

여광: 삼차다항식, 즉 S_3의 경우에는 정규부분군 A_3을 통하여 삼차다항식 하나와 이차다항식 하나로 나뉩니다. 하지만 사차다항식, 즉 S_4의 경우에는 S_4의 정규부분군 A_4, A_4의 정규부분군 V_4 그리고 V_4의 정규부분군 $\{1, (12)(34)\}$를 통하여 삼차다항식 한 개와 이차다항식 세 개로 나뉩니다.

여휴: 요약이 잘 된 듯합니다.

4. 다항식의 가해성

여광: 목적지에 다 온 듯합니다.

여휴: 그러게 말입니다. 정상의 분위기가 느껴지네요.

여광: 이제 갈루아의 유언이 읽힐 것 같군요.

여휴: 정상에 올라서면 지금부터 약 200년 전에 갈루아가 보았던 아름다운 대칭의 산하가 우리 발아래 펼쳐질 겁니다.

여광: 장엄하겠습니다.

> **여휴:** 그럴 수밖에요. 그의 유언에는 일단, 2,000년이 훌쩍 넘는 세월이 서려 있습니다. 게다가 그의 유언은 수학의 역사에 큰 족적을 남긴 수학자 모두가 등장하는 드라마입니다.
>
> **여광:** 정상에 서서 이곳저곳도 살핍시다. 구석구석이 다 궁금합니다.
>
> **여휴:** 그래야죠. 갈루아는 우리의 호기심을 만족시킬 유용한 도구를 줬습니다.
>
> **여광, 여휴:** 갈루아 선생님, 고맙습니다.

다항식의 가해성 문제를 다음과 같이 구체적으로 기술할 수 있다.

- 주어진 다항식 $f(x) \in \mathbb{Q}[x]$의 갈루아 군 G를 구한다.
- 군 G가 가해군인가 아닌가를 결정한다. 이 문제는 완전히 군론의 문제이다.

주어진 다항식의 가해성을 증명한다고 해서 실제로 근을 구하는 것이 쉬운 것은 아니라는 점에 주목할 필요가 있다. 예를 들어, 사차다항식 $x^4-x-1 \in \mathbb{Q}[x]$를 거듭제곱근을 사용하여 풀 수 있다는 것은 앞에서와 같이 증명할 수 있지만, 이 다항식의 네 개의 근을 실제로 계산한다는 것은 또 다른 문제이다.

다항식의 풀이 가능성이 아니라 풀이 그 자체에 관하여 잠시 살펴보자.

- S_1과 S_2는 가환군이고, 모든 가환군은 가해군이다. 게다가 S_1의 위수 $|S_1|$은 1이고, S_2의 위수 $|S_2|$는 2이다. 일차다항식과 이차다항식이 쉽게 풀리는 이유이다.
- $S_3(=D_3)$은 가해군이다. $G_0=S_3$이라고 하고 $G_1=A_3$이라고 하면 가해군의 조건을 만족시키는 다음과 같은 부분군 열을 얻을 수 있다.

$$G_0 \geq G_1 \geq 1$$

이때 등장하는 소수는 2와 3이다. 다항식 $f(x) \in \mathbb{Q}$의 갈루아 군이 S_3이라면 갈루아 이론의 기본정리에 의하여 다음과 같은 확대체 열을 얻을 수 있다.

$$\mathbb{Q} \leq E_1 \leq E$$

여기서 $[E_1 : \mathbb{Q}] = 2$이고 $[E : E_1] = 3$이다. 여기서 '$[E_1 : \mathbb{Q}] = 2$'는 '확대체 E_1의 $\mathbb{Q}$ 위에서의 차수가 2', 즉 '$\mathbb{Q}$ 위에서의 벡터공간 E_1의 차원이 2'라는 뜻이다.

- S_4는 가해군이다. 이제

$$G_0 = S_4, \ G_1 = A_4, \ G_2 = \{1, (12)(34), (13)(24), (14)(23)\}, \ G_3 = \{1, (12)(34)\}$$

라고 하면 가해군의 조건을 만족시키는 다음과 같은 부분군 열을 얻을 수 있다.

$$G_0 \geq G_1 \geq G_2 \geq G_3 \geq 1$$

이때 등장하는 소수는 2, 3, 2, 2이다. 다항식 $g(x) \in \mathbb{Q}$의 갈루아 군이 S_4라면 갈루아 이론의 기본정리에 의하여 다음과 같은 확대체 열을 얻을 수 있다.

$$\mathbb{Q} \leq E_1 \leq E_2 \leq E_3 \leq E$$

여기서 $[E_1 : \mathbb{Q}] = 2$, $[E_2 : E_1] = 3$, $[E_3 : E_2] = 2$ 그리고 $[E : E_3] = 2$이다.

5. 종착역

긴 세월에 걸친 대수학과 추상대수학을 따라 먼 길을 왔다. 갈루아가 남긴 이야기를 뒤돌아보자.

- 풀어야 할 다항식 $f(x) \in \mathbb{Q}[x]$가 있다.

- 유리수체 $\mathbb{Q}$를 확대하자. $f(x)$의 모든 근을 가지고 있는 체 중에서 가장 작은 것을 K라고 하면 K는 $\mathbb{Q}$의 확대체로서 다항식 $f(x)$의 분해체라고 한다.

- K 위에서의 자기동형사상 중에서 $\mathbb{Q}$의 모든 원소를 고정시키는 것만 모은 집합 $G(K/\mathbb{Q})$는 $f(x)$의 갈루아 군이라고 부르는 유한군이 된다. 다항식 $f(x)$의 차수가 n이면 $G(K/\mathbb{Q})$는 S_n과 같던가 아니면 S_n의 부분군이다. 예를 들어, $f(x)$의 차수가 1, 2, 3, 4, 5이면 각각의 갈루아 군은 S_1, S_2, S_3, S_4, S_5이든가 S_1, S_2, S_3, S_4, S_5의 부분군이다.

- S_1은 자명한 군이므로 일차다항식은 바로 풀린다.

- S_2는 가환군으로서 가해군이므로 이차다항식은 거듭제곱근을 사용하면 풀린다. 사실 이차방정식은 항상 $X^2 = A$ 꼴로 바꿀 수 있다.

- S_3은 가해군으로서 정규부분군 A_3을 가진다. S_3과 A_3을 각각 G_0과 G_1이라고 하면 $|G_0/G_1| = 2$이고 $|G_1/1| = |G_1| = 3$이므로, 일반적인 삼차방정식은 $X^2 = A$ 꼴과 $X^3 = B$ 꼴의 방정식을 푸는 문제로 바꾸어 풀 수 있다. 삼차다항식의 갈루아 군은 S_3이 아닌 $\mathbb{Z}_2$ 또는 $\mathbb{Z}_3$과 동형일 수 있다. 이 경우에는 일반적인 경우보다 간단하게 풀 수 있다.

- S_4는 가해군이다.

$G_0 = S_4$, $G_1 = A_4$, $G_2 = \{1, (12)(34), (13)(24), (14)(23)\}$, $G_3 = \{1, (12)(34)\}$라고 하면 가해군의 조건을 만족시키는 다음과 같은 부분군 열을 얻을 수 있다.

$$G_0 \geq G_1 \geq G_2 \geq G_3 \geq 1,$$
$$|G_0/G_1| = 2,$$
$$|G_1/G_2| = 3,$$
$$|G_2/G_3| = 2,$$
$$|G_3/1| = 2$$

따라서 일반적인 사차방정식은 $X^2=A$ 꼴 세 개와 $X^3=B$ 꼴 한 개를 푸는 문제로 바꾸어 풀 수 있다. 사차다항식의 갈루아 군이 S_4가 아닌 S_4의 부분군과 동형일 수 있다. 이 경우에는 S_4인 경우보다 간단하게 풀 수 있다.

- S_5와 A_5는 가해군이 아니므로 일반적인 오차다항식은 거듭제곱근을 사용하여 풀 수 없다. 그러나 갈루아 군이 S_5 또는 A_5가 아닌 S_5의 부분군과 동형이면 그 오차다항식은 풀린다.

여광: 긴 여행 끝에 종착역에 닿았습니다. 앞에서 충분히 설명하였지만 갈루아 이론의 전체적인 내용을 한 번 더 요약하면 어떨까요? 앞의 내용과 중복되더라도 다시 보면 전보다 잘 이해될 것 같아요.

여휴: 좋은 생각입니다. 함께 요약하여 봅시다.

- 유리 계수 다항식 $f(x) \in \mathbb{Q}[x]$가 주어진다.
- 편의를 위해 유리수체 $\mathbb{Q}$에 x^3-1의 허근 $\omega = \dfrac{-1+\sqrt{3}\,i}{2}$를 포함시켜 $F=\mathbb{Q}(\omega)$를 생각하고 $f(x) \in F[x]$라고 한다.
- $f(x) \in F[x]$의 분해체 K를 생각한다.

여광: 분해체 K를 직접 계산하라는 뜻은 아닙니다. 갈루아 이론은 '이론'이지 실제 계산은 별도의 문제입니다.

- 갈루아 군 $G(K/F)$를 계산한다.

여휴: 갈루아 군 $G(K/F)$를 직접 계산하라는 뜻은 아닙니다.

- 갈루아 군 $G(K/F)$가 가해군인지 아닌지를 판정한다.

여광: 갈루아 군 $G(K/F)$가 가해군이기 위한 필요충분조건은 다항식 $f(x)$를 거듭제곱근을 사용하여 풀 수 있다는 것입니다.

여휴: 구체적인 예를 들어 봅시다. 삼차다항식 $x^3-3x-4 \in F[x]$의 경우를 살펴보기 위해서 뒤에 나오는 그림 Ⅸ-15를 봅시다. 그림 Ⅸ-15에서 K는 다항식 $x^3-3x-4 \in F[x]$의 분해체입니다.

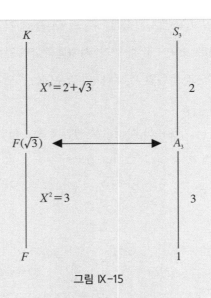

$$K \qquad\qquad S_3$$

$$X^3 = 2+\sqrt{3} \qquad\qquad 2$$

$$F(\sqrt{3}) \longleftrightarrow A_3$$

$$X^2 = 3 \qquad\qquad 3$$

$$F \qquad\qquad 1$$

그림 IX-15

$x^3-3x-4 \in F[x]$의 갈루아 군은 S_3이고, 그림의 오른쪽에서 $S_3 > A_3 > 1$은 S_3이 가해군임을 보여 줍니다. 여기에 등장하는 두 개의 상군 S_3/A_3과 $A_3/1 \simeq A_3$ 각각의 위수^{order}는 2와 3으로 소수이고 $x^3-3x-4 \in F[x]$의 풀이는 $X^2=A$, $X^3=B$ 꼴의 풀이로 귀착됩니다.

여광: 이제는 사차다항식 $x^4+2x+\dfrac{3}{4} \in F[x]$를 통하여 갈루아 이론을 이해해 보면 어떨까요?

여휴: 그럽시다. 이를 위해 그림 IX-16을 봅시다. 이 그림에서 K는 다항식 $x^4+2x+\dfrac{3}{4} \in F[x]$의 분해체입니다. $x^4+2x+\dfrac{3}{4} \in F[x]$의 갈루아 군은 S_4이고, 그림의 오른쪽에서 부분군 열 $S_4 > A_4 > V_4 > \{1,(12)(34)\} > 1$은 S_4가 가해군임을 보여 줍니다. 여기에 등장하는 네 개의 상군 S_4/A_4, A_4/V_4, $V_4/\{1,(12)(34)\}$, 그리고 $\{1,(12)(34)\}/1 \simeq \{1,(12)(34)\}$ 각각의 위수는 2, 3, 2, 2로 소수이고 $x^4+2x+\dfrac{3}{4} \in F[x]$의 풀이는 $X^2=A$꼴 세 개와 $X^3=B$ 꼴 한 개의 풀이로 귀착됩니다.

여광: 분해체에 ω가 있다고 가정하면 갈루아 이론이 깔끔하게 설명되는군요.

여휴: 그렇습니다.

여광: 오차다항식의 경우도 살펴보죠.

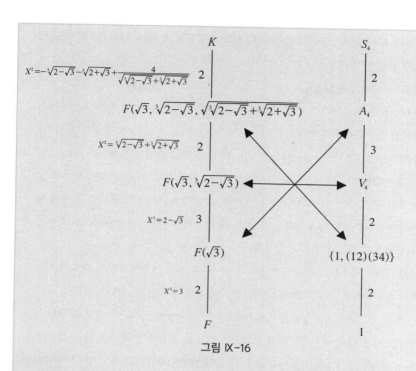

그림 IX-16

여휴: 오차다항식 $2x^5 - 5x^4 + 5 \in F[x]$의 갈루아 군은 S_5와 동형입니다. S_5는 가해군이 아닙니다. A_5가 단순군이기 때문입니다. 따라서 그림 IX-17이 나옵니다.

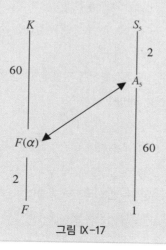

그림 IX-17

여기서 K는 다항식 $2x^5 - 5x^4 + 5 \in F[x]$의 분해체이고, α는 K의 원소로서 A_5에 의해 불변^{fixed}입니다.

여광: 그림이 단순하네요.

여휴: A_5가 단순군이기 때문에 그림도 단순하게 나왔습니다. A_5와 1 사이에는 어떠한 정규부분군이 존재하지 않습니다. 따라서 S_5/A_5 부분에 대응하는 $X^2 = A$ 꼴의 방정식 하나만 나옵니다. 주어진 오차다항식이 풀린다면, $5! = 5 \times 4 \times 3 \times 2 \times 1 = 120 = 2^3 \times 3 \times 5$이므로 $X^2 = A$ 꼴 세 개와 $X^3 = B$ 꼴 한 개, $X^5 = C$ 꼴 한 개로 귀착되어야 합니다. 다시 말하면, 그림의 오른쪽에서 A_5와 1 사이에 세 개의 정규부분군이 존재하여야 합니다. 그러나 이는 불가능한 일이죠. 바로 이것이 갈루아 유언의 핵심 내용입니다.

여광: 앞$^{\text{II장, III장}}$에서 정칠각형은 작도가 불가능하지만 정십칠각형은 작도가 가능하며 정다각형의 작도 가능성도 갈루아 이론으로 설명할 수 있다고 하였습니다. 이 책은 다항식의 가해성만을 이야기하므로 정다각형의 작도 가능성을 상세히 논의하는 것은 다소 무리이겠지만 개략적인 설명을 곁들이면 괜찮을 것 같습니다.

여광: 그렇겠군요. 주어진 다항식을 풀기 위해서는 그 다항식의 갈루아 군 G가 가해군이어야 합니다. 즉, G가 다음 세 가지 조건을 만족시키는 부분군 열을 가져야 합니다.

- $G = G_0 \geq G_1 \geq \cdots \geq G_{t-1} \geq G_t = 1$
- 각각의 $i(i = 1, \cdots, t)$에 대하여 G_i는 G_{i-1}의 정규부분군이다.
- 각각의 $i(i = 1, \cdots, t)$에 대하여 상군 G_{i-1}/G_i은 소수$^{\text{prime number}}$ 위수이다.

실수 γ가 작도가 가능한지 불가능한지를 판단할 때 등장하는 부분군 열은 다음 세 가지 조건을 만족시키는 것입니다.

- $G = G_0 \geq G_1 \geq \cdots \geq G_{t-1} \geq G_t = 1$
- 각각의 $i(i = 1, \cdots, t)$에 대하여 G_i는 G_{i-1}의 정규부분군이다.
- 각각의 $i(i = 1, \cdots, t)$에 대하여 상군 G_{i-1}/G_i은 2이다.

처음 두 개 조건은 동일하고 세 번째 조건만 소수 2로 제한되었죠? 이런 의미에서 작도 가능성의 문제는 다항식의 가해성 문제의 특별한 경우로 볼 수 있습니다.

정다각형의 작도 가능성은 2의 거듭제곱과 밀접하게 관련된다는 것을 예측할 수 있죠? 앞에서 언급하였듯이, 소수 p에 대하여 정p각형이 작도가 가능하기 위한 필요충분조건은 p가 페르마 소수, 즉 $2^{2^k}+1 (k \geq 0)$과 같은 꼴이어야 합니다.

지금까지 일반적인 삼차다항식의 풀이는 $X^2=A$ 꼴 하나와 $X^3=B$ 꼴 하나의 풀이로 귀착된다는 사실을 강조하였다. 예를 들어, 삼차다항식 $x^3-3x-4 \in F[x]$의 풀이 과정을 그림 Ⅸ−15로 설명하였다.

그림은 두 개의 상군 S_3/A_3과 $A_3/1 \simeq A_3$ 각각의 위수가 2와 3으로서 소수이므로 $x^3-3x-4 \in F[x]$의 풀이는 $X^2=A$, $X^3=B$ 꼴의 풀이로 귀착된다는 사실을 보여 준다.

다항식 $x^3-2 \in \mathbb{Q}[x]$의 풀이는 이미 $X^3=B$ 꼴의 풀이가 아닌가? 그렇다면 $x^3-2 \in \mathbb{Q}[x]$의 풀이는 위수가 3인 순환군을 갈루아 군으로 이용하는 $X^3=B$ 꼴 하나를 푸는 것인가? 아니다. 다음을 주목하자.

x^3-2의 세 근은 $\sqrt[3]{2}, \sqrt[3]{2}\omega, \sqrt[3]{2}\omega^2$이고 $x^3-2 \in \mathbb{Q}[x]$의 갈루아 군은 위수가 3인 순환군이 아니며 위수가 6인 대칭군 S_3이다.[Ⅷ장 3.나.] $(\sqrt[3]{2})^2 \times \sqrt[3]{2}\omega=2\omega$이므로 ω는 x^3-2의 분해체에 속하며 ω가 $x^2+x+1 \in \mathbb{Q}[x]$의 근이므로 ω는 ω 또는 ω^2(x^2+x+1의 다른 근)으로 대응된다.

x^3-2를 $\mathbb{Q}(\omega)$ 계수 다항식으로 보면 x^3-2의 갈루아 군은 위수가 3인 순환군이다. 이 경우에 ω는 고정되어야 하므로 $\sqrt[3]{2}$를 $\sqrt[3]{2}\omega$로 대응시키는 $\sigma \in G(K/\mathbb{Q}(\omega))$가 $G(K/\mathbb{Q}(\omega))$의 모든 원소를 생성하게 되어 $G(K/\mathbb{Q}(\omega))$는 위수가 3인 순환군이 되는 것이다. 여기서 K는 $x^3-2 \in \mathbb{Q}[x]$의 분해체를 나타낸다.

동일한 논의를 다항식 $x^4-2 \in \mathbb{Q}[x]$의 경우에도 할 수 있다. $x^4-2 \in \mathbb{Q}[x]$의 풀이는 이미 $X^4=C$ 꼴의 풀이가 아닌가? 4는 소수가 아니지만 $(X^2)^2=C$ 꼴로 보아 위수가 2인 순환군을 두 번 이용하면 풀 수 있지 않을까? 아니다. x^4-2의 네 근은 $\sqrt[4]{2}, -\sqrt[4]{2}, \sqrt[4]{2}i, -\sqrt[4]{2}i$이고 $x^4-2 \in \mathbb{Q}[x]$의 갈루아 군은 위수가 4인 가환

군이 아니며 위수가 8인 정이면체군 D_4이다[VIII장 3. 다]. $(\sqrt[4]{2})^3 \times \sqrt[4]{2}\,i = 2i$이므로 i는 x^4-2의 분해체에 속하며 i가 $x^2+1 \in \mathbb{Q}[x]$의 근이므로 i는 i 또는 $-i$로 대응된다.

x^4-2를 $\mathbb{Q}(i)$ 계수 다항식으로 보면 x^4-2의 갈루아 군은 위수가 2인 순환군이다. 이 경우에 i가 고정되어야 하므로 $\sqrt[4]{2}$ 를 $-\sqrt[4]{2}$로 대응시키는 $\tau \in G(K/\mathbb{Q}(i))$가 $G(K/\mathbb{Q}(i))$의 모든 원소를 생성하게 되어 $G(K/\mathbb{Q}(i))$는 위수가 2인 순환군이 되는 것이다. 여기서 K는 $x^4-2 \in \mathbb{Q}[x]$의 분해체를 나타낸다.

여광: $X^3=B$ 꼴인가 그렇지 않은가처럼 다항식이나 방정식의 외형적인 모습이 중요한 게 아니군요.

여휴: X^3-B 꼴이라고 하더라도 다항식을 어느 체에서 생각하느냐가 관건입니다. 예를 들어, x^3-2를 $\mathbb{Q}$ 계수 다항식으로 보느냐 아니면 $\mathbb{Q}(\omega)$ 계수 다항식으로 보느냐에 따라 그에 대응하는 군이 달라집니다.

여광: 삼차다항식 $x^3-3x-4 \in \mathbb{Q}[x]$의 $\mathbb{Q}$ 위에서의 분해체를 K라고 하면 $i \in K$입니다. 혹시 $\sqrt{3} \in K$ 또는 $\omega \in K$는 아닐까요?

여휴: $\sqrt{3} \notin K$입니다. 왜냐하면, $\sqrt{3} \in K$이면 $\mathbb{Q}(i, \sqrt{3})$은 $\mathbb{Q}$ 위에서 차수가 4인 확대체가 됩니다. 이는 모순입니다. $\mathbb{Q}(i, \sqrt{3})$의 확대체인 K는 $\mathbb{Q}$ 위에서 차수가 6인 확대체이기 때문입니다. $i \in K$이기 때문에 $\sqrt{3} \in K$이기 위한 필요충분조건은 $\omega \in K$임을 유념하면 $\omega \notin K$임을 알 수 있습니다.

여광: x^3-3x-4를 $\mathbb{Q}(\omega)$ 계수를 가지는 다항식으로 보면 이야기는 달라지는군요. 이 경우의 분해체는 i는 물론이고 ω와 $\sqrt{3}$을 모두 가집니다.

여휴: 그렇습니다. 그러나 $x^3-3x-4 \in \mathbb{Q}[x]$의 $\mathbb{Q}$ 위에서의 갈루아 군이나 $x^3-3x-4 \in \mathbb{Q}(\omega)[x]$의 $\mathbb{Q}(\omega)$ 위에서의 갈루아 군은 모두 S_3입니다.

여광: x^3-3x-4를 $\mathbb{Q}(\omega)$ 계수를 가지는 다항식으로 보면 그림 IX-16을 얻을 수 있습니다. 거기서 K는 $x^3-3x-4 \in \mathbb{Q}(\omega)[x]$의 분해체이고 $F=\mathbb{Q}(\omega)$라고 하면 $F(\sqrt{3})=F(i)$입니다. x^3-3x-4를 $\mathbb{Q}$ 계수를 가지는 다항식으로 보면 그림이 달

라지겠죠?

여휴: 다음과 같이 그릴 수 있겠습니다. 여기서 K는 $x^3-3x-4 \in \mathbb{Q}[x]$의 $\mathbb{Q}$ 위에서의 분해체입니다.

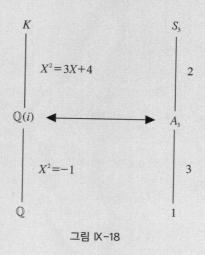

그림 IX-18

여광: 삼차다항식 $x^3-2 \in \mathbb{Q}[x]$의 $\mathbb{Q}$ 위에서의 분해체를 $K=\mathbb{Q}(\omega, \sqrt[3]{2})$라고 하면 다음과 같은 그림이 가능하겠습니다.

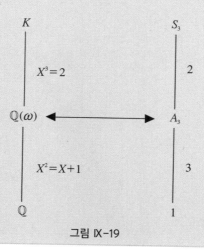

그림 IX-19

여휴: 그러나 x^3-2를 $\mathbb{Q}(\omega)$ 계수 다항식으로 보면 그림이 다음과 같습니다. 여기서 $F=\mathbb{Q}(\omega)$이고 x^3-2의 $\mathbb{Q}(\omega)$ 위에서의 분해체는 $K=F(\sqrt[3]{2})$입니다.

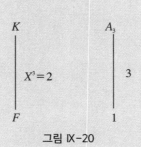

그림 IX-20

처음부터 $\mathbb{Q}$에 ω를 포함시키면 갈루아 이론의 설명이 쉬워진다는 것을 알 수 있습니다.

다항식의 가해성에 관한 문제를 시원하게 해결하였다.
관건은 대칭이었다.
대칭에 관한 언어인 군론group theory으로 해결한 것이다.

이렇게 발전된 이론으로 삼대 작도 불가능 문제도 해결된다.
물론 그 과정에서 원주율 π가 초월수라는 추가 정보가 필요하다.

정다각형의 작도 가능성 문제도 해결된다.
정칠각형은 작도가 불가능하지만 정십칠각형은 왜 작도가 가능한지
그 이유가 밝혀진다.

갈루아 이론은 자연의 법칙보다 더 깊은 대칭에 관한 예술이다.

수학자가 바빠졌다.

X

수학자의 낙원

수학의 역사는 족히 2,500년 이상이다. 수학은 끊임없는 호기심과 자유로운 상상 그리고 많은 수학적 노동, 즉 계산을 통해 오늘에 이르렀다. 또한 필요하다면 문제를 추상화하여 해결하였다.

1. 지나온 길

'일차다항식의 풀이는 언제부터 알려졌을까'라고 묻는 것은 '인류는 언제부터 수를 세기 시작했을까'라고 묻는 것과 같다. 누구라도 수학적으로 생각하면 풀 수 있기 때문이다. 하지만 '이차다항식의 풀이는 언제부터 알려졌을까'라고 묻는 것은 유의미하다. '매우 오래전'이 답이다. 수학적으로 사고할 수 있는 사람이라면 어렵지 않게 풀 수 있기 때문이다. '이차다항식의 근을 눈금 없는 자와 컴퍼스로 작도하여라'라는 문제는 수학자의 호기심을 자극할 만하다. 유클리드가 『원론 Elements』에서 작도 문제를 제법 많이 다룬 이유일 것이다. '삼차다항식과 사차다항식의 풀이는 언제부터 알려졌을까'라고 묻는 것은 중요한데, 이에 대한 답은 수학사에서 언급하지 않을 수 없다. 이 책도 이 부분에 관하여 많은 이야기를 하였다. 더 나아가 '오차다항식의 풀이는 언제부터 알려졌을까'라는 질문은 심각하다. 이 질문은 다음과 같아야 정확하다.

'오차다항식의 풀이는 가능한가?'

갈루아는 이 질문에 아름다운 수학으로 답하였다. 갈루아는 본인 이전의 수학사 전체에 걸쳐 감춰져 있던 비밀을 푼 것이다. 그 답이 갈루아 유언의 내용이고, 이 책이 지금까지 애써 소개한 내용이다.

2. 아벨과 갈루아의 후예

아벨 당시 그의 조국 노르웨이는 정치적 또는 경제적인 상황 등이 열악하여 아벨의 연구를 충분히 지원하지 못했다. 사실 아벨 연구의 가치나 의미를 충분히 이해하기도 어려웠을 것이다.

아벨의 학문적 업적은 그의 사후에 인정되었다. 프랑스의 수학자 에르미트C. Hermite, 1822-1901는 아벨의 업적에 관하여 '아벨은 수학자를 500년 동안 바쁘게 할 문제들을 남겼다Abel has left mathematicians enough to keep them busy for 500 years'라고 평했다. 맞다. 현대의 수학자들은 아벨이 남긴 수학 유산으로 인하여 많이 분주하다. 훗날 노르웨이는 '아벨상Abel Prize'을 제정하여 아벨의 업적을 기리며 2003년부터 시상하고 있다. 아벨상은 명예는 물론이거니와 상금 면에서도 노벨상에 견줄 만하다.

2015년 아벨상 수상자 중 한 명은 미국의 수학자 내시J. Nash, 1928-2015이다. 1994년 노벨 경제학상의 공동 수상자이자, 영화화된 책 『뷰티풀 마인드Beautiful Mind』(도서

출판 승산)의 주인공이다. 내시는 『뷰티풀 마인드』의 또 다른 주인공인 그의 아내 얼리샤Alicia와 함께 아벨상을 수상하고 돌아오는 길에 불의의 교통사고로 사망하였다. 아름다운 정신Beautiful Mind의 아름다운 동행Beautiful Companion이었다. 2016년 아벨상 수상자는 1995년 페르마 마지막 정리를 증명한 와일스였다.

노르웨이의 수학자 실로우P. Sylow, 1832-1918와 리S. Lie, 1842-1899는 아벨의 업적을 체계적으로 정리하고 계승하였다. 실로우는 갈루아가 죽은 해에 태어났다. '실로우 정리Sylow theorem' 세 개는 부분군의 존재와 단순군 여부를 결정할 때 유용하다. 예를 들어, 코시 정리는 'S_5는 위수가 2인 부분군을 가진다'는 것을 보장하지만 실로우 정리는 'S_5는 위수가 2, $4 = 2^2$, $8 = 2^3$ 각각인 부분군을 모두 가진다'는 것을 보장한다. 실로우 정리로 A_5가 단순군임을 증명할 수 있다.

그림 X -1 실로우

한편 리 군Lie group과 리 대수Lie algebra는 이론물리학을 대칭 이론으로 연구하는 데 큰 도움을 준다. 리 군은 리가 군의 연산에 연속성continuity과 미분 가능성differentiability을 도입하여, 미분방정식differential equations에 관한 갈루아 이론을 정립하기 위한 개념이라고 할 수 있다. 리는 자신이 개발한 이론인 '리 군론Lie group theory'의 중요성을 동료들에게 열정적으로 강조하였으나 만족할 만한 반응을 얻지 못했다. 안타까운 마음이 컸을 것이다. '이처럼 깊은 내용을 이해하면 큰 유익을 얻는 사람이 있을 텐데….' 갈루아가 이 땅에서의 마지막 밤에 느꼈던 안타까운 마음을 그도 느꼈을 것이다. 상심이 컸던 것인지 아니면 열정이 지나쳤던 것인지, 그는 정신병에 이른다.

그러나 리의 안타까운 마음과 열정은 헛되지 않았다. 그의 깊은 이론은 눈 밝은 한 명의 수학자를 만났다. 여성이었다. 물리학에서 대칭과 보존법칙 사이의 긴밀한 관계를 증명한 수학자 뇌터는 리 군론의 전문가였다. '뇌터의 정리'는 리 군론을 응용한 결과이다.

그림 X-2 리

뇌터와 아인슈타인이 물리학에서 '대칭'이 관건이라는 것을 처음으로 인식한 때는 라그랑주, 아벨, 갈루아가 다항식의 가해성은 '대칭의 문제'라는 것을 인식한 지 약 100년이 지난 후였다.

리: 선생님, 갈루아는 프랑스 황제 나폴레옹의 아들인 나폴레옹 2세와 같은 해에 태어났고, 같은 해에 죽었더군요.

실로우: 맞아요. 하지만 나폴레옹 2세는 황제의 아들이자 '로마의 왕'으로서 화려하게 살았어요. 그러니 갈루아의 외형적 삶은 나폴레옹 2세의 삶에 비할 바가 못 되죠.

리: 갈루아가 남긴 정신 유산은 나폴레옹 2세가 남긴 그것과 비교할 수 없을 것 같아요.

실로우: 저는 나폴레옹 2세의 업적에 관해 아는 것이 없으니 역사적으로 누가 더 큰 업적을 남겼는지 모르겠어요. 보는 관점에 따라 평가가 다르겠죠? 그러나 저는 리 박사 생각에 동의합니다.

리: 사실 저도 나폴레옹 2세의 업적에 대해 아는 것이 없습니다. 그러나 그에게 업적이 있다 하여도 황제의 아들로 태어난 그에게 큰 공을 돌리는 것은 공평하지 않다고 생각해요.

실로우: 저는 이런 주제에는 자신이 없지만 갈루아의 업적은 인정하고 싶어요. 갈루아는 가장 민감한 나이인 십 대 후반에 존경하는 아버지의 자살을 겪었어요. 갈루아에게 아버지는 특별한 존재였으니 그 충격이 얼마나 컸을까요. 그가 그런 어려운 환경에서도 깊은 수학을 공부하였다는 게 대단하죠.

리: 시장市長, Mayor이었던 아버지가 정치적 희생을 당했다고 생각한 갈루아는 정치에 관심을 가지게 되었고 과격한 행동도 했던 것 같아요.

실로우: 그렇다고 봐요. 갈루아는 결국 감옥에 가죠. 그런 상황에서 그가 발표한 논문은 심사 과정에서 분실되거나 반송되어 수학계의 인정을 받지 못합니다. 이러한 여러 상황이 갈루아는 감당하기 어려웠을 겁니다. 그럼에도 그 깊고 아름다운 수학을 연구하였다는 것은 기적 같아요.

리: 갈루아는 자신의 논문을 발표하기 위해 동분서주하다가 그보다 앞서 아벨이 오차다항식의 불가해성을 증명했다는 사실을 알았던 것 같아요.

실로우: 맞아요. 일반적인 오차다항식은 거듭제곱근을 사용하여 풀 수 없다는 사실을 처음으로 증명한 사람이 아벨이라는 것을 알았죠. 그러나 갈루아 본인의 이론은 아벨의 이론과 완전히 다르거니와, 자기의 이론은 다항식의 가해성 여부를 판별할 수 있기 때문에 아벨의 이론보다 훨씬 더 아름답다고 자부했을 겁니다. 여기서 주목할 것이 있어요.

리: 무엇을 말씀하시는 건가요?

실로우: 갈루아는 아벨이 요절한 원인에 수학계도 일부 책임이 있다고 생각한 것 같아요.

리: 한 박자 늦기는 했지만 수학계는 아벨을 인정하고 그에게 교수직을 제안하였잖아요?

실로우: 한 박자가 아니죠, 아벨이 죽은 후였으니까요. 그렇지만 저도 아벨 죽음의 책임을 수학계에 돌리는 것은 무리라고 생각해요. 하지만 본인의 연구 결과가 2년이 넘도록 무시받거나 분실되는 경험을 한 갈루아가 그렇게 생각하는 것이 이해되기도 해요. 예를 들어, 아벨과 갈루아는 당시 최고의 수학자였고 과학원 회원이던 코시에게 논문을 보냈어요. 코시는 자기 연구로 너무 바빴던지 두 청년의 논문을 진지하게 검토하지 않았나 봐요.

리: 갈루아가 그러한 점에 분개한 것이군요. 그게 사실이라면 갈루아가 과학원으로 대표되던 수학계에 큰 불만을 가진 것은 이해가 됩니다.

실로우: 그래요. 아벨이 죽은 후에라도 인정을 받은 것은 참 다행이고, 갈루아가 죽은 후에라도 그의 수학이 수학계에서 명예롭게 인정받은 것 또한 무척 다행이라고 생각해요.

3. 오차다항식의 근

일차다항식과 이차다항식의 근은 모두 작도가 가능하고, 일차, 이차, 삼차, 사차다항식의 근은 모두 거듭제곱근을 사용하여 나타낼 수 있다. 그러나 오차 이상의 다항식의 해는 일반적으로 그러한 꼴로 주어지지 않는다. 오차다항식의 근은 야코비 θ 함수를 사용하여 제시할 수 있다. 야코비C. G. J. Jacobi, 1804-1851는 갈루아 유서에 이름이 거명된 두 명의 수학자 중 한 명이다. 야코비는 갈루아가 그렇게 인정받고 싶었던 사람이었다.

그림 X-3 야코비

여광: 다항식 풀이에 관한 문제가 갈루아로 인해 끝난 게 아니군요.

여휴: 그럴 리가 없죠. 오히려 그 반대입니다. 주어진 문제의 해결은 새로운 수학의 시작입니다. 수학의 역사를 봐도 알 수 있잖아요? 수학자들의 호기심과 상상력은 주어진 문제를 기필코 해결하고 그 해결 과정에서 새로운 수학을 만들어 냅니다.

여광: 수학자는 결코 얌전하거나 욕심이 없는 사람들이 아닌가 봅니다.

여휴: 겉으로는 그렇게 보일지 몰라도 속은 완전히 다릅니다. 호기심도 많고 문제 해결 욕심도 보통이 아닙니다. 수학자들은 정신이 자유롭잖아요? 그들처럼 자유로운 영혼들은 적극적이고 긍정적이며 심지어 공격적이기도 합니다. 일반적인 오차다항식은 거듭제곱근radicals을 사용하여서는 풀리지 않지만, 수학자들은 거듭제곱근이 아닌 다른 함수를 이용하여 오차다항식을 풀어 내잖아요.

여광: 수학자 힐베르트의 말이 기억납니다. '우리는 알아야 한다. 우리는 알 수 있다Wir müssen wissen. Wir werden wissen.' 그의 말에서 수학자의 격렬한 호기심과 문제 해결을 위한 단호한 의지가 느껴집니다.

여휴: 힐베르트의 말은 수학자의 정신을 잘 나타내는군요.

보통 'Plimpton 322'라고 부르는 점토판을 본 적이 있을 것이다. 피타고라스의 정리에 관한 것으로 지금으로부터 거의 4,000년 전의 기록으로 여겨진다. 피타고라스의 정리는 특별한 꼴이기는 하지만 결국 이차방정식의 풀이이다. 점토판의 기록은 그 후 1,000여 년이 지나며 피타고라스의 연구 주제였고, 그 후 수천 년을 또 지나며 디오판토스, 페르마, 오일러 등을 거쳐 삼차방정식, 사차방정식의 문제로 진화하여 '페르마의 마지막 정리'를 낳았다. 페르마의 마지막 정리로 최종 확증된 시기가 20세기 후반이므로 방정식의 풀이는 점토판 이후 거의 4,000년에 걸친 이야기이다. 이 책에서 약간 언급한 작도 가능성의 문제도 방정식의 풀이로 볼 수 있다.

여광: 다항식의 가해성 문제는 마치 긴 세월에 걸친 대하드라마 같아요.

여휴: 오차다항식의 가해성 문제는 해결이 되었지만 군론group theory 등 새로운 수학이 생겨났어요. 어찌 보면 다항식의 풀이에 관한 이야기는 아직도 현재진행형이죠.

여광: 수학은 특별한 특징을 가지는 것 같아요.

여휴: 어떠한 특징을 들 수 있을까요?

여광: 일단 역사가 깁니다. 어느 학문이 수천 년의 역사를 가지겠습니까? 게다가 거의 완전한 형식의 2,300년 전 수학 책의 내용이 그대로 전해지는 것은 주목할 만합니다.

여휴: 수학의 긴 역사와 함께 주목할 점이 또 있다고 생각합니다. 4,000년 전 수학이 그 내용 그대로 오늘도 여전히 유효하다는 것입니다. 철학의 경우는 그렇지 않아요. 피타고라스의 철학을 오늘 이야기할 수는 있지만, 모두가 그의 철학 그대로를 동의하는 것은 아닙니다. 과학의 경우에도 마찬가지입니다. 뉴턴 역학이 여전히 중요하지만 엄밀한 수준에서는 틀렸습니다. 철학과 과학뿐만이 아니라 다른 어떠한 학문에서도 그럴 것입니다. 그러나 수학은 달라요. 수학적 참 명제는 그 수학의 기본 공리계를 인정하는 한 시대와 사상을 초월하여 유효합니다.

여광: 사실 수학의 그러한 면이 수학의 긴 역사를 가능하게 하고, 수학의 힘이 되었습니다.

여휴: 호기심에 끌려 상상하고 전개된 대수학의 역사는 수학의 전형적인 모습이라고 할 수 있겠습니다.

4. 무한으로

대수적인 수algebraic number는 유리 계수 다항식의 근을 말한다. 작도가 가능한 모든 수는 대수적인 수이다. 거듭제곱근을 사용하여 나타낼 수 있는 수는 물론이거니와 거듭제곱근을 사용하여 나타낼 수 없는 오차다항식의 근도 대수적이다. 대수적인 수는 무척 많을 것 같다. 그렇다면 모든 실수는 대수적인 수일까? 대수적인 수가 아닌 수를 '초월수transcendental number'라고 한다면 실수 중에 초월수가 있을까?

아벨에게 큰 힘이 되어 준 크렐레A. Crelle가 아벨의 논문 게재와 함께 1826년에 창간한 수학 학술지『Journal für die reine und angenwandte MathematikJournal for Pure and Applied Mathematics』1874년 호에 특별한 논문이 하나 실렸다. 그것은 칸토어G. Cantor, 1845-1918의「Über eigen Eigenschaft des Inbegriffes aller reellen algebraischen ZahlenOn a property of the collection of all real algebraic numbers」였다.

그림 X-4 칸토어

칸토어는 그 논문에서 무한의 집합을 특별한 그러나 매우 수학적인 관점에 따라 분류하였다. 이는 충격이었다. 그전에는 무한 집합을 막연하게 하나로 취급했고 기호 '∞'는 모든 무한의 크기를 상징하는 기호였다. 자연수 전체 집합의 크기도 ∞이고 실수 전체 집합의 크기도 ∞였다.

그러나 칸토어의 관점에 의하면 무한 농도는 하나가 아니다. 칸토어에 따르면 자연수 전체 집합, 정수 전체 집합, 유리수 전체 집합의 농도cardinality는 같으나 실수 전체 집합의 농도는 자연수 전체 집합의 농도보다 크다는 것이다. 자세히 설명하면, 실수 전체 집합의 무한은 자연수 전체 집합의 무한과는 다르다는 것이다. 예를 하나 보자. 칸토어는 자연수 전체 집합 $\mathbb{N}$의 크기농도를 $\aleph_0$이라고 표기했다. $\aleph$은 이스라엘 알파벳의 첫 글자이다. 그는 무한 탐험에서 첫 성과를 거두었을 때 유대의 카발라 수비학을 생각했던 것 같다. 실수 전체 집합 $\mathbb{R}$의 크기농도는 보통 c라고 표기한다. $\aleph_0$은 무한의 세계에서 가장 처음으로 만나는 집합의 크기를 나타내는 것이다. 무한의 세계에서 두 번째로 만나는 무한 집합의 농도 c는 '연속체'를 뜻하는 'continuum'의 첫 글자이다.

칸토어가 탐험한 무한의 신비 중 하나는 c가 $\aleph_0$보다 크다는 것이다. 두 집합의 크기를 그냥 '∞'라고 표기하면 무한 집합의 수학적 신비가 가려진다. 이는 다음의 중요한 사실을 함의한다.

대수적인 수 전체 집합의 농도는 자연수 전체 집합의 농도와 같으므로, 초월수 전체 집합의 농도는 실수 전체 집합의 농도와 같다.

유리수 계수 다항식의 근이 될 수 없는 수가 존재한다는 뜻이다. 더 나아가 유리수 계수 다항식의 근이 될 수 없는 수가 근이 될 수 있는 수보다 훨씬 많다는 뜻이다. 이는 칸토어 이전에는 상상한 적이 없는 사실이었다. 무한의 세계가 칸토어를 통해서 수학자들에게 그 신비함을 드러내기 시작한 것이다. 『크렐레誌Crelle's journal』라고 부르는 학술지가 '무한의 이론'인 집합론set theory의 시작을 알렸다. '수학의 본질은 자유'라고 외치던 자유로운 영혼의 칸토어는 무한의 세계에 과감히 발을 들인 것이다.

수학적 의미에서 초월수가 대수적인 수보다 훨씬 많다는 것이 이론적으로는 증명이 되지만 초월수를 구체적으로 제시하는 것은 별도의 문제였다. 초월수를 구체적으로 처음 제시한 사람은 리우빌J. Liouville, 1809-1882이다. 1836년에 수학 학술지 『Journal de Mathématiques Pures et Appliquées』를 창간하고 1846년 호에 갈루아의 논문을 게재하여 갈루아를 세상에 알린 바로 그 사람이다.

그림 X-5 리우빌

그는 1851년에 눈에 보이는 초월수 $\sum_{n=1}^{\infty}\left(\dfrac{1}{10^{n!}}\right)=0.110001000000000000$ 000001000⋯을 제시하였다. 그 후, 1873년에 에르미트[C. Hermite, 1822-1901]는 우리에게 친숙한 오일러 상수 e가 초월수임을 보였다. 그는 아벨의 수학을 극찬한 사람이다.

이어 1882년에는 린데만[F. Lindemann, 1852-1939]이 우리에게 더 친숙한 원주율 π가 초월수임을 보였다. 원주율 π가 초월수임을 증명한 순간 '삼대 작도 불가능 문제'는 완전히 해결된 것이다. 기원전에 제기된 문제에 마침표를 찍기 위해 2,000년 이상의 세월이 흘렀다.

여광: 무한은 여러 역설을 양산하기도 합니다. 경험하거나 관찰할 수 없는 개념이기 때문에 당연한 현상이겠죠?

여휴: 유명한 제논의 역설은 무한과 관련 있습니다. 물론 그 외에도 많습니다.

여광: 어떤 예를 더 들 수 있을까요?

여휴: 일단 '바나흐−타르스키 역설[Banach-Tarski paradox]'도 무한에 관한 것입니다. '나에게 사과 하나와 선택공리[axiom of choice]를 달라. 내가 사과를 지구의 크기로 만들어 주리라'라고 말한 것이죠. 이 말은 '나에게 지렛대와 받침대를 달라. 내가 지구를 들어 올리겠다'라는 아르키메데스의 말을 빗댄 것 같아요.

여광: 바나흐−타르스키 역설은 선택공리를 이용하여 증명이 가능하므로 역설이 아니라 정리[theorem]라고 불러야 하지 않나요?

여휴: 선택공리를 수용하면 그렇죠. 그러나 그 주장하는 바가 보통의 상식으로 수용하기 어렵기 때문인지 보통 역설이라고 부릅니다. 다른 예 하나를 더 생각하여 봅시다. 칸토어의 이론에 의하면 원의 둘레 길이와 무관하게 모든 원 둘레에 있는 모든 점의 집합 사이에는 일대일대응이 존재합니다. 따라서 한 바퀴를 다음과 같이 두 개의 선로[A와 B] 위를 달리게 할 수 있습니다.

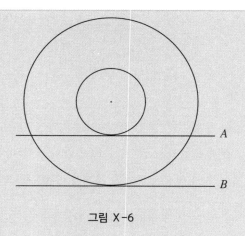

그림 X-6

여광: 수학적으로는 그렇군요. 그러나 말이 안 됩니다.

여휴: 무한에 관한 수학적 명제는 수학일 뿐입니다. 우리가 경험할 수 있는 범위 내에서 무한은 존재하지 않거든요. 따라서 무한에 관한 수학적 명제를 실생활에 적용하면 모순적 결론에 도달할 수 있습니다.

　수학은 순수한 호기심과 자유로운 상상의 지적 유희의 결과물일 수 있지만, 그러한 결과를 유용하게 활용한 사례가 적지 않다. 그러나 수학의 진정한 가치가 유용성에 있다고 보기 어렵다. 논리적인 사고능력과 탁월한 언어감각도 아니다. 호기심과 자유로운 상상 그 자체이다. 호기심과 상상은 수학의 다른 이름이다.

　과학도나 공학도에게 수학은 언어mathematics as language이고 기술mathematics as technology이다. 또한 수학자에게 수학은 철학mathematics as philosophy이고 예술mathematics as art이다. 다항식의 풀이에 관한 호기심은 수학자의 상상을 요구했고, 이를 위해 수학자의 영혼은 자유로워야 했다. 수학자에게 무한은 범접할 수 없는 곳이 아니다. 자유로운 영혼들은 무한의 세계에서도 기꺼이 계산의 노동을 하고 문제를 추상화하기도 하며 유희를 즐긴다. 무한은 수학자의 낙원이다. 수학자는 즐겁게 무한의 세계에서 노닌다.

5. 대칭으로

다음은 앞[IV장]에서 소개한 바흐의 음악 일부이다.

ⓐ를 좌우반사시키면 아래의 ⓑ를 얻는다.

ⓑ를 상하반사시키면 아래의 ⓒ를 얻는다.

ⓒ를 다시 좌우반사시키면 아래의 ⓓ를 얻는다.

이 곡은 바장조[F Major]의 곡으로서 상하반사의 축은 바[F]이다.

ⓒ는 ⓐ를 180° 회전대칭시킨 것이고, ⓓ는 ⓑ를 180° 회전대칭시킨 것으로서 위에 적용된 대칭 모두는 클라인의 사원군$^{\text{Klein 4-group}, V_4}$을 이룬다.

- 아래 태극 문양의 대칭군은 위수가 2인 가환군 $\mathbb{Z}_2$이다. 항등원과 180° 회전대칭 σ가 존재하여 $\{1, \sigma\}$이다.

그림 X-7

- 사찰에서 볼 수 있는 다음 왼쪽 띠 문양에서 기본조각^{오른쪽}의 대칭군은 정이면체군 D_2이다.

그림 X-8

'정이각형'이 존재하지 않는데 '정이면체군 D_2'라니 무슨 말일까? 수학자에게는 '눈에 보이도록 그릴 수 있는가 없는가'는 문제 되지 않는다. D_3, D_4가 존재한다면 D_1과 D_2가 존재하지 못할 수학적 이유는 없다. D_2는 클라인의 사원군 V_4와 동형이다. 한편, 그림 X-8의 왼쪽 띠 전체의 대칭성, 즉 띠군$^{\text{frieze group}}$은 $D_\infty \times D_1$이다. 여기서 D_∞는 '정∞각형'의 대칭군으로서 '정이면체군 D_∞'이고, D_1은 '정일각형'의 대칭군으로서 '정이면체군 D_1'이다.

수학자에게는 '정무한각형'과 '정일각형'을 생각하지 말아야 할 이유가 없다. 여기서 '×' 기호는 주어진 두 군으로부터 보다 큰 새로운 군을 만드는 수학자들의 초보적인 기술로서 '직적^{direct product}'이라 한다. 예를 들어, 앞에서 여러 차례 등장한 클라인의 사원군 V_4는 위수가 2인 순환군 $\mathbb{Z}_2$ 두 개의 직적이다. 즉, $V_4 = \mathbb{Z}_2 \times \mathbb{Z}_2$이다.

- 그림 X-9는 불국사 관음전에 있는 꽃 문살이다.

그림 X-9

그림에서 $60°$ 회전이 보이는가? 대칭성을 계산하면 순환군 $\mathbb{Z}_6$이 나타날 것 같지 않은가? 맞다. 이 벽지 문양의 대칭성, 즉 벽지군^{wallpaper group}을 실제로 계산하면 $(\mathbb{Z} \times \mathbb{Z}) \rtimes \mathbb{Z}_6$이라는 것을 알 수 있다. 여기서도 '$\rtimes$' 기호는 주어진 두 군으로부터 보다 큰 새로운 군을 만드는 수학자들의 또 하나의 기술로서 '반직적^{semi-direct product}'이라 한다. 예를 들어 보자. 정사각형의 대칭군^{group of symmetries}인 정이면체군 D_4는 클라인의 사원군 V_4와 위수가 2인 순환군 $\mathbb{Z}_2$의 반직적이고, 대칭군^{symmetric group} S_3은 두 개의 순환군 $\mathbb{Z}_3$과 $\mathbb{Z}_2$의 반직적이다. 이 사실을 다음과 같이 표현할 수 있다.

$$D_4 = V_4 \rtimes \mathbb{Z}_2$$

$$S_3 = \mathbb{Z}_3 \rtimes \mathbb{Z}_2$$

문양은 무수히 많은 모습을 가진 것처럼 보이지만 대칭의 관점에서 보면 그렇지 않다. 이제 대칭으로 문양을 살펴보자. 색상을 고려할 수 있지만 여기에서는 논의의 편의를 위해 고려하지 않는다.

6. 한국의 전통 띠 문양

여광: 앞IV장에서 띠frieze를 '일정한 조각이 좌우로 무한히 반복되는 문양'이라고 했습니다. 다음 그림에서 점선으로 된 조각이 좌우로 무한히 반복된다는 의미입니다.

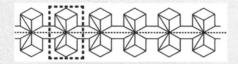

하지만 수학적 의미에서 띠는 현실 세계에 존재할 수 없습니다. 왜 '무한히 반복된다'고 전제하나요?

여휴: 기하학에서 점은 크기가 없고 선은 넓이가 없다고 전제하는 것과 같은 상황입니다. 수학적 논의를 위함입니다. 이 경우에는 대칭을 보장하기 위함입니다. 예를 들어, 위 문양에서 평행이동대칭이 존재하기 위해서는 '무한히 반복된다'고 전제하여야 합니다. 즉, '점선으로 된 조각'의 폭만큼 오른쪽 또는 왼쪽으로 평행이동시켜도 원래의 띠 모습은 변하지 않게 됩니다. 다음 띠 문양에서 여러 개의 y축 반사대칭을 보장하기 위해서도 '일정한 조각이 좌우로 무한히 반복된다'고 전제하여야 합니다.

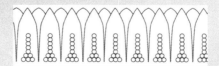

마찬가지로 다음 띠 문양에서 여러 개의 $180°$ 회전대칭을 보장하기 위해서도 '일정한 조각이 좌우로 무한히 반복된다'고 전제하여야 합니다.

먼저 띠를 살펴보자. 다음은 기본조각의 대칭성에 따른 일곱 개의 띠 타입type 모습이다.

기본조각의 대칭성	기호	기본조각	띠
	f1		
x축 반사	fx		
y축 반사	fy		
180° 회전	f2		
x축 반사 y축 반사 180° 회전	fxy		
미끄럼반사	fg		
미끄럼반사 y축 반사	fgy		

일곱 개의 띠 타입 각각의 기본조각은 다음과 같다. 띠의 기본조각은 정사각형 또는 직사각형이다.

회전	타입			
360° (0°)	f1	fx	fy	fg
180°	f2	f2x	f2g	

f2x 타입은 f2y 또는 fxy로 표현할 수 있고, f2g 타입은 fgy 또는 fyg로 표현할 수 있으며 기본조각을 다음과 같이 택해도 된다.

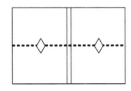

띠 타입의 표기에 관하여 관련 학회들의 합의가 이루어진 바는 없다. 저자는 수학자에 의해 제안된 'orbifold 기호'에 만족하지만 기호에 관한 설명은 다소 어렵다[신현용 외, 2015]. 이 책이 사용하는 기호 f1, fx, fy, fg, f2, f2x$^{f2y, fxy}$, f2g$^{fgy, fyg}$ 등은 국제적으로 공인된 것이 아닌 저자 스스로의 것이다.

띠의 분류 알고리즘은 다음과 같다.

회전			반사					
회전	360°	f1, fx, fy, fg	반사	유	x축	fx		
					y축	fy		
				무	f1, fg	미끄럼 반사	유	fg
							무	f1
	180°	f2, f2x, f2g		유	x축	fxy		
					y축	회전축과 반사축의 관계	회전축이 반사축 위에 있는 경우	f2x
							회전축이 반사축 위에 있지 않은 경우	f2g
				무	f2			

그리고 한국의 전통 문양에서 일곱 개 타입 각각에 해당하는 띠 문양을 찾을 수 있다. 괄호 안의 로마 숫자는 문양을 가진 유물이나 건물이 있는 위치로, 그림 X-10에 위치를 표시했다.

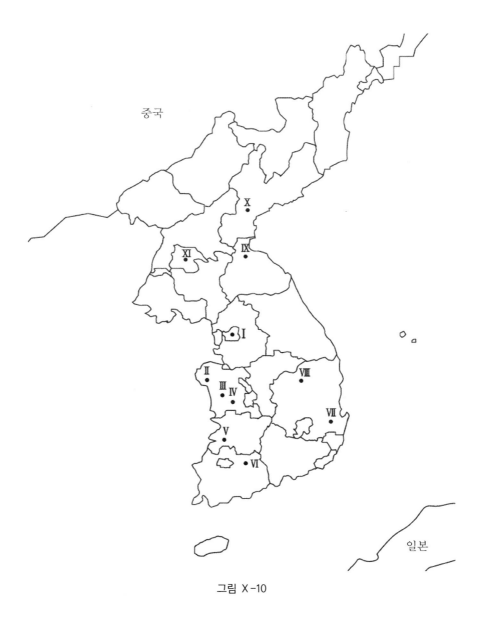

그림 X-10

- f1(국립고궁박물관, Ⅰ)

그림 X-11

- fx(동학사, Ⅳ)

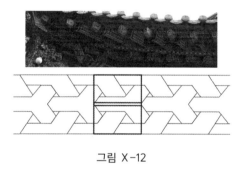

그림 X-12

- fy: 국보 제68호-청자상감운학문매병(간송미술관, Ⅰ)

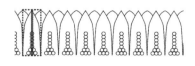

그림 X-13

- f2: 코끼리 모양 손잡이 놋향로의 문양(북한−석왕사, Ⅸ)

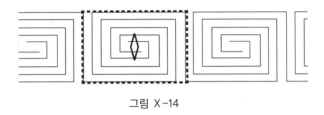

그림 Ⅹ−14

- fxy: 용흥사(북한, Ⅹ)

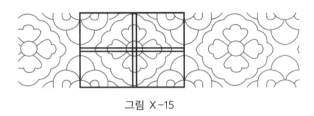

그림 Ⅹ−15

- fg(북한, ⅩⅠ)

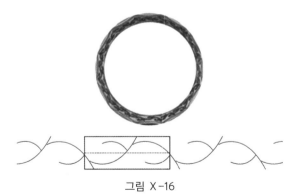

그림 Ⅹ−16

- fgy: 용흥사(북한, X)

그림 X–17

여광: 대칭은 아름다움의 핵심 요소이기 때문에 바흐 등 음악가들이 그들의 창작 과정에서 자주 사용한 것 같습니다.

여휴: 예술가가 '군론group theory'은 물론이거니와 '대칭'이라는 개념 자체를 구체적으로 의식하지 않았더라도 그들이 아름다움을 추구하고 표현하는 과정에서 대칭은 자연스럽게 스며들었을 겁니다.

여광: 문양을 대칭으로 분석할 수 있고, 대칭을 음악으로 표현할 수 있으므로 문양을 음악으로 표현하는 것이 가능하겠습니다.

여휴: 그렇습니다. 수학을 통하여 문양을 음악으로 표현할 수 있고, 음악을 문양으로 표현할 수 있습니다.

여광: 우리 조상이 궁궐이나 사찰 등에 띠의 문양을 그릴 때 군론이나 대칭을 구체적으로 의식하지 않았지만 전통 띠는 수학으로 분석됩니다. 전통 띠의 문양을 음악으로 표현하는 것은 흥미로운 작업일 것 같습니다.

여휴: 한국의 전통 띠 문양 일곱 개 각각이 가지고 있는 대칭성을 그대로 음악으로 표현하고 그 단편들을 모아 한 편의 음악으로 표현한 예가 있습니다.

여광: 대칭을 이용하여 몇 마디 음악을 만들고 그들을 연결하여 음악을 만드는 것은 크게 어렵지 않겠습니다. 그러나 그들을 연결한 전체 음악의 예술성과 완성도는 단순히 수학자만의 일은 아닌 듯합니다.

여휴: 제가 조금 전에 언급한 음악은 수학자와 음악가가 함께 만든 음악입니다.

신현용, 고영신, 나준영, 신실라(2016)는 앞에서 소개한 한국의 전통 띠 문양 일곱 개 각각을 동일한 대칭성을 가지는 음악으로 표현하고 그들 전체를 엮어서 한 편의 음악으로 만들었다. 이 음악은 일단 피아노를 위한 곡으로 만들었지만 거문고와 가야금을 위한 곡으로 만드는 것도 가능하다. 뒤에 가서 들을 것이다.

7. 한국의 전통 벽지 문양

이제 벽지를 살펴보자. 앞[IV장]에서 언급하였듯이 벽지 문양은 열일곱 개의 타입이 있다.

> **여광**: 수학자들이 문양에 관심을 가진 계기가 무엇인가요?
>
> **여휴**: 띠나 벽지 등 문양에는 규칙성, 즉 대칭성이 있습니다. 대칭성은 아름다움입니다. 아름다움이 있는 곳에는 항상 수학이 있기 때문에 수학자들이 규칙적인 문양에 관심을 가지는 것은 자연스러운 일입니다.
>
> **여광**: 막연한 관심은 그렇다 하더라도 적극적으로 관심을 가지고 띠와 벽지를 분류한 특별한 계기가 있지 않을까요?
>
> **여휴**: 1954년 세계수학자대회가 네덜란드 암스테르담에서 열렸습니다. 이 대회에 특별한 전시회가 열렸습니다. 미술가의 작품 전시회가 열린 겁니다. 수학자들이 모인 자리에 미술전람회가 열린 거죠.
>
> **여광**: 네덜란드 판화가 에셔[M. C. Escher(에스허르), 1898-1972]의 작품 전시회였군요.
>
> **여휴**: 그렇습니다. 에셔는 그의 친구가 수학 학술대회 기간에 작품을 전시하자고 제안했을 때 의아하게 생각하였습니다. 자기 작품과 수학의 관련성을 짐작조차 할 수 없었거든요. 그러나 수학자인 친구의 설득으로 전시 개최에 동의하였습니다.

벽지 타입은 4자리 숫자 또는 문자의 조합으로 'ㅁㅁㅁㅁ'와 같은 형태로 나타낸다.

- 왼쪽에서 첫 번째 자리는 'c' 또는 'p'로, 기본문양의 형태를 나타낸다. 기본조각이 마름모꼴인 경우에는 'c'를, 그 외의 경우에는 'p'를 사용한다. 'c'는 'centered'를, 'p'는 'primitive'를 뜻한다. 열일곱 가지 벽지 타입 중에서 'c'인 경우는 두 가지뿐이다.

- 두 번째 자리는 1, 2, 3, 4, 6 중 한 숫자로, 회전대칭의 최대 주기를 나타낸다.

- 세 번째 자리는 'm', 'g' 또는 '1' 중 하나이다. 'm'은 y축과 평행인 반사축이 존재하는 경우이고, 'g'는 y축과 평행인 반사축은 존재하지 않으나 y축과 평행인 미끄럼반사축이 존재하는 경우이며, '1'은 y축과 평행인 반사도 미끄럼반사도 존재하지 않는 경우이다.

- 네 번째 자리도 'm', 'g' 또는 '1' 중 하나이다. 'm'은 x축의 양의 방향과 $\alpha°$를 이루는 직선을 축으로 하는 반사가 존재하는 경우이고, 'g'는 x축의 양의 방향과 $\alpha°$를 이루는 직선을 축으로 하는 반사는 존재하지 않으나 미끄럼반사가 존재하는 경우이다. 그리고 '1'은 x축과 $\alpha°$를 이루는 직선을 축으로 하는 반사도, 미끄럼반사도 존재하지 않는 경우이

다. 여기서 $\alpha°$는 다음과 같이 정해진다.

$$n=1, 2인 경우: \alpha=180$$

$$n=3, 6인 경우: \alpha=60$$

$$n=4인 경우: \alpha=45$$

벽지는 기본조각에 대칭성을 표시하여 나타내기도 한다. 아래는 보통 사용되는 기호이다.

◇	180° 회전축
△	120° 회전축
□	90° 회전축
⬡	60° 회전축
═══	반사축
··········	미끄럼반사축
────	기본조각 테두리

열일곱 개 벽지 타입을 정리하면 다음과 같다.

회전	타입			
360°	p111	p1m1	p1g1	c1m1
180°	p211	p2mm	p2mg	
	p2gg	c2mm		
120°	p311	p3m1	p31m	
90°	p411	p4mm	p4gm	
60°	p611	p6mm		

위의 타입 분류표와 다음 흐름도^{flow chart}를 활용하면 벽지의 타입을 효과적으로 결정할 수 있다.

회전			반사						
회전	360°	p111, p1m1, p1g1, c1m1	반사	유	p1m1, c1m1	미끄럼반사		유	c1m1
								무	p1m1
				무	p111, p1g1	미끄럼반사		유	p1g1
								무	p111
	180°	p211, p2mm, p2mg, p2gg, c2mm		유	p2mm, p2mg, c2mm	회전축과 반사축의 관계	모든 회전축이 반사축 위에 있는 경우		p2mm
							일부 회전축만 반사축 위에 있는 경우		c2mm
							어느 회전축도 반사축 위에 있지 않는 경우		p2mg
				무	p211, p2gg	미끄럼반사		유	p2gg
								무	p211
	120°	p311, p3m1, p31m		유	p3m1, p31m	회전축과 반사축의 관계	모든 회전축이 반사축 위에 있는 경우		p3m1
							일부 회전축만 반사축 위에 있는 경우		p31m
				무	p311				
	90°	p411, p4mm, p4gm		유	p4mm, p4gm	회전축과 반사축의 관계	모든 회전축이 반사축 위에 있는 경우		p4mm
							일부 회전축만 반사축 위에 있는 경우		p4gm
				무	p411				
	60°	p611, p6mm		유	p6mm				
				무	p611				

323쪽의 타입 분류표와 324쪽의 흐름도[flow chart]를 활용하면 벽지의 타입을 효과적으로 결정할 수 있다. 타입이 결정되면 회전축, 반사축 또는 미끄럼반사축 등을 고려하고 기본조각을 결정한다. 이때 다음을 주목하면 도움이 된다.

- 180° 회전이 있는 경우, 회전축 9개가 3행 3열로 위치해 있다. 즉, 8개는 기본조각 경계에 있고 1개는 기본조각 안에 있다.
- 120° 회전이 있는 경우, 회전축 6개 중에서 4개는 기본조각 경계에 있고 2개는 기본조각 안에 있다.
- 90° 회전이 있는 경우, 회전축 5개 중에서 4개는 기본조각 경계에 있고 1개는 기본조각 안에 있다.
- 60° 회전이 있는 경우, 회전축 4개가 기본조각 경계에 있다.

기본조각을 결정한 후 점검 단계로서 회전축, 반사축 또는 미끄럼반사축 등의 관계를 살피고, 미끄럼반사가 있는 경우에는 미끄럼반사축 중에서 일부를 택하여 미끄럼반사대칭을 확인한다. 이제 한국의 전통 문양에서 열일곱 개 타입 각각에 해당하는 벽지 문양을 찾아보도록 하자. 괄호 안의 로마 숫자는 문양을 가진 유물이나 건물이 있는 위치로, 그림 X−10에 표시되어 있는 것이다. 몇몇 타입에 대해서는 알람브라 궁전에서 발견되는 이슬람 문양을 함께 제시했다. 그리고 에셔 공식 사이트에 들어가면 에셔 문양의 이름과 번호로 해당 타입의 그림을 확인할 수 있으며, 괄호 안에 적힌 『대칭: 갈루아 이론』(매디자인)의 페이지를 보면 해당 그림을 볼 수 있다. 문양 위에 기본조각을 표시했다.

- p111: 보물 제1027호−청자 구룡형 뚜껑 향로(리움미술관, Ⅰ)

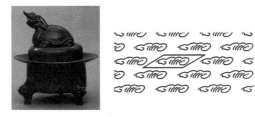

그림 X−18

다음 이슬람 문양에서 검은색과 흰색을 구분하면 이는 p111 타입이다. 에셔 문양 pegasus[No. 105](『대칭: 갈루아 이론』 428쪽, 이하 페이지만 표시)도 이 타입이다.

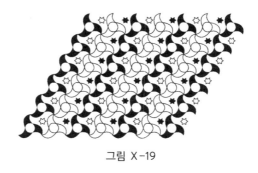

그림 X−19

- p1m1(수덕사, Ⅱ)

그림 X−20

다음은 같은 타입의 이슬람 문양이다.

그림 X-21

이 경우에 검은색과 회색을 무시하면 기본조각이 달라지고 그에 따라 벽지 타입도 달라진다.

- p1g1(숙명여자대학교, Ⅰ)

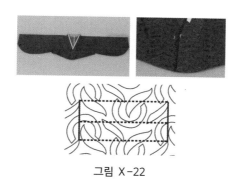

그림 X-22

저고리 무늬에 미끄럼반사대칭을 그려 넣은 우리 조상의 미적 감각이 돋보인다.

다음 문양과 에서 문양 Horseman[No. 67](430쪽)은 p1g1 타입이다.

그림 X-23

- c1m1: 접시의 무늬(북한, XI)

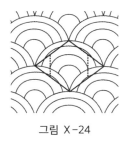

그림 X-24

알람브라 궁전에서 발견되는 다음 문양과 에셔 문양 Beetle[No. 91](429쪽)은 이 타입에 해당한다.

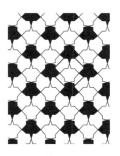

그림 X-25

- p211: 대나무 그물형 엮기(대나무박물관, Ⅵ)

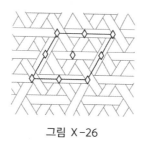

그림 X-26

다음 이슬람 문양과 에셔 문양 Bird[No. 128](430쪽)는 이 타입에 해당한다.

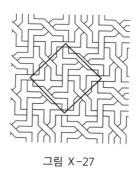

그림 X-27

- p2mm: 문의 창살 무늬(대흥사, Ⅷ)

그림 X-28

다음은 이슬람 문양이다.

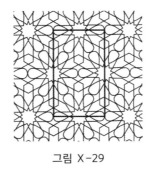

그림 X-29

다음의 전통 문양과 에서 문양(431쪽)도 p2mm 타입에 해당한다.

그림 X-30

- p2mg: 국보 제189호-천마총 관모(Ⅶ)

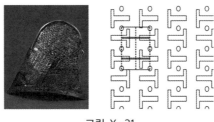

그림 X-31

다음의 문양과 에서 문양 Crab[No. 40](431쪽)은 p2mg 타입이다. 아래의 문양은 매우 단순하고 에서 문양은 매우 복잡하지만 대칭의 관점에서는 두 문양이 같다.

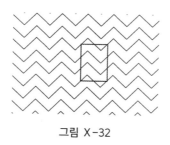

그림 X-32

- p2gg(대나무박물관, Ⅵ)

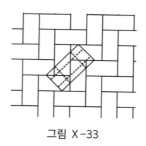

그림 X-33

다음은 이슬람 문양이다. 보도블록 등 우리 주변에서 가끔 볼 수 있다.

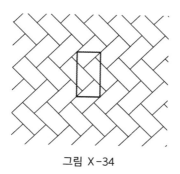

그림 X-34

다음 문양과 에서 문양 Two Fish^{No. 41}(432쪽)는 이 타입에 해당한다.

그림 X-35

- c2mm(조계사, Ⅰ)

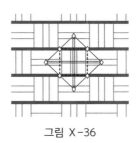

그림 X-36

다음은 이슬람 문양이다.

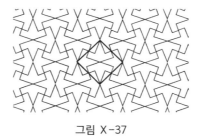

그림 X-37

- p311(개인 소장)

  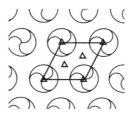

그림 X-38

한국 전통 문양에서 p311 타입을 찾는 것은 다른 타입에 비해 쉽지 않다. 다음은 부산에 소재하고 있는 해동용궁사의 대웅전 꽃 창살 문양으로, 흔치 않은 p311 타입이다.

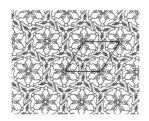

그림 X-39

여광: 왜 p311 타입의 문양이 흔치 않을까요?

여휴: 저도 정확한 이유는 모르지만 추측은 가능할 것 같습니다. 문양을 그리는 사람들은 좌우반사나 상하반사를 선호하는 것 같습니다. 이것이 p4mm 타입의 문양을 가장 쉽게 볼 수 있는 이유라고 생각합니다. p311 타입의 기본조각에는 120° 회전 외의 어떠한 대칭도 없습니다. 평행이동 외 어떠한 대칭도 없는 p111 타입의 문양이 잘 발견되지 않는 것도 같은 이유라고 생각합니다.

다음과 에셔 문양 Lizard[No. 124](433쪽)는 이 타입에 해당한다.

그림 X-40

- p3m1(수덕사, Ⅱ)

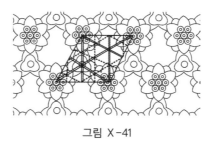

그림 X-41

다음 전통 문양과 에셔 문양 Lizard/Fish/Bat[No. 85](434쪽)은 p3m1에 해당한다.

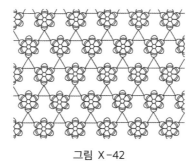

그림 X-42

- p31m(내소사, Ⅴ)

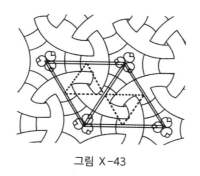

그림 X-43

다음의 문양과 에셔 문양 Fish^{No. 55}(435쪽)는 p31m에 해당한다.

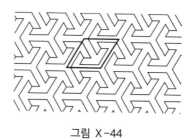

그림 X-44

- p411(창덕궁, Ⅰ)

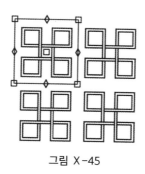

그림 X-45

다음 이슬람 문양과 에서 문양 Fish[No. 20](435쪽)는 p411 타입이다.

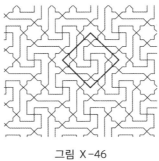

그림 X-46

- p4mm: 국보 제95호-청자 투각칠보문뚜껑 향로(국립중앙박물관, Ⅰ)

 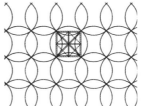

그림 X-47

다음은 같은 타입의 이슬람 문양이다.

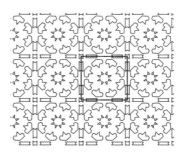

그림 X-48

- p4gm(창덕궁, Ⅰ)

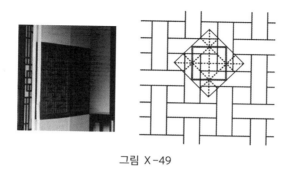

그림 X-49

다음 이슬람 문양과 에셔 문양 Angel−Devil[No. 45](436쪽)은 p4gm 타입이다.

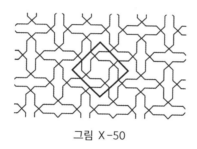

그림 X-50

여광: 에셔의 작품 중에 수학과 관련 있는 또 다른 작품이 있다고 들었습니다.

여휴: 원형극한circle limit을 말씀하시는 거군요.

여광: 맞습니다. 원형극한입니다. 문양 변두리로 갈수록 점점 작아지는 문양입니다.

여휴: 원형극한은 비유클리드기하학, 특히 쌍곡기하학과 관련이 있습니다. 푸앵카레의 쌍곡기하학 모델과 같은 원리로, 에셔가 그린 원형극한은 다음과 같이 네 개가 있습니다.

circle limit 1~4

circle limit 4를 보통 '천사와 악마'라고 부릅니다.

여광: 앞에 소개한 p4gm 타입의 에셔 문양과 분위기가 비슷합니다.

여휴: 그렇죠? circle limit 1~4는 유클리드 공간에서의 p4gm 타입의 에셔 문양을 쌍곡기하학 공간에 표현한 것으로 이해하면 됩니다.

여광: 그런데 에셔는 쌍곡기하학에 대한 이해가 깊었나요?

여휴: 그렇지 않습니다. 1954년 세계수학자대회에서의 에셔 작품 전시회 이후, 수학자들이 에셔 작품에 관심이 많았습니다. 그중 한 명이 캐나다의 기하학자 콕세터H. S. D. Coxeter, 1907~2003입니다. 콕세터는 에셔에게 에셔 그림에 담긴 기하학적 사실을 설명하였습니다. 에셔는 콕세터의 도움 덕분에 더욱 정교한 원형극한을 그릴 수 있게 되었습니다.

*에셔의 공식 사이트에서 그림을 볼 수 있다.

- p611(대나무박물관, Ⅵ)

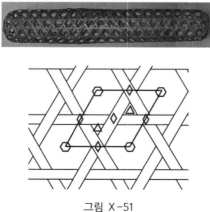

그림 Ⅹ-51

다음의 이슬람 문양과 에셔 문양 Two Fish^{No. 57}(437쪽)는 p611 타입이다.

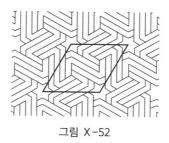

그림 X-52

- p6mm(불국사, Ⅶ)

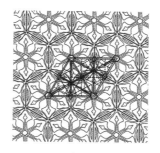

그림 X-53

다음은 p6mm 타입의 이슬람 문양이다.

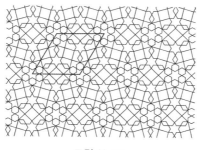

그림 X-54

여광: 군론^{group theory}으로 띠나 벽지를 완벽하게 분류하는군요.

여휴: 군론은 갈루아가 우리에게 남긴 소중한 유산입니다.

여광: 알람브라 궁전에서 벽지 열일곱 개 타입 모두를 찾을 수 있다는 것은 주목할 만합니다.

여휴: 제가 알기로 세계 어느 곳도 그런 곳이 없습니다. 예를 들어, 우리나라 창덕궁에서 찾을 수 있는 벽지 타입은 아무리 넉넉히 잡아도 열 개가 되지 않을 겁니다. 사찰의 경우도 마찬가지입니다.

여광: 이슬람 문명은 이슬람 종교에 기반하는데, 이슬람 종교의 기본 가르침이 그렇게 다양한 문양을 가능하게 했다고 볼 수 있겠습니다.

여휴: 많은 사람이 그렇게 생각한답니다.

여광: 에셔 작품에 벽지의 열일곱 개 타입의 모든 문양이 없다는 것은 다소 아쉽습니다.

여휴: 그 섭섭한 마음은 여광 선생뿐이 아닌 것 같습니다.

여광: 여휴 선생님도 같은 생각이신가요?

여휴: 물론입니다. 그런데 전해지는 바에 의하면 어떤 수학자는 에셔를 방문하여 빠진 타입의 그림을 요청했다고 합니다. 저는 그 말의 진위 여부는 모르겠지만 문양을 대칭으로 이해하는 사람들은 모두 같은 심정일 것 같아요.

여광: 에셔는 왜 몇몇 문양은 그리지 않았을까요?

여휴: 에셔가 군론을 알고 벽지 문양이 열일곱 개밖에 없다는 것을 알았더라면 각각의 타입 모두에 대한 문양을 그렸을 겁니다. 그런데 주목할 것이 있습니다.

여광: 무엇인가요?

여휴: 에셔는 문양이 복잡하고 아름다운 것은 모두 그렸다는 겁니다. 즉, 그가 그리지 않은 것은 누구나 쉽게 그릴 수 있는 문양이라는 거죠. 예술가의 미적 감각은 본능적인 것 같습니다. 어찌 보면 수학과 예술은 상호 보완적일 수 있다는 것을 알 수 있습니다.

8. 띠 7, 벽지 17

지금까지 한국의 전통 문양에서 찾은 일곱 개의 띠 문양과 열일곱 개의 벽지 문양을 이용하여 그림 X−55의 문양을 생각할 수 있다.

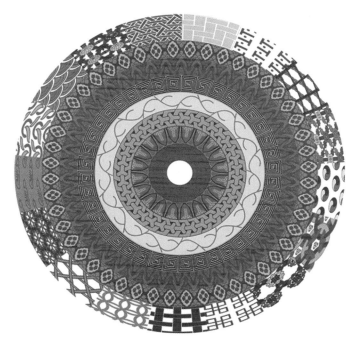

그림 X−55

자연수 '7'은 특별한 수이다. 자연수 p를 소수$^{\text{prime number}}$라고 할 때, $p=3$인 경우 정p각형의 작도는 누구나 할 수 있다. $p=5$인 경우의 정p각형 작도는 누구나 할 수 있는 것은 아니지만 유클리드『원론^{Elements}』에서 이미 명제^{proposition}로 소개하고 있다. 그 후 유클리드는 정p각형의 작도에 관하여 침묵한다. 2,000년의 세월이 흐른 후에야 유클리드가 침묵할 수밖에 없었던 이유를 짐작할 수 있게 되었다. $p=7$인 경우 정p각형의 작도는 가능하지 않기 때문이다. 따라서 정다각형의 작도에 관한 한 자연수 '7'은 특별하다.

자연수 '17'도 특별한 수이다. $p=11$, 13인 경우에도 정p각형의 작도는 가능하지 않으나 $p=17$인 경우 정p각형은 작도가 가능하다. 따라서 정다각형의 작도에 관한 한 자연수 '17'은 특별하다. 정십칠각형을 처음으로 작도한 사람은 가우스인데 그는 자신의 많은 업적 가운데 이 업적을 가장 자랑스러워 했다고 한다. 그래서인지 가우스의 고향에 있는 그의 동상은 정십칠각형 위에 있다.

여광: 띠와 벽지 각각의 타입에 대해 대칭성을 띠군$^{frieze\ group}$과 벽지군$^{wallpaper\ group}$으로 계산할 수 있죠?

여휴: 그렇습니다. 수학은 아름다움의 정도를 계산합니다. 예를 들어, fxy 타입의 띠는 평행이동, x축 반사, y축 반사 대칭을 가지며 띠군이 $D_\infty \times D_1$임을 알 수 있습니다. 마찬가지로, p1g1 타입의 벽지는 x축 평행이동, y축 평행이동, 미끄럼반사 대칭을 가지며 벽지군이 $Z \rtimes Z$임을 알 수 있습니다.

여광: 띠와 벽지 각각의 타입은 띠군과 벽지군으로 완전히 구분되나요?

여휴: 그렇지 않습니다. 타입이 다르더라도 군이 같을 수 있습니다. 예를 들어, f1 타입 띠와 fg 타입 띠의 띠군은 모두 $\mathbb{Z}$입니다. 이런 경우에는 점군$^{point\ group}$을 계산합니다. f1 타입의 띠와 fg 타입의 띠 각각의 점군은 C_1, D_1로 다릅니다. 그러나 유념할 게 있습니다. f2와 fy 두 타입의 띠군은 D_∞이고 점군은 각각 C_2, D_1입니다. 수학적으로 C_2, D_1은 모두 위수가 2인 순환군입니다. 그러나 결정학^{crystallography}에서 C_2는 180° 회전에 의해 생성되는 군을 나타내고 D_1은 반사에 의해 생성되는 군을 나타냅니다.

여광: 벽지의 경우도 벽지군과 점군으로 모든 벽지 타입이 구별되나요?

여휴: 그렇다고 할 수 있습니다. 다만, 띠의 경우와 마찬가지로 회전과 반사를 구별하여야 합니다. 대칭으로 분자의 성질을 논하는 화학에서도 그러합니다. 분자의 결정 구조를 나타낼 때 180° 회전대칭과 반사대칭을 구별하는 거죠.

9. 관음

대칭이 음악을 분석하게 하고 문양을 디자인하게 한다면 청각적 음악을 시각적 디자인으로 볼 수 있다. 관음觀音은 소리를 본다는 뜻이다. 소리와 색을 중재하는 것은 대칭이다. 수학이 음악과 미술을 만나게 한다. 대칭이 문양을 분석하고 음악을 작곡하게 한다면 시각적 문양을 청각적 음악으로 들을 수 있는 것이다.

아래의 QR 코드를 인식하면 그림 X−55를 원래의 색으로 볼 수 있다. 동심원에는 일곱 개의 띠 문양이, 정십칠각형의 각 변에는 벽지 문양 열일곱 개가 그려져 있다.

다음의 왼쪽 QR 코드를 인식하면 일곱 개 띠 문양을 원래 색으로 볼 수 있고, 오른쪽 QR 코드를 인식하면 오방색으로 착색한 것을 볼 수 있다.

일곱 개의 띠 타입 각각을 음악 가락으로 나타낼 수 있고, 음악성을 고려해 그 음악 가락으로 완성된 음악 곡을 얻을 수 있지 않겠는가? 이 음악을 실제로 연주하고 그 부분에 해당하는 전통 문양과 군론적 대칭성點群과 띠群을 나타낼 수 있다. 다음의 QR 코드가 보여 주는 동영상에는 음악과 문양 그리고 점군과 띠군이 동기

화되어synchronized 있다. 피아노 곡은 고영신 교수한국교원대학교가 작곡하였으며, 부록 1에 악보가 있다.

한국의 전통 문양을 한국의 전통 악기로도 들어 보자. 아래 QR 코드를 인식하면 거문고와 가야금으로 한국의 전통 띠 문양 일곱 개를 연주하는 음악을 들을 수 있다. 조선 정조 시대에 건축된 수원 화성에서 일곱 개의 띠 타입 모두를 찾고, 정조가 품었던 꿈을 모티브로 한 음악이다. 정대석 교수서울대학교가 작곡했고 정대석 교수거문고와 정연수 교사가야금, 국악중학교가 연주했으며 한국과학창의재단이 후원하였다. 부록 2에 악보가 있다.

여광: 이 책의 저자는 이 책이 다루는 수학의 긴 역사에서 우리나라 수학자가 등장하지 않는 것을 아쉽게 생각하나 봅니다.
여휴: 저자를 따라 지금까지 수학數學여행하면서 저도 그런 느낌이 들었습니다.
여광: 이 책 속의 어느 수학자도 한국 사람이 아닌데, 초상화나 삽화로 등장하는 모든 수학자에게 한복을 입혔으니 말입니다.
여휴: 걸출한 수학자들에게 한복을 입히니 더 수학자답습니다.

> **여광:** 삼차다항식과 사차다항식이 풀린 그 시기에 조선 산학도 나름의 성과가 있었죠?
>
> **여휴:** 아벨과 갈루아가 오차다항식의 가해성을 논할 때에도 조선 산학은 나름의 성과를 거두었습니다.

10. 낙원으로

대칭은 수학자의 낙원이다. 수학자는 즐겁게 대칭을 계산한다. 현대 수학에서 무한과 대칭을 제거하면 무엇이 남을까? 아마 황무지일 것이다. 무한과 대칭이 어우러지면 어떨까? 낙원이자 예술이다. 대칭과 갈루아 이론은 '수학의 대통일이론'이라고 부르는 '랭글랜즈 프로그램Langlands program'의 핵심이다. 갈루아가 그의 삶 마지막 순간에 유언으로 안내한 곳이 여기이다.

2,000년 이상의 세월에 걸친 문제, 그 해결의 실마리는 대칭이었다. 갈루아는 유언으로 그 비밀을 남겼던 것이다. 대칭은 큰 수학이 되었고, 과학의 강력한 언어가 되었으며, 예술을 낳았다. 바로 정신적 예술이다.

FRIEZE 7

작곡 : 고영신

화성의 꿈

정대석 작곡

용어 해설

이 책에 등장하는 몇 가지 용어의 뜻을 정리하자.

• 연산

수의 집합에서 주로 시행하는 연산^{operation}은 덧셈, 뺄셈, 곱셈, 나눗셈이다. 그러나 뺄셈과 나눗셈 각각은 덧셈과 곱셈으로 정의되기 때문에 '수의 집합에서 주로 시행하는 연산은 덧셈과 곱셈'이라고 말하는 것이 바람직하다. 사실, 두 수 a, b에 대하여 $a-b=a+(-b)$와 같이 정의된다. 여기서 $-b$는 b의 덧셈에 관한 역원이다. 따라서 어떤 원소 b의 덧셈에 관한 역원이 존재하면 임의의 원소 a에 대하여 $a-b$가 가능하다. 한편, 두 수 a, b에 대하여 $a \div b = a \times \frac{1}{b}$과 같이 정의된다. 여기서 $\frac{1}{b}$은 b의 곱셈에 관한 역원이다. 따라서 어떤 원소 b의 곱셈에 관한 역원이 존재하면 임의의 원소 a에 대하여 $a \div b$가 가능하다. 0은 곱셈에 관한 역원이 존재하지 않으므로 0으로 나누는 것은 정의되지 않는다. 이 책에서 덧셈과 곱셈 각각에 대한 역원이 존재하는 경우에 '덧셈과 곱셈'은 '덧셈, 뺄셈, 곱셈, 나눗셈' 모두를 뜻할 수 있다.

• 대수학

대수학$^{代數學, \ algebra}$의 주요 문제는 방정식의 풀이이다. 특히 다항식의 근$^{根, \ root}$을 찾는 것이 주요 문제이다. 따라서 대수학에서는 수의 집합과 거기에 정의되는 덧셈과 곱셈 등 연산이 중요하다. 이 책은 일차, 이차, 삼차, 사차다항식의 풀이를 대수학의 근간으로 소개하고, 수 체계$^{number \ system}$ 등 대수적 구조$^{algebraic \ structure}$를 통한 오차다항식의 풀이 가능성 논의는 '추상대수학$^{abstract \ algebra}$'으로 소개한다. '현대대수학$^{modern \ algebra}$'은 추상대수학과 같은 의미이다.

• 다항식의 풀이

피타고라스 정리, 디오판토스 방정식, 펠 방정식, 페르마 마지막 정리 모두는 방정식의 풀이에 관한 것이다. 이 책은 다항식의 풀이와 풀이 가능성을 주로 논의한다. 일차다항식 $3x+2$를 푸는 것은 일차방정식 $3x+2=0$의 해 $-\frac{2}{3}$를 구하는 것이다. 그리고 이차다항식 x^2+x+1을 푸는 것은 이차방정식 $x^2+x+1=0$의 해 $\frac{-1+\sqrt{-3}}{2}$과 $\frac{-1-\sqrt{-3}}{2}$을 구하는 것이다. 마찬가지로, 삼차다항식 x^3-3x-4와 사차다항식 $x^4+2x+\frac{3}{4}$을 푸는 것은 삼차방정식 $x^3-3x-4=0$과 사차방정식 $x^4+2x+\frac{3}{4}=0$ 각각을 푸는 것이다. 이 책은 삼차다항식과 사차다항식을 풀고 그들 근의 모습을 통하여 오차다항식의 풀이 가능성을 논의한다.

• 다항식의 근의 공식

일차다항식 $ax+b(a \neq 0)$의 근은 $-\frac{b}{a}$이다. 다항식의 계수 a와 b에 덧셈 또는 곱셈을 적절히 적용하여 근을 나타낼 수 있다. 이차다항식 $ax^2+bx+c(a \neq 0)$의 근은 $\frac{-b \pm \sqrt{b^2-4ac}}{2a}$이다. 다항식의 계수 a, b, c에 덧셈, 곱셈, 또는 제곱근을 적절히 적용하여 근을 구할 수 있는 것이다. 삼차다항식과 사차다항식의 경우에도 계수들에 덧셈, 곱셈, 또는 거듭제곱근제곱근, 세제곱근 등을 적절히 적용하여 모든 근을 구할 수 있는 알고리즘이 있다. 다항식의 근을 구하는 알고리즘을 식으로 표현한 것을 '근의 공식'이라고 한다. 이 책에서 다음 표현은 모두 같은 의미로 쓰였다.

- 다항식을 풀 수 있다.

- 다항식의 근의 공식이 존재한다.

- 다항식을 거듭제곱근radicals을 사용하여 풀 수 있다.

- 가해可解, solvable, soluble 다항식이다.

· 작도 가능성

수학에서 말하는 '작도construction'는 눈금 없는 자와 컴퍼스만을 사용한다. 실제로, 눈금은 단위 길이를 여러 개 표시한 것이지만 단위 길이는 상황에 따라 적절히 주어지기 때문에 눈금은 수학적 의미를 가지지 않는다. 이 책에서는 '작도 가능한 수'를 '거듭제곱근을 사용하여 나타낼 수 있는 수'의 특수한 경우로 이해하므로 작도 가능성 문제는 다항식의 가해성 문제의 일환으로 본다.

· 수 체계

자연수의 개념은 0과 음수를 포함시켜 정수로 확장되고, 정수에 분수가 포함되어 유리수로 확장되는 등 수 체계는 수학적 필요에 따라 점점 확장될 수 있다. 일정한 형태의 수들이 필요한 대수적 구조를 가질 때 그 수들의 집합을 '수 체계number system'라고 한다. 이 책에서 연산은 덧셈과 곱셈이고 주로 논의한 수 체계는 다음과 같다.

> 자연수 전체의 집합 $\mathbb{N}$, 정수 전체의 집합 $\mathbb{Z}$, 유리수 전체의 집합 $\mathbb{Q}$, 실수 전체의 집합 $\mathbb{R}$, 복소수 전체의 집합 $\mathbb{C}$

이외에도 $\mathbb{R}$의 부분집합으로서 작도 가능한constructible 실수 전체의 집합, $\mathbb{C}$의 부분집합으로서 유리수체 위에서의 대수적인algebraic 수 전체의 집합과 거듭제곱근radicals을 사용하여 나타낼 수 있는 수 전체의 집합을 다뤘다.

· 대수적 구조

수 체계는 단순한 수의 집합이라기보다는 그 집합이 가지고 있는 수학적 구조이다. 특히, 두 원소 사이에 정의되는 연산operation에 관한 여러 가지 성질에 주목한다. 그러한 대수적 성질로서 결합법칙, 교환법칙, 분배법칙, 항등원의 존재, 역원의 존재 등이 있다. 어떤 수의 집합에 연산이 정의되어 있고, 그 연산에 관하여 어떤 일정한 대수적 성질을 만족시킬 때, 수 집합은 '대수적 구조algebraic structure'를 가진다고 한다. 수 체계에서 중요한 대수적 구조로서 군group, 체field, 그리고 벡터공간vector space 등이 있다. 이 책에서 주로 다루는 수의 집합에서는 이 세 가지 대수적 구조가 섬세하게 얽혀 있다. 특히, 작도 가능한 실수 전체의 집합, 유리수체 위에서의 대수적인 수 전체의 집합, 거듭제곱근을 사용하여 나타낼 수 있는 수 전체의 집합 모두는 덧셈과 곱셈 연산에 관하여 체의 구조를 가진다.

• 대칭군

대칭을 논하는 이론은 군론group theory이고, 군론의 핵심은 대칭군symmetric group이다. n차다항식은 대칭군 S_n과 연계된다. S_n은 '교대군alternating group'이라고 부르는 중요한 부분군 A_n을 가진다. 'Group of symmetries'도 '대칭군'이라고 번역하지만 엄격한 의미에서 대칭군symmetric group S_n과 다르다. 어떤 대상을 변화시키지 않는 변환을 '대칭symmetry'이라고 하고 그 대상의 대칭 전체의 집합을 그 대상의 '대칭군group of symmetries'이라고 한다. 예를 들어, 정사각형의 대칭군group of symmetries은 D_4이고 직사각형의 대칭군group of symmetries은 V_4이다. 대칭군symmetric group S_n은 원소가 n개인 집합 $\{1, 2, \cdots, n\}$의 대칭군group of symmetries이다.

• 아벨 군

'아벨 군Abelian group'은 '가환군commutative group'과 같은 의미이다. 우리에게 익숙한 수의 덧셈이나 곱셈에 관해서는 교환법칙이 성립하기 때문에 '교환법칙'의 중요성을 인지하기가 쉽지 않다. 매우 당연한 성질로 인식하기 때문이다. 그러나 다항식의 가해성에 관한 이론인 갈루아 이론에서 아벨 군의 역할은 지대하다. 다항식의 가해성에서 가환성의 중요성을 처음으로 인지한 사람이 아벨Abel이다.

• 갈루아 군

'갈루아 군$^{Galois\ group}$'은 다항식의 문제를 군론의 문제로 변환시키는 핵심 개념으로서 n차다항식은 대칭군 S_n과 연계시킨다. 다항식의 가해성은 그 다항식의 갈루아 군의 구조와 성질에 의해 결정된다. 갈루아^{Galois}의 통찰이다.

• 정규부분군

'정규부분군$^{normal\ subgroup}$'은 갈루아가 발견한 대칭의 깊은 개념이다. 정규부분군은 아벨 군과 함께 갈루아 이론의 핵심 개념이다. 주어진 군이 정규부분군을 가지면 원래 주어진 군의 '상군$^{quotient\ group}$'을 구성하여 대수학적 문제를 간단한 상황으로 바꿀 수 있다.

• 단순군

가환^{Abelian} 단순군$^{simple\ group}$은 글자 그대로 단순하다. 순환군$^{cyclic\ group}$이기 때문이다. 결국 단순군의 가치는 비가환군의 경우에 있다. 비가환 단순군$^{non-Abelian\ simple\ group}$은 단순하지 않다. 예를 들어, 주어진 비가환군이 단순군인지 아닌지를 판단하는 일은 단순하지 않다. 갈루아는 교대군 A_5가 비가환 단순군임에 근거하여 오차다항식은 일반적으로 풀 수 없음을 설명한다.

• 가해군

다항식의 갈루아 군이 여러 개의 정규부분군을 가지고 있고 각 정규부분군에 의한 상군이 모두 아벨 군이면 그 군을 가해군$^{solvable\ group}$이라고 한다. 가환군은 당연히 가해군이다. 다항식의 갈루아 군이 가해군이면 그 다항식은 풀린다. 오차다항식의 갈루아 군이 S_5 또는 A_5이면 그 다항식은 풀 수 없다. S_5와 A_5는 가해군이 아니기 때문이다.

• 분해체, 갈루아 확대체, 정규확대체

유리 계수 다항식이 주어지면 그 다항식의 근은 유리수 범위를 벗어나므로 유리수체는 다항식의 모든 근을 포함하도록 확대되어야 한다. 그러한 확대체 중에서 가장 작은 확대체를 분해체splitting field라고 한다. 갈루아 확대체Galois extension와 정규확대체normal extension는 다항식의 가해성을 분석하기 용이한 바람직한 확대체이다. 분해체는 갈루아 확대체이고 정규확대체이다. 더욱이 분해체가 또 다른 분해체갈루아 확대체, 정규확대체를 품고 있으면 원래 다항식의 가해성을 좀 더 간단한 경우로 나누어 살필 수 있게 된다. 이는 분해체에 의해 얻게 되는 갈루아 군이 정규부분군을 가지는 경우이다. 정규확대체는 정규부분군과 직결된다.

• 갈루아 이론

다항식polynomials의 가해성solvability을 대수적 구조, 특히 군으로 설명하는 이론으로서 추상대수학abstract algebra, 현대대수학 modern algebra의 핵심 주제이다. 유리수를 계수coefficients로 가지는 n차다항식은 대칭군symmetric group S_n과 관련된다. n이 1, 2, 3, 4인 경우에는 S_n이 가해군solvable group이므로 n차다항식은 '거듭제곱근을 사용하여 풀 수 있다solvable by radicals'. 그러나 n이 5 이상이면 S_n은 비가해군non-solvable group이므로 n차다항식은 일반적으로 '거듭제곱근을 사용하여 풀 수 없다not solvable by radicals'. 거듭제곱근을 사용하여 풀 수 있는 경우를 '근의 공식이 존재한다'고 하며 거듭제곱근을 사용하여 풀 수 없는 경우를 '근의 공식이 존재하지 않는다'고 한다. 야코비 θ 함수 등 거듭제곱근 외의 함수를 사용하는 경우에는 오차 이상의 다항식도 풀 수 있다.

후기

여광: 수학의 긴 역사에 많은 일화가 있지만, 갈루아 이야기는 그중에 압권인 것 같아요.

여휴: 저도 그렇게 생각합니다. 갈루아 이야기는 사람들의 관심을 끌 만한 여러 가지 요소가 있어서 그런 것 같아요.

여광: 불가사의한 천재로 태어났고, 그가 산 시대가 프랑스 혁명 직후라서 무척 불안하였으며, 존경하는 아버지의 자살을 목도한 것 등 모두가 특별하였습니다. 몇 해 전에 우리나라 유명한 소설가도 갈루아에 관한 소설을 번역하여 출간하였더군요.

여휴: 게다가 그의 수학이 후세에 전해진 극적인 과정은 그의 삶과 그의 수학에 더 많은 관심을 불러일으킨 것 같아요.

여광: 그의 수학은 '갈루아 이론Galois theory'으로서 잘 정립이 되었지만 그의 죽음은 여전히 미스터리인 것 같아요.

여휴: 그의 죽음에 관한 이야기는 수학사에서 하나의 스캔들이라고 하여도 무방할 정도입니다.

여광: 저도 여러 책을 읽어보았지만 읽는 책마다 그의 죽음, 특히 그의 결투에 관한 설명이 다른 것 같습니다.

여휴: 벨E. T. Bell은 그가 저술한 『수학의 사람들Men of Mathematics』에서 갈루아의 삶을 이야기 합니다. 벨 교수는 미국의 명문 대학교인 CALTECH의 수학 교수였고, 그의 책 『수학의 사람들』은 러셀B. Russell과 『The New York Times』, 그리고 『Nature』 등의 칭찬과 추천을 받은 책이라서 권위를 확보하였습니다. 특히, 벨의 글솜씨가 탁월합니다. 예를 들어, 갈루아를 다루는 장章의 제목이 무엇인지 아시나요?

여광: 저도 그 제목이 매력적이라서 기억이 납니다. 'Genius and Stupidity'입니다.

여휴: 다른 제목도 그렇지만 얼마나 매력적입니까? '천재 갈루아가 의미 없는 결

투로 허망하게 죽은 것은 얼마나 어리석은 짓인가'라는 분위기 아닌가요?

여광: 저도 그 제목을 그렇게 이해했고, 갈루아의 죽음에 대한 벨의 생각이 그랬던 것으로 기억합니다.

여휴: 이 책은 수학 관련 책으로는 보기 드물게 베스트셀러가 되었습니다. 탁월한 수학자와 물리학자도 이 책을 읽고 감동을 받았습니다.

여광: 우리나라에서도 번역이 된 것으로 압니다. 여러 나라 언어로 번역이 되었을 거예요.

여휴: 사람들이 벨 교수의 책을 많이 읽어서 그는 유명해졌지만 그만큼 유명세를 톡톡히 치르고 있습니다. 앞으로도 그럴 겁니다.

여광: 무슨 말씀이세요?

여휴: 몇 가지 예를 들어 봅시다. MIT 교수였던 스트루이크^D. J. Struik 교수는 그의 저서 『A Concise History of Mathematics』에서 벨의 책 내용 중에 정확하지 못한 부분을 제시하며 벨의 무책임을 매섭게 비판합니다.

여광: 그런 일은 비일비재하지 않나요?

여휴: 그렇죠. 수학이 아닌 수학의 역사를 다루는 책의 경우에는 그런 경우가 많습니다. 그러나 벨 교수에게 진짜 큰 부담은 다른 글 때문입니다.

여광: 유명한 책이므로 많은 사람이 읽었을 테고, 그러다 보니까 비판을 많이 받았나 봅니다.

여휴: 젊은 수학도가 1980년대 초 『미국수학월보^American Mathematical Monthly』에 게재한 글은 벨 교수의 명성에 큰 상처를 입혔을 겁니다.

여광: 제가 훗날 그 글을 꼭 읽어 보겠습니다마는 대충 어떤 내용이었나요?

여휴: 결론적으로 갈루아의 삶과 죽음에 관한 벨 교수의 설명은 소설 수준이라는 것입니다. 철저한 사실에 근거하지 않으면서 갈루아를 미화시키고 그의 삶을 전

설처럼 만드는 그러한 행위는 '갈루아를 더 위대하게 하는 것이 결코 아니다'라며 점잖게 꾸짖습니다.

여광: 『수학의 사람들』에서 다루는 다른 수학자 이야기도 신뢰를 잃겠군요.

여휴: 그렇다고 봐야죠. 그 젊은 수학자에 의해 망신을 당한 물리학자도 있어요.

여광: 누구인가요?

여휴: 금세기 최고의 물리학자라고 할 수 있는 다이슨[F. Dyson]과 호일[F. Hoyle]입니다. 자세한 내용을 직접 읽어 보면 더 실감날 겁니다.

여광: 갈루아의 삶과 마지막 날에 관해 신뢰할 만한 자료는 무엇인가요?

여휴: 영국의 수학자 노이만[P. M. Neumann]이 몇 해 전에 펴낸 『The Mathematical Writings of Évariste Galois』는 신뢰할 만합니다. 갈루아의 유언은 물론이고 그의 수학을 자세히 설명합니다.

참고 문헌

김중명 지음, 김슬기·신기철 옮김, 『열세 살 딸에게 가르치는 갈루아 이론』, 승산, 2013

리언 레더먼·크리스토퍼 힐 공저, 안기연 옮김, 『대칭과 아름다운 우주』, 승산, 2012

마커스 드 사토이 지음, 안기연 옮김, 『대칭』, 승산, 2011

브라이언 그린 지음, 박병철 옮김, 『엘러건트 유니버스』, 승산, 2002

신현용·고영신·나준영·신실라, 대칭을 이용한 문양의 음악적 표현, 『한국수학교육학회지 시리즈 E 수학교육 논문집』 제30집 제2호, 한국수학교육학회, 2016, pp. 179-198.

신현용·나준영·신실라, 거문고 디자인, 『한국수학교육학회 뉴스레터』 제31권 제2호 통권 156호, 한국수학교육학회, 2015

신현용·신기철, 『대칭: 갈루아 이론』, 매디자인, 2017

신현용·신혜선·나준영·신기철, 『수학 IN 음악』, 교우사, 2014

신현용·유익승·문태선·신기철·신실라, 『수학 IN 디자인』, 교우사, 2015

신현용·한인기, 다항식의 해법에 대한 수학 교사의 대수 내용 지식과 자립연수 가능성 탐색, 『한국수학교육학회지 시리즈 E 수학교육 논문집』 제29집 제4호, 한국수학교육학회, 2015

신현용·한인기, 삼차방정식 해의 작도 (불)가능성에 대한 학습 자료 개발, 『한국수학교육학회지 시리즈 E 수학교육 논문집』 제30집 제4호, 한국수학교육학회, 2016

실비아 네이사 지음, 신현용·이종인·승영조 옮김, 『뷰티풀 마인드』, 승산, 2002

아미르 D. 악젤 지음, 신현용·승영조 옮김, 『무한의 신비』, 승산, 2002

이언 스튜어트 지음, 안재권·안기연 옮김, 『아름다움은 왜 진리인가』, 승산, 2010

폴 호프만 지음, 신현용 옮김, 『우리 수학자 모두는 약간 미친 겁니다』, 승산, 1999

Bell, E. T., *Men of Mathematics*, Simon & Schuster, 1986

Eves, H., *An Introduction to the History of Mathematics*, The Saunders Series, 1983

Neumann, P. M., *The Mathematical Writings of Évariste Galois*, European Mathematical Society, 2011

Neuenschwander. D. E., *Emmy Noether's Wonderful Theorem*, The Johns Hopkins University Press, 2011

Shin, H., Sheen, S., Kwon, H., & Mun, T., *Korean traditional patterns: frieze and wallpaper*, Handbook of the Mathematics of the Arts and Sciences, Springer Nature, 2018

Stedall, J., *From Cardano's great art to Lagrange's reflections: Filling a gap in the history of algebra*. European Mathematical Society, 2011

Struik, D. J., *A Concise History of Mathematics*, Dover, 1986

찾아보기(국어)

찾아보기(영어)

set theory 306

simple group 251, 252, 364

solvability 64

solvable 248, 361

solvable group 247, 364

spacetime 96

spacetime interval 97

splitting field 223, 365

subgroup 65

super-string theory 103

super-symmetry 103

Sylow group 228

Sylow theorem 297

Sylow, P. 297

symmetric group 64, 127, 311, 363

symmetric polynomial 167

symmetry 363

synchronized 344

T

Tartaglia, N. 37

The Great Art 38

the greatest common divisor 73

The sacrament of the Last Supper 83

transcendental number 304

translation 93

transposition 129

trivial normal subgroup 251

V

Vandermonde, A. 185

vector space 71, 150, 363

Venn diagram 26

Venn, J. 26

W

wallpaper 88

wallpaper group 311, 342

Wantzel, P. 69

Wiles, A. 25

그림 출처

−국립고궁박물관

317쪽 그림 X−11(위쪽)

−국립중앙박물관

336쪽 그림 X−47(왼쪽)

−문화재청

317쪽 그림 X−13(왼쪽)
326쪽 그림 X−18(왼쪽)
330쪽 그림 X−31(왼쪽)

−위키미디어

15쪽 ⓒ Beachboy68
19쪽
161쪽
332쪽 그림 X−35
334쪽 그림 X−40

−log24

136쪽 그림 Ⅴ−12

*출처가 '국립고궁박물관'인 사진은 국립고궁박물관에서 공공누리 제1유형으로 개방한 것을 이용하였으며 국립고궁박물관(www.gogung.go.kr)에서 무료로 다운로드할 수 있습니다.
*출처가 '국립중앙박물관'인 사진은 국립중앙박물관에서 공공누리 제1유형으로 개방한 것을 이용하였으며 국립중앙박물관(www.museum.go.kr)에서 무료로 다운로드할 수 있습니다.
*출처가 '문화재청'인 모든 사진은 문화재청에서 공공누리 제1유형으로 개방한 것을 이용하였으며 문화재청(www.cha.go.kr)에서 무료로 다운로드할 수 있습니다.

감사의 글

부족한 글을 예쁜 책으로 만들어 주신 도서출판 승산 황승기 사장님과 편집팀께 깊이 감사한다. 특히 황 사장님은 이 책을 쓰도록 동기를 부여하고 많은 자료를 제공하며 격려하셨다.

이 책을 만드는 과정에서 한국교원대학교 박사과정 나준영 선생의 도움은 적지 않다. 나 선생에게 깊이 감사한다.

형편없는 책을 만든다고 소란을 피운 사람을 묵묵히 참아주고 오히려 격려한 아내, 세라, 바울에게 고마움과 사랑의 마음을 전한다.

독자께 감사한다. 부족한 책을 읽음은 저자를 격려하고 응원함이다.

이 책에 오류가 없도록 많은 노력을 기울였다. 출간 이후 발견되는 오류가 있으면 다음 QR 코드를 통하여 곧바로 알릴 것이다.

만든 사람들

신현용(shin@knue.ac.kr)

이 책의 글을 썼다. 수학, 수학교육, 정보수학, 음악, 디자인, 성경 등에 관심이 많다. 『집합론』, 『정수론』, 『선형대수학』, 『추상대수학』, 『수학 IN 음악』, 『수학 IN 디자인』(이상 교우사), 『수학, 성경과 대화하다』, 『대칭: 갈루아 이론』(이상 매디자인) 등을 저술하였으며, 한국수학교육학회 회장과 제12차 국제수학교육대회(ICME-12) 조직위원장으로 봉사하였다. 현재 한국교원대학교 교수이며 수학 디자인 연구소 mathesign 연구원이다.

김영관(badang25@naver.com)

이 책의 초상화를 그렸다. 학생들이 수학을 직접 경험하게 하는 수학체험전에 남다른 열정과 경험을 가지고 있다. 수학교육자로서 흔하지 않게 초상화를 자주 그린다. 학생들에게 꿈을 심어줄 수학자의 초상을 계속 그리고 있다. 현재는 제주특별자치시교육청 장학사로 교육행정 업무에 임하고 있다.

신실라(mathesign@naver.com)

이 책의 삽화와 문양을 그렸다. 서울과학기술대학교 학부와 한국교원대학교 대학원 석사과정을 졸업하였으며 현재 한국교원대학교에서 박사과정에 있다. 『수학 IN 디자인』 저술에 참여하였고, 여러 편의 논문을 썼으며, 디자인 교육용 앱도 개발하였다. 수학을 통하여 디자인을 음악으로 표현하는 방안을 모색하고 있다. 현재는 수학 디자인 연구소 mathesign 대표이며 프리랜서 디자이너로 활동하고 있다.

19세기 산업은 전기 기술 시대, 20세기는 전자 기술(반도체) 시대, 21세기는 **양자 기술** 시대입니다. 미래의 주역인 청소년들을 위해 양자 기술(양자 암호, 양자 컴퓨터, 양자 통신과 같은 양자정보과학 분야, 양자 철학 등) 시대를 대비한 수학 및 양자 물리학 양서를 꾸준히 출간하고 있습니다.

대칭

갈루아 이론의 정상을 딛다
이시이 도시아키 지음 | 조윤동 옮김

"〈일반 5차방정식은 근호로 풀 수 없다〉는 명제의 제대로 된 증명을 가장 쉬운 절차로 이해"하는 것을 목표로 한 책이다. 독자가 고등학교 수준의 수학적 지식만을 갖추었다고 가정하고, 그 밖의 내용은 처음 접한다는 생각으로 갈루아 이론의 증명에 이르는 과정을 처음부터 끝까지 친절하게 설명한다.

열세 살 딸에게 가르치는 갈루아 이론
김중명 지음 | 김슬기, 신기철 옮김

재일교포 역사소설가 김중명이 이제 막 중학교에 입학한 딸에게 갈루아 이론을 가르쳐 본다. 수학역사상 가장 비극적인 삶을 살았던 갈루아가 죽음 직전에 휘갈겨 쓴 유서를 이해하는 것을 목표로 한 책이다. 사다리타기나 루빅스 큐브, 15 퍼즐 등을 활용하여 치환을 설명하는 등 중학생 딸아이의 눈높이에 맞춰 몇 번이고 친절하게 설명하는 배려가 돋보인다.

아름다움은 왜 진리인가
이언 스튜어트 지음 | 안재권, 안기연 옮김

현대 수학과 과학의 위대한 성취를 이끌어낸 힘, '대칭(symmetry)의 아름다움'에 관한 책. 대칭이 현대 과학의 핵심 개념으로 부상하는 과정을 천재들의 기묘한 일화와 함께 다루었다.

대칭: 자연의 패턴 속으로 떠나는 여행
마커스 드 사토이 지음 | 안기연 옮김

수학자의 주기율표이자 대칭의 지도책, 『유한군의 아틀라스』가 완성되는 과정을 담았다. 자연의 패턴에 숨겨진 대칭을 전부 목록화하겠다는 수학자들의 야심찬 모험을 그렸다.

대칭과 아름다운 우주
리언 레더먼, 크리스토퍼 힐 공저 | 안기연 옮김

자연이 대칭성을 가진다고 가정하면 필연적으로 특정한 형태의 힘만이 존재할 수밖에 없다고 설명된다. 이 관점에서 자연은 더욱 우아하고 아름다운 존재로 보인다. 물리학자는 보편성과 필연성에서 특히 경이를 느끼기 때문이다. 노벨상 수상자이자 『신의 입자』의 저자인 리언 레더먼이 페르미 연구소의 크리스토퍼 힐과 함께 대칭과 같은 단순하고 우아한 개념이 우주의 구성에서 어떠한 의미를 갖는지 궁금해 하는 독자의 호기심을 채워 준다.

무한 공간의 왕

시오반 로버츠 지음 | 안재권 옮김

도널드 콕세터는 20세기 최고의 기하학자로, 반시각적 부르바키 운동에 대응하여 기하학을 지키기 위해 애썼으며, 고전 기하학과 현대 기하학을 결합시킨 선구자이자 개혁자였다. 그는 콕세터 군, 콕세터 도식, 정규초다면체 등 혁신적인 이론을 만들어 내며 수학과 과학에 있어 대칭에 관한 연구를 심화시켰다. 저널리스트인 저자가 예술적이며 과학적인 콕세터의 연구를 감동적인 인생사와 결합해 낸 이 책은 매혹적이고, 마법과도 같은 기하학의 세계로 들어가는 매력적인 입구가 되어 줄 것이다.

미지수, 상상의 역사

존 더비셔 지음 | 고중숙 옮김

이 책은 3부로 나눠 점진적으로 대수의 개념을 이해할 수 있도록 구성되어 있다. 1부에서는 대수의 탄생과 문자기호의 도입, 2부에서는 문자기호의 도입 이후 여러 수학자들이 발견한 새로운 수학적 대상들을 서술하고 있으며, 3부에서는 문자기호를 넘어 더욱 높은 추상화의 단계들로 나아가는 군(group), 환(ring), 체(field) 등과 같은 현대 대수에 대해 다루고 있다. 독자들은 이 책을 통해 수학에서 가장 중요한 개념이자, 고등 수학에서 미적분을 제외한 거의 모든 분야라고 할 만큼 그 범위가 넓은 대수의 역사적 발전 과정을 배울 수 있다.

아주 특별한 수학 멘토링

데비 딜러 지음 | 고은주 옮김

『아주 특별한 수학 멘토링』은 35년간 교육에 몸 담고 있는 데비 딜러가 아이들의 개념적인 이해와 능력을 발달시키고, 수학적인 생각을 이야기할 때 수학 어휘를 사용하게 하며, 추상적인 생각들을 독자적으로 탐구하고 연습하게 해 줄 수 있는 아이디어들을 안내한다. 이 책은 수학 학습마당을 준비하고, 관리하고, 1년 동안 지속적으로 진행하는 법을 상세하게 열거한다.

프린스턴 수학 & 응용 수학 안내서

프린스턴 수학 안내서 I, II

티모시 가워스, 준 배로우-그린, 임레 리더 외 엮음
| 금종해, 정경훈, 권혜승 외 28명 옮김

1988년 필즈 메달 수상자 티모시 가워스를 필두로 5명의 필즈상 수상자를 포함한 현재 수학계 각 분야에서 활발히 활동하는 세계적 수학자 135명의 글을 엮은 책. 1,700여 페이지(I권 1,116페이지, II권 598페이지)에 달하는 방대한 분량으로, 기본적인 수학 개념을 비롯하여 위대한 수학자들의 삶과 현대 수학의 발달 및 수학이 다른 학문에 미치는 영향을 매우 상세히 다룬다. 다루는 내용의 깊이에 관해서는 전대미문인 이 책은 필수적인 배경지식과 폭넓은 관점을 제공하여 순수수학의 가장 활동적이고 흥미로운 분야들, 그리고 그 분야의 늘고 있는 전문성을 조사한다. 수학을 전공하는 학부생이나 대학원생들뿐 아니라 수학에 관심 있는 사람이라면 이 책을 통해 수학 전반에 대한 깊은 이해를 얻을 수 있을 것이다.

프린스턴 응용 수학 안내서(근간)

니콜라스 하이엄 외 엮음
| 정경훈, 박민재 외 7명 옮김

2014년 출간된 『프린스턴 수학 안내서』에 이어 『프린스턴 응용 수학 안내서(The Princeton Companion to Applied Mathematics)』가 출간을 앞두고 있다. 멘체스터 대학교의 니콜라스 J. 하이엄을 비롯한 각 분야의 응용 수학 전문가들이 흥미로운 연구 분야들을 광범위한 예제를 통해 전작 못지않게 심도 있게, 때로는 위트 있게 소개한다. 이 책은 단지 응용 수학의 여러 주제를 탐구하는 데 그치지 않고 응용 수학자가 무엇을 할 수 있는지까지로 독자들을 인도한다. 이 책은 이 분야의 최고 권위를 자랑하는 단행본으로서 훌륭한 응용 수학 참고서를 찾는 많은 학생, 연구원, 실무자들에게 없어서는 안 될 안내서가 될 것이며, 그들의 응용 수학자로서의 삶의 지침서가 될 것이다.

수학 & 인물

소수와 리만 가설
베리 메이저, 윌리엄 스타인 공저 | 권혜승 옮김

이 책은 '어떻게 소수의 개수를 셀 것인가?'라는 간단한 물음으로 출발하지만, 점차 소수의 심오한 구조로 안내하며 마침내 그 안에 깃든 놀랍도록 신비한 규칙을 독자들에게 보여 준다. 저자는 소수의 구조를 이해하는 데 필수적인 '수치적 실험'들을 단계별로 제시하며 이를 다양한 그림과 그래프, 스펙트럼으로 표현하였다. 이 책은 얇고 간결하지만, 소수에 보다 진지한 관심을 가진 이들을 겨냥했다. 다양한 동치적 표현을 통해 리만 제타함수가 소수의 위치와 그 스펙트럼을 어떻게 매개하는지 수학적으로 감상하는 것을 목표로 한다. 131개의 컬러로 인쇄된 그림과 다이어그램이 수록되었다.

리만 가설
존 더비셔 지음 | 박병철 옮김

수학자의 전유물이던 리만 가설을 대중에게 소개하는 데 성공한 존 더비셔는 '이보다 더 간단한 수학으로 가설을 설명할 수는 없다'고 선언한다. 홀수 번호가 붙은 장에서는 리만 가설을 수학적으로 인식할 수 있도록 돕는 데 주안점을 두었고, 짝수 번호가 붙은 장에는 주로 역사적인 배경과 인물에 관한 내용을 담았다.

소수의 음악
마커스 드 샤토이 지음 | 고중숙 옮김

'다음 등장할 소수는 어떤 수인가?'라는 간단한 물음으로 시작한 인간의 지적 탐험이, 점차 복잡하고 정교한 이론으로 성숙하는 과정을 그린다. 전반부는 유클리드에서 오일러, 가우스를 거쳐 리만에 이르는 소수 연구사를 다루며, 후반부는 리만이 남긴 과제를 극복하려는 19세기 이후의 시도와 성과를 두루 살핀다.
―2007 과학기술부 인증 '우수과학도서' 선정

오일러 상수 감마
줄리언 해빌 지음 | 고중숙 옮김

고등 수학의 아이디어와 기법들이 당대의 실제적 문제들로부터 자연스럽게 이끌려 나온 18세기. 스위스의 수학자 레온하르트 오일러는 이후 전개될 수학을 위해 새로운 언어와 방식을 창조해 냈다. 줄리언 해빌은 오일러의 인간적 면모를 역사적인 맥락에서 소개하고, 후대의 수학자들이 깊이 숙고하게 된 그의 아이디어들을 바탕으로 신비에 싸인 상수 감마를 살핀다.

수학자가 아닌 사람들을 위한 수학
모리스 클라인 지음 | 노태복 옮김

수학이 현실적으로 공부할 가치가 있는 학문인지 묻는 독자들을 위해, 수학의 대중화에 힘쓴 저자 모리스 클라인은 어떻게 수학이 인류 문명에 나타났고 인간이 시대에 따라 수학과 어떤 식으로 관계 맺었는지 소개한다. 그리스부터 현대에 이르는 주요한 수학사적 발전을 망라하여, 각 시기마다 해당 주제가 등장하게 된 역사적 맥락을 깊이 들여다본다. 더 나아가 미술과 음악 등 예술 분야에 수학이 어떤 영향을 끼쳤는지 살펴본다. 저자는 다음과 같은 말로 독자의 마음을 사로잡는다. "수학을 배우는 데 어떤 특별한 재능이나 마음의 자질이 필요하지는 않다고 확신할 수 있다. (…) 마치 예술을 감상하는 데 '예술적 마음'이 필요하지 않듯이."
―2017 대한민국학술원 '우수학술도서' 선정

무한의 신비
아미르 D. 악젤 지음 | 신현용, 승영조 옮김

'무한'은 오랜 기간 인간의 지적 능력으로 이해하기 어려운 일종의 종교적 대상이었다. 이 책은 무한이라는 세계에 매료되어 일생을 바친 수학자, 게오르크 칸토어의 삶과 함께 풀어가는 무한의 수학사이다. 또한 칸토어와 동시대에 현대 해석학을 발전시킨 리만, 바이어슈트라스 등의 업적과 칸토어 이후 무한을 탐구하는 데 기여한 러셀, 괴델, 코언 등의 업적을 골고루 소개한다.

무리수

줄리언 해빌 지음 | 권혜승 옮김

무리수와 그에 관련된 문제 해결에 도전한 수학자들의 이야기를 담았다. 무리수에 대한 이해가 심화되는 과정을 살펴보기 위해서는 반드시 유클리드의 『원론』을 참조해야 한다. 그중 몇 가지 중요한 정의와 명제가 이 책에 소개되어 있다. 이 책의 목적은 유클리드가 '같은 단위로 잴 수 없음'이라는 개념에 대한 에우독소스의 방법을 어떻게 증명하고 그것에 의해 생겨난 문제들을 효과적으로 다루었는지를 보여주는 데 있다. 저자가 소개하는 아이디어들을 따라가다 보면 무리수의 역사를 이루는 여러 결과들 가운데 몇 가지 중요한 내용을 상세히 이해하게 될 것이며, 순수수학 발전 과정에서 무리수가 얼마나 중요한 부분을 담당하는지 파악할 수 있을 것이다.

불완전성: 쿠르트 괴델의 증명과 역설

레베카 골드스타인 지음 | 고중숙 옮김

지난 세기 가장 위대한 수학적 지성 가운데 한 명인 쿠르트 괴델의 삶을 철저하게 파헤친 매혹적인 이야기. 괴델의 삶에서 잘 추려낸 에피소드들을 교묘히 엮어서 그의 가장 경이로운 위업, 즉 참이면서도 증명 불가능한 명제가 존재한다는 사실에 대한 증명을 놀랍도록 쉽게 풀어낸다. 역량있는 소설가이자 철학자인 레베카 골드스타인을 통해 괴델의 천재성과 편집증에 빠져 살았던 인간적 고뇌가 잘 드러난다.
—간행물 윤리위원회 선정 '청소년 권장도서', 2008 과학기술부 인증 '우수과학도서' 선정

괴델의 증명

어니스트 네이글, 제임스 뉴먼 지음 | 곽강제, 고중숙 옮김

《타임》지가 선정한 '20세기 가장 영향력 있는 인물 100명'에 든 단 2명의 수학자 중 한 명인 괴델의 불완전성 정리를 군더더기 없이 간결하게 조명한 책. 괴델은 '무모순성'과 '완전성'을 동시에 갖춘 수학 체계를 만들 수 없다는, 즉 '애초부터 증명 불가능한 진술이 있다'는 것을 증명하였다. 『괴델, 에셔, 바흐』의 호프스태터가 서문을 붙였다.

뷰티풀 마인드

실비아 네이사 지음 | 신현용, 승영조, 이종인 옮김

존 내쉬는 경제학의 패러다임을 바꾼 수학자로서 이미 20대에 업적을 남기고 명성을 날렸지만, 그 후 반평생을 정신분열증에 시달리며, 주변 사람들을 괴롭히고 스스로를 파괴하며 살았던 광인이자 기인이었다. 이 책은 천재의 광기와 회복에 이르는 과정을 통해 인간 정신의 신비를 그렸다. 영화 〈뷰티풀 마인드〉의 원작 논픽션이다.
—간행물 윤리위원회 선정 '우수도서', 영화 〈뷰티풀 마인드〉 오스카상 4개 부문 수상

우리 수학자 모두는 약간 미친 겁니다

폴 호프만 지음 | 신현용 옮김

지속적인 아름다움과 지속적인 진리의 추구. 폴 에어디쉬는 이것이 수학의 목표라고 보았으며 평생 수학이라는 매력적인 학문에 대한 탐구를 멈추지 않았다. 이 책은 83년간 하루 19시간씩 수학 문제만 풀고, 485명의 수학자들과 함께 1,475편의 수학 논문을 써낸 20세기 최고의 전설적인 수학자 폴 에어디쉬의 전기이다. 호프만은 에어디쉬의 생애와 업적을 풍부한 일화를 중심으로 생생히 소개한다.
—한국출판인회의 선정 '이달의 책', 론-폴랑 과학도서 저술상 수상

라이트 형제

데이비드 매컬로 지음 | 박중서 옮김

퓰리처 상을 2회 수상한 저자 데이비드 매컬로는 미국사의 주요 사건과 인물을 다루는 데 탁월한 능력을 보유한 작가이다. 그가 라이트 형제의 삶을 다룬 전기를 내놓았다. 저자는 라이트 형제가 비행기를 성공적으로 만들어 내기까지의 과정을 묘사하는 데 라이트 형제 관련 문서에 소장된 일기, 노트북, 그리고 가족 간에 오간 1천 통 이상의 편지 같은 풍부한 자료를 활용했다. 시대를 초월한 중요성을 지녔고, 인류의 성취 중 가장 놀라운 성취의 하나인 비행기의 발명을 '단어로 그림을 그린다'고 평가받는 유창한 글솜씨로 매끄럽게 풀어낸다. 그의 글을 읽어나가면 라이트 형제의 생각과 고민, 아이디어를 이끌어내는 방식, 토론하는 방식 등을 자연스럽게 배울 수 있다.
—2015년 5월~2016년 2월 〈뉴욕타임즈〉 베스트셀러, 2015년 5월~7월 논픽션 부분 베스트셀러 1위

허수

배리 마주르 지음 | 박병철 옮김

수학자들은 허수라는 상상하기 어려운 대상을 어떻게 수학에 도입하게 되었을까? 하버드대학교의 저명한 수학 교수인 배리 마주르는 우여곡절 많았던 그 수용 과정을 추적하면서 수학에 친숙하지 않은 독자들을 수학적 상상의 세계로 안내한다.

너무 많이 알았던 사람

데이비드 리비트 지음 | 고중숙 옮김

오늘날 앨런 튜링은 정보과학과 인공지능의 창시자로 간주된다. 튜링은 '결정가능성 문제'를 해결하고자 '튜링 기계'를 고안하여 순수수학의 머나먼 영토와 산업계를 멋들어지게 연결하는 다리를 놓았다. 데이비드 리비트는 소설가다운 필치로 2차 세계대전 참가와 동성애 재판 등으로 곡절 많았던 튜링의 삶을 우아한 문장을 통해 그려낸다.

넘버 미스터리

마커스 드 사토이 지음 | 안기연 옮김

수학을 널리 알리고 발전시키는 활동을 펼치는 클레이 수학 연구소가 백만 달러의 상금을 걸고 제시한 '7대 밀레니엄 문제' 중 5개를 주제로 삼고 있다. 위상학, 암호학, 계산학, 그리고 항공기 설계까지 가장 흥미로운 순수 응용 수학의 많은 영역을 포괄하는 7대 밀레니엄 문제를 통해 '리만 가설', '푸앵카레 추측', 그리고 '나비에-스토크스 방정식' 등 인류가 발견한 위대한 수학을 이해하기 쉽게 소개한다.

브라이언 그린

엘러건트 유니버스

브라이언 그린 지음 | 박병철 옮김

아름답지만 어렵기로 소문난 초끈이론을 절묘한 비유와 사고 실험을 통해 일반 독자들이 이해할 수 있도록 풀어 쓴 이론물리학계의 베스트셀러. 브라이언 그린은 에드워드 위튼과 함께 초끈이론 분야의 선두주자였으나, 지금은 대중을 위해 현대물리학을 쉽게 설명하는 세계적인 과학 전도사로 더 유명하다. 사람들은 그의 책을 '핵심을 피하지 않으면서도 명쾌히 설명한다'고 평가한다. 퓰리처상 최종심에 오른 그의 화려한 필력을 통해 독자들은 장엄한 우주의 비밀을 가장 가까운 곳에서 보고 느낄 수 있을 것이다.
―〈KBS TV 책을 말하다〉와 《동아일보》, 《조선일보》, 《한겨레》 선정 '2002년 올해의 책'

우주의 구조

브라이언 그린 지음 | 박병철 옮김

『엘러건트 유니버스』로 저술가이자 강연자로 명성을 얻은 브라이언 그린이 내놓은 두 번째 책. 현대 과학이 아직 풀지 못한 수수께끼인 우주의 근본적 구조와 시간, 공간의 궁극적인 실체를 이야기한다. 시간과 공간을 절대적인 양으로 간주했던 뉴턴부터 아인슈타인의 상대적 시공간, 그리고 멀리 떨어진 입자들이 신비하게 얽혀 있는 양자적 시공간에 이르기까지, 일상적인 상식과 전혀 부합하지 않는 우주의 실체를 새로운 관점에서 새로운 방식으로 고찰한다. 최첨단의 끈이론인 M-이론이 가장 작은 입자부터 블랙홀에 이르는 우주의 모든 만물과 어떻게 부합되고 있는지 엿볼 수 있다.
―제46회 한국출판문화상(번역부문, 한국일보사), 아ㆍ태 이론물리센터 선정 '2005년 올해의 과학도서 10권'

블랙홀을 향해 날아간 이카로스

브라이언 그린 지음 | 박병철 옮김

세계적인 물리학자이자 베스트셀러 『엘러건트 유니버스』의 저자인 브라이언 그린이 쓴 첫 번째 어린이 과학책이다. 저자가 평소 아들에게 들려주던 이야기를 토대로 쓴 우주 여행 이야기로, 흥미진진한 모험담과 우주 화보집이라고 불러도 손색없는 화려한 천체 사진들이 아이들을 우주의 세계로 안내한다.

로저 펜로즈

실체에 이르는 길 1, 2
로저 펜로즈 지음 | 박병철 옮김

현대 과학은 물리적 실체가 작동하는 방식을 묻는 물음에는 옳은 답을 주지만, "공간은 왜 3차원인가?"처럼 실체의 '정체'에는 답을 주지 못하고 있다. 『황제의 새 마음』으로 물리적 구조에 '정신'이 깃들 가능성을 탐구했던 수리물리학자 로저 펜로즈가, 이 무모해 보이기까지 하는 물음에 천착하여 8년이라는 세월 끝에 『실체에 이르는 길』이라는 보고서를 내놓았다. 이 책의 주제를 한마디로 정의하자면 '물리계의 양태와 수학 개념 간의 관계'이다. 설명에는 필연적으로 수많은 공식이 수반되지만, 그 대가로 이 책은 수정 같은 명징함을 얻었다. 공식들을 따라가다 보면 독자들은 물리학의 정수를 명쾌하게 얻을 수 있다.
―2011 아·태 이론물리센터 선정 '올해의 과학도서 10권'

마음의 그림자
로저 펜로즈 지음 | 노태복 옮김

로저 펜로즈가 자신의 전작인 『황제의 새 마음』을 보충하고 발전시켜 내놓은 후속작 『마음의 그림자』는 오늘날 마음과 두뇌를 다루는 가장 흥미로운 책으로 꼽을 만하다. 의식과 현대 물리학 사이의 관계를 논하는 여러 관점들을 점검하고, 특히 저자가 의식의 바탕이라 생각하는 비컴퓨팅적 과정이 실제 생물체에서 어떻게 발현되는지 구체적으로 소개한다. 논의를 전개하며 철학과 종교 등 여러 학문을 학제적으로 아우르는 과정은 다소의 배경지식을 요구하지만, 그 보상으로 이 책은 '과학으로 기술된 의식'을 가장 높은 곳에서 조망하는 경험을 선사할 것이다.

시간의 순환
로저 펜로즈 지음 | 이종필 옮김

빅뱅 이전엔 무엇이 있었을까? '우리 우주' 질서의 기원은 무엇일까? '어떤 우주'의 미래가 우리를 기다리고 있을까? 우주론의 핵심적인 이 세 가지 질문을 기준으로, 로저 펜로즈는 고전적인 물리 이론에서 첨단 이론까지 아우르며 우주의 기원에 대한 새로운 의견을 제시한다. 저자는 다소 '이단적인 접근'으로 보일 수 있는 주장을 펼치지만, 그는 이 가설이 기초가 아주 굳건한 기하학적, 물리학적 발상에 기반을 두고 있음을 설명한다. 펜로즈는 무엇보다도 특히, 열역학 제 2법칙과 빅뱅 바로 그 자체의 특성 밑바닥에 근본적으로 기묘함이 깔려 있다는 관점을 가지고 우리가 아는 우주의 여러 양상들에 대한 가닥을 하나로 묶어 나가며 영원히 가속 팽창하는 우리 우주의 예상된 운명이 어떻게 실제로 새로운 빅뱅을 시작하게 될 조건으로 재해석될 수 있는지 보여 준다.

리처드 파인만

파인만의 물리학 강의 Ⅰ~Ⅲ
리처드 파인만 강의 | 로버트 레이턴, 매슈 샌즈 엮음
| 박병철, 김인보, 김충구, 정재승 외 옮김

40년 동안 한 번도 절판되지 않았으며, 전 세계 물리학도들에게 이미 전설이 된 이공계 필독서, 파인만의 빨간 책. 파인만의 진면목은 바로 이 강의록에서 나온다고 해도 과언이 아니다. 사물의 이치를 꿰뚫는 견고한 사유의 힘과 어느 누구도 흉내 낼 수 없는 독창적인 문제 해결 방식이 『파인만의 물리학 강의』 세 권에서 빛을 발한다. 자신이 물리학계에 남긴 가장 큰 업적이라고 파인만이 스스로 밝힌 붉은 표지의 세 권짜리 강의록.

파인만의 물리학 길라잡이

리처드 파인만, 마이클 고틀리브, 랠프 레이턴 지음 | 박병철 옮김

『파인만의 물리학 길라잡이』가 드디어 국내에 출간됨으로써, 독자들은 파인만의 전설적인 물리학 강의를 온전하고 완성된 모습으로 누릴 수 있게 되었다. 파인만 특유의 위트 넘치는 언변과 영감 어린 설명은 이 책에서도 그 진가를 유감없이 발휘하고 있다. 마치 파인만의 육성을 듣는 듯한 기분으로 한 문장 한 문장 읽어가다 보면 어느새 물리가 얼마나 재미있는 학문인지 깨닫게 될 것이다. 특히 이 책은 칼텍의 열등생들을 위한 파인만의 흥미로운 충고를 담고 있고, 물리학의 기본 법칙과 물리학 팁(tip)을 더욱 쉽고 명쾌하게 짚어 내는가 하면 실제로 시행착오를 거치며 문제를 해결해 나가는 과정이 자세히 나와 있어, 청소년과 일반 독자들이 파인만의 강의를 보다 쉽게 만날 수 있는 기회가 될 것이다.

파인만의 여섯 가지 물리 이야기

리처드 파인만 강의 | 박병철 옮김

입학하자마자 맞닥뜨리는 어려운 고전물리학에 흥미를 잃어가는 학부생들을 위해 칼텍이 기획하고, 리처드 파인만이 출연하여 만든 강의록이다. 『파인만의 물리학 강의 Ⅰ~Ⅲ』의 내용 중, 일반인도 이해할 만한 '쉬운' 여섯 개 장을 선별하여 묶었다. 미국 랜덤하우스 선정 20세기 100대 비소설에 선정된 유일한 물리학 책으로 현대 물리학의 고전이다.
—간행물 윤리위원회 선정 '청소년 권장도서'

파인만의 또 다른 물리 이야기

리처드 파인만 강의 | 박병철 옮김

『파인만의 물리학 강의』에서 쉽고도 중요한 여섯 편을 발췌한 『파인만의 여섯 가지 물리 이야기』가 독자의 호응을 얻은 후 그보다는 조금 더 어렵지만 여전히 흥미로운 문제들을 여섯 편 발췌하여 편집하였다. 전 편이 고전 역학과 열역학, 원자물리학 등을 집중적으로 다루었다면, 이 책은 블랙홀과 웜홀, 원자 에너지, 휘어진 시공간 등 현대 물리학의 분수령이 된 상대성 이론을 주로 취급하였다.

일반인을 위한 파인만의 QED 강의

리처드 파인만 강의 | 박병철 옮김

가장 복잡한 물리학 이론인 양자전기역학을, 일반 사람들을 대상으로 기초부터 상세하고 완전하게 설명한 나흘간의 기록. 파인만의 오랜 친구였던 머트너가, 양자전기역학에 대해 UCLA에서 나흘간 강연한 파인만의 강의를 기록하여 수학의 철옹성에 둘러싸여 상아탑 깊숙이에서만 논의되던 이 주제를 처음으로 일반 독자에게 가져왔다.

발견하는 즐거움

리처드 파인만 지음 | 승영조, 김희봉 옮김

파인만의 강연과 인터뷰를 엮었다. 베스트셀러 『파인만씨, 농담도 잘하시네』가 한 천재의 기행과 다양한 에피소드를 주로 다루었다면, 이 책은 재미난 일화뿐만 아니라, 과학 교육과 과학의 가치에 관한 그의 생각도 함께 담고 있다. 나노테크놀로지의 미래를 예견한 1959년의 강연이나, 우주왕복선 챌린저 호의 조사 보고서, 물리 법칙을 이용한 미래의 컴퓨터에 대한 그의 주장들은 한 시대를 풍미한 이론물리학자의 진면목을 보여 준다. '권위'를 부정하고, 모든 사물을 '의심'하는 것을 삶의 지표로 삼았던 파인만의 자유로운 정신을 엿볼 수 있다.
—문화관광부 선정 '우수학술도서', 간행물 윤리위원회 선정 '청소년을 위한 좋은 책'

파인만의 과학이란 무엇인가

리처드 파인만 강의 | 정무광, 정재승 옮김

과학이란 무엇이며, 과학은 우리 사회의 다른 분야에 어떤 영향을 미칠 수 있을까? 파인만이 사회와 종교 등 일상적인 주제에 대해 자신의 생각을 직접 밝힌 글은, 우리가 알기로는 이 강연록 외에는 없다. 리처드 파인만이 1963년 워싱턴대학교에서 강연한 내용을 책으로 엮었다.

퀀텀맨: 양자역학의 영웅, 파인만

로렌스 크라우스 지음 | 김성훈 옮김

파인만의 일화를 담은 전기들이 많은 독자에게 사랑받고 있지만, 파인만의 물리학은 어렵고 생소하기만 하다. 세계적인 우주론 학자이자 베스트셀러 작가인 로렌스 크라우스는 서문에서 파인만이 많은 물리학자들에게 영웅으로 남게 된 이유를 물리학자가 아닌 대중에게도 보여 주고 싶었다고 말한다. 크라우스의 친절하고 깔끔한 설명이 돋보이는 『퀀텀맨』은 독자가 파인만의 물리학으로 건너갈 수 있도록 도와주는 디딤돌이 될 것이다.

천재

제임스 글릭 지음 | 황혁기 옮김

『카오스』, 『인포메이션』의 저자 제임스 글릭이 쓴 리처드 파인만의 전기. 글릭이 그리는 파인만은 우리가 아는 시종일관 유쾌한 파인만이 아니다. 원자폭탄의 여파로 우울감에 빠지기도 하고, 너무도 사랑한 여자, 알린의 죽음으로 괴로워하는 파인만의 모습도 담담히 담아냈다. 20세기 중반 이후 파인만이 기여한 이론물리학의 여러 가지 진보, 곧 파인만 다이어그램, 재규격화, 액체 헬륨의 초유동성 규명, 파톤과 쿼크, 표준 모형 등에 대해서도 일반 독자가 받아들이기 쉽도록 명쾌하게 설명한다. 아울러 줄리언 슈윙거, 프리먼 다이슨, 머리 겔만 등을 중심으로 파인만과 시대를 같이한 물리학계의 거장들을 등장시켜 이들의 사고방식과 활약상은 물론 인간적인 동료애나 경쟁심이 드러나는 이야기도 전하고 있다. 글릭의 이 모든 작업에는 방대한 자료 조사와 인터뷰가 뒷받침되었다.
―2007 과학기술부 인증 '우수과학도서' 선정, 아·태 이론물리센터 선정 '2006년 올해의 과학도서 10권'

물리

양자 우연성

니콜라스 지생 지음 | 이해웅, 이순칠 옮김
김재완 감수

양자 얽힘이 갖는 비국소적 상관관계, 양자 무작위성, 양자공간이동과 같은 20세기 양자역학의 신개념들은 인간의 지성으로 이해하고 받아들이기 매우 어려운 혁신적인 개념들이다. 그렇지만 이처럼 난해한 신개념들이 21세기에 이르러 이론, 철학의 범주에서 현실의 기술로 변모하고 있는 것 또한 사실이며, ICT 분야에 새로운 패러다임을 제공할 것으로 기대되는 매우 중요한 분야이기도 하다. 스위스 제네바대학의 지생 교수는 이를 다양한 일상의 예제들에 대한 문답 형식을 통해 쉽고 명쾌하게 풀어내고 있다. 수학이나 물리학에 대한 전문지식이 없는 독자들이 받아들일 수 있을 정도이다.

과학의 새로운 언어, 정보

한스 크리스천 폰 베이어 지음
| 전대호 옮김

'정보'가 양자와 거시 세계를 어떻게 매개하고 있는지를 보여 준다. 정보는 더이상 추상적인 개념이 아닌, 물리적인 실재라는 파격적인 주장을 펼친다. 정보 이론의 입문서로 훌륭하다.

아인슈타인의 베일

안톤 차일링거 지음 | 전대호 옮김

세계의 비밀을 감춘 거대한 '베일'을 양자이론을 통해 설명한 것으로, 어떻게 양자물리학이 시작되었는지, 양자의 세계에서 본 존재의 이유, '정보로서의 세계' 등의 내용을 담았다.

시인을 위한 양자 물리학

리언 레더먼, 크리스토퍼 힐 공저 | 전대호 옮김

많은 대중 과학서 저자들이 독자에게 전자의 야릇한 행동에 대해 이야기하려 한다. 하지만 인간의 경험과 직관을 벗어나는 입자 세계를 설명하려면 조금 차별화된 전략이 필요하다. 『신의 입자』의 저자인 리언 레더먼과 페르미 연구소의 크리스토퍼 힐은 야구장 밖으로 날아가는 야구공과 뱃전에 부딪히는 파도를 이야기한다. 블랙홀과 끈이론을 논하고, 트랜지스터를 언급하며, 화학도 약간 다룬다. 식탁보에 그림을 그리고 심지어 (책의 제목이 예고하듯) 시를 읊기까지 한다. 디저트가 나올 무렵에 등장하는 양자 암호 이야기는 상당히 매혹적이다.

무로부터의 우주

로렌스 크라우스 지음 | 박병철 옮김

우주는 왜 비어 있지 않고 물질의 존재를 허용하는가? 우주의 시작인 빅뱅에서 우주의 머나먼 미래까지 모두 다루는 이 책은 지난 세기 물리학에서 이루어진 가장 위대한 발견도 함께 소개한다. 우주의 과거와 미래를 살펴보면 텅 빈 공간, 즉 '무(無)'가 무엇으로 이루어져 있는지, 그리고 우주가 얼마나 놀랍고도 흥미로운 존재인지를 다시금 깨닫게 될 것이다.

퀀텀 유니버스

브라이언 콕스, 제프 포셔 공저 | 박병철 옮김

일반 대중에게 양자역학을 소개하는 책은 많이 있지만, 이 책은 몇 가지 면에서 매우 독특하다. 우선 저자가 영국에서 활발한 TV 출연과 강연활동을 하는 브라이언 콕스 교수와 그의 맨체스터 대학교의 동료 교수인 제프 포셔이고, 문제 접근 방식이 매우 독특하며, 책의 말미에는 물리학과 대학원생이 아니면 접할 기회가 없을 약간의 수학적 과정까지 다루고 있다. 상상 속의 작은 시계만으로 입자의 거동 방식을 설명하고, 전자가 특정 시간, 특정 위치에서 발견될 확률을 이용하여 백색왜성의 최소 크기를 계산하는 과정을 설명하는 대목은 압권이라 할 만하다.

초끈이론의 진실

피터 보이트 지음 | 박병철 옮김

물리학계에서 초끈이론이 가지는 위상과 그 실체를 명확히 하기 위해 먼저, 표준 모형 완성에까지 이르는 100년간의 입자 물리학 발전사를 꼼꼼하게 설명한다. 초끈이론을 옹호하는 목소리만이 대중에게 전해지는 상황에서, 저자는 초끈이론이 이론 물리학의 중앙 무대에 진출하게 된 내막을 당시 시대 상황, 물리학계의 권력 구조 등과 함께 낱낱이 밝힌다. 이 목소리는 초끈이론 학자들이 자신의 현주소를 냉철하게 돌아보고 최선의 해결책을 모색하도록 요구하기에 충분하다.

—2009 대한민국학술원 기초학문육성 '우수학술도서' 선정

스핀류와 위상절연체(근간)

사이토 에이지, 무라카미 슈이치 공저 | 김갑진 옮김

스핀트로닉스(spintronics)는 기존 일렉트로닉스(electronics)가 전자의 두 가지 기본 물성인 '전하'와 '스핀' 중 전하만을 이용하는 것에 반해, 스핀에서 기인하는 물성까지 포함하여 폭넓게 다루는 분야이다. 기존의 물리학에서 다루지 못했던 새로운 물리적 현상들을 전자의 스핀이라는 돋보기를 통해서 연구할 수 있게 되면서 스핀트로닉스는 단지 물성물리뿐만 아니라 공학적 응용분야에서도 크게 각광을 받고 있다. 이 책의 저자인 일본 토호쿠대학의 사이토 에이지와 동경공대의 무라카미 슈이치 교수는 스핀트로닉스 분야의 저명한 선구자들이다. 스핀트로닉스와 관련된 물리를 설명하는 핵심 개념인 스핀류(spin current)에 대한 발견과 그에 대한 물리학적 정의, 성질, 최근의 연구 동향에 대해서 학부생 3~4학년 수준에서 접근할 수 있는 눈높이로 상세히 기술하고 스핀류의 응용에 대해서 스핀밸브(spin valve)부터 위상절연체(topological insulator)까지 여러 사례들을 들어서 설명하고 있다. 스핀류의 본질을 이해하고 그것을 일반 독자에게 쉽게 설명하기 위한 최고의 입문서이다.

영재 수학

경시대회 문제, 어떻게 풀까
테렌스 타오 지음 | 안기연 옮김

필즈상 수상자이자 세계에서 아이큐가 가장 높다고 알려진 수학자 테렌스 타오가 전하는 경시대회 문제 풀이 전략! 정수론, 대수, 해석학, 유클리드 기하, 해석 기하 등 다양한 분야의 문제들을 다룬다. 문제를 어떻게 해석할 것인가를 두고 고민하는 수학자의 관점을 엿볼 수 있는 새로운 책이다.

유추를 통한 수학탐구
P.M. 에르든예프, 한인기 공저

수학은 단순한 숫자 계산과 수리적 문제에 국한되는 것이 아니라 사건을 논리적인 흐름에 의해 풀어나가는 방식을 부르는 이름이기도 하다. '수학이 어렵다'는 통념을 '수학은 재미있다!'로 바꿔주기 위한 목적으로 러시아, 한국 두 나라의 수학자가 공동저술한, 수학의 즐거움을 일깨워주는 실습서이다.

평면기하학의 탐구 문제들 1, 2
프라소로프 지음 | 한인기 옮김

평면기하학을 정리나 문제 해결을 통해 배울 수 있도록 체계적으로 기술한다. 이 책에 수록된 평면기하학의 정리들과 문제들은 문제 해결자의 자기주도적인 탐구 활동에 적합하도록 체계화했기 때문에 제시된 문제들을 스스로 해결하면서 평면기하학 지식의 확장과 문제 해결 능력의 신장을 경험할 수 있을 것이다. 이 책은 모두 30개 장으로 구성되어 있으며, 이 중 처음 9개 장이 1권을 구성한다. 각 장의 끝부분에는 '힌트 및 증명'을 두어, 상세한 풀이 또는 문제 해결을 위한 개괄적인 방향을 제시하고 있다.

초등학교 수학 이렇게 가르쳐라
리핑 마 지음 | 신현용, 승영조 옮김

우리나라의 수학 교육은 내신 위주의 점수 따기, 혹은 문제 풀이 과정의 암기 수준을 벗어나지 못하고 있다. 『초등학교 수학 이렇게 가르쳐라』는 수학 교육이 가지고 있는 현재의 문제점들을 인식하고 문제의 원인과 해결 방안을 제시한다. 수학 교사뿐만 아니라 학부모들도 이 책을 통해 기초수학에 대한 깊은 이해와 올바른 수학 교육 방안을 얻을 수 있을 것이다.

대칭: 갈루아 유언

1판 1쇄 인쇄 2017년 10월 19일
1판 1쇄 발행 2017년 10월 26일

지은이   신현용 / 그림 김영관, 신실라
펴낸이   황승기
마케팅   송선경
편집   박지혜, 서규범, 김병수
본문 디자인   박지혜, 서규범

펴낸곳   도서출판 승산
등록날짜   1998년 4월 2일
주소   서울시 강남구 테헤란로34길 17 혜성빌딩 402호
전화   02-568-6111
팩스   02-568-6118
전자우편   books@seungsan.com

ISBN   978-89-6139-066-8   93410

값 20,000원

이 도서의 국립중앙도서관 출판시도서목록(CIP)은
서지정보유통지원시스템 홈페이지(http://seoji.nl.go.kr)와
국가자료공동목록시스템(http://www.nl.go.kr/kolisnet)에서
이용하실 수 있습니다. (CIP제어번호: CIP2017025308)

*이 책은 한국출판문화산업진흥원의 출판콘텐츠 창작자금을 지원받아 제작되었습니다.